U0416286

全国高校出版社主题出版

中国地质调查“青藏高原矿产资源开发地质环境承载力评价(12120113038400)”
“青藏高原资源开发的环境承载力评价方法研究(1212010818093)”项目资助
“矿山环境综合调查与评价(1212011120028)”

青藏高原矿产资源开发的
地质环境承载力评价方法研究

QINGZANGGAOYUAN KUANGCHAN ZIYUAN KAIFA DE
DIZHI HUANJING CHENGZAILI PINGJIA FANGFA YANJIU

孙自永　周爱国　补建伟
甘义群　王　旭　龙　翔　等编著

图书在版编目(CIP)数据

青藏高原矿产资源开发的地质环境承载力评价方法研究/孙自永等编著.—武汉：中国地质大学出版社，2016.12
ISBN 978-7-5625-3994-0

Ⅰ.①青…
Ⅱ.①孙…
Ⅲ.①青藏高原-矿产资源开发-地质环境-环境承载力-评估方法-研究
Ⅳ.①TD167

中国版本图书馆CIP数据核字(2016)第321420号

青藏高原矿产资源开发的地质环境承载力评价方法研究		孙自永 等编著
责任编辑：舒立霞	组　稿：张晓红	责任校对：张咏梅

出版发行：中国地质大学出版社(武汉市洪山区鲁磨路388号)　　邮编：430074
电　话：(027)67883511　　传　真：(027)67883580　　E-mail:cbb@cug.edu.cn
经　销：全国新华书店　　Http://cugp.cug.edu.cn

开本：880毫米×1230毫米　1/16　　字数：420千字　　印张：13.25
版次：2016年12月第1版　　印次：2016年12月第1次印刷
印刷：武汉市籍缘印刷厂　　印数：1—1000册

ISBN 978-7-5625-3994-0　　定价：88.00元

序　言

青藏高原总面积近300万km^2，平均海拔4000～5000m，是中国最大、世界海拔最高的高原。她被誉为“世界屋脊”“地球第三极”“野生动物的王国”和“亚洲水塔”，其生物多样性、水源涵养、气候调节和碳氧平衡维持等环境服务功能不可替代，生态地位在亚洲乃至全球范围内都极为重要。

同时，青藏高原又是我国最具找矿潜力的地区，在陆-陆碰撞形成的造山带内已发现多条世界级规模的成矿带和众多的巨型-大型矿床。目前国家在青藏高原部署了冈底斯成矿带、班公湖-怒江成矿带、西南三江成矿带中北段、东昆仑成矿带、柴达木北缘成矿带和祁连成矿带6个大型成矿带，内含20多个矿产资源重点勘查规划区。随着国家西部大开发战略的实施和推进，对西部地区的开发和支持度与日俱增，特别是对矿产资源的需求与依赖程度逐渐向西部转移。

矿产资源的开发不可避免地会对环境造成改变，特别是在青藏高原这种地质环境脆弱而敏感的地区，采矿对灌丛、高山草甸、冻土、泥炭沼泽等水文下垫面性状影响很大，对区域的产、汇流过程和冻土层碳释放扰动强烈，从而影响局部、区域乃至全球的生态水文过程及气候变化。在青藏高原开展矿业活动所导致的地质灾害、环境污染和生态失衡往往不可逆，采矿“后遗症”常常无法治愈。党的十八大明确提出把生态文明建设放在突出地位，体现出了当前社会发展对生态文明建设前所未有的追求与渴望，这在青藏高原显得尤为迫切和突出。

任何环境系统对外界的干扰都有一定的抵抗能力和自适应能力。矿产资源的供给功能与地质环境的服务功能之间也存在一个相对的平衡点：只要矿产资源开发强度不超过某一临界阈值，即把矿产资源开发活动的强度限制在地质环境可承载的范围内，地质环境的服务功能就得以正常发挥。然而，怎样寻找和定量表达这种平衡点，即如何确定地质环境的承载能力，仍需开展深入研究。

本书依托地质矿产调查评价国家专项“青藏高原矿产资源开发地质环境承载力评价（12120113038400）”“青藏高原资源开发的环境承载力评价方法研究（1212010818093）”和“矿山环境综合调查与评价（1212011120028）”成稿，同时也是这3个地质调查工作项目研究成果的集中体现。在项目开展过程中，得到了中国地质调查局西安地质调查中心、青海省水文地质工程地质勘察院和四川省地质矿产勘查开发局九一五水文地质工程地质队等兄弟单位的大力支持，在此表示诚挚谢意。

本书共分七章，第一章由孙自永、周爱国编写；第二章由甘义群、王旭编写；第三章由孙自永、补建伟编写；第四章由龙翔、王旭编写；第五章由孙自永、补建伟编写；第六章由补建伟、孙自永编写；第七章由周爱国、甘义群编写；全书由孙自永和周爱国统稿。

项目开展和书稿撰写过程中，中国地质调查局的徐友宁研究员、何芳研究员和吕敦玉副研究员给予了大力支持，中国地质大学（武汉）的唐仲华教授、周建伟副教授、柴波副教授、梁和成副教授、李远耀副教授、李小倩副教授和刘运德博士、李鑫博士等提出了许多宝贵意见和建议。全书整体思路、内容架构和文辞修饰方面得益于蔡鹤生教授的悉心指导。课题组博士研究生魏文浩、刘梦、王思宇，硕士研究生潘钊、王烁、葛孟琰、邢文乐、刘原甫和黄博在图件绘制和文字校对上做了大量工作，在此一并表示感谢！
受知识水平所限，本书纰漏在所难免，请广大读者朋友不吝赐教！

编著者

2016年10月

目　录

第一章 绪 论

第一节 研究背景与研究内容

一、研究背景

(一)青藏高原脆弱敏感的地质环境急需承载力的研究

青藏高原地处印度板块与欧亚板块的交汇部位,主体位于特提斯巨型成矿域,是我国最具找矿潜力的地区。最近的勘查与研究已证实,在陆-陆碰撞形成的青藏高原造山带内已发现多条世界级规模的成矿带和众多的巨型—大型矿床,如冈底斯和玉龙斑岩型铜矿带、造山型金矿带、逆冲推覆构造控制的碱金属成矿带等。正是由于其巨大的资源潜力,目前青藏高原已被列为我国重要的矿产资源的战略接续基地,国家也加大了青藏高原的国土资源大调查和矿产资源勘查开发力度。除了能提供潜力巨大的矿产资源外,青藏高原同时还为高原及周边地区乃至亚洲或全球提供着各种环境服务功能。

(1)作为我国和东南亚重要江河的发源地,提供着重要的水调节和供给功能,对当地、周边地区以及全球的水文过程产生深刻影响。

(2)对我国、东亚乃至全球的天气、气候和环境变化起着十分重要的调节功能。

(3)是全球重要的碳库,通过植被光合作用和土壤呼吸作用调节大气 CO_2、O_2,对维持大气氧平衡、碳平衡产生重要影响。

(4)孕育着许多具有独特结构和功能特点的动植物种类,是我国极其重要的物质资源库,是我国和世界生物多样性保护的重要组成部分。

(5)是地球科学、生命科学、资源与环境科学研究领域的天然实验室,对揭示岩石圈地球动力学、全球环境变化、矿产资源的形成和分布等具有重要意义。

(6)其初级生产为当地社会和其他地区提供了丰富的农产品、畜牧产品、木材和药材。

(7)旅游资源非常丰富,分布有大量自然景观和人文景观。

青藏高原虽然能提供极为多样化的环境服务功能,但这些功能的发挥必须建立在生态环境和地质环境相对稳定的前提下。例如,青藏高原的气候调节功能在地质时期受高原隆升历史中的不同高度和地表条件制约,但现在却受高原冰冻圈、地表植被和水体变化影响;青藏高原碳库功能的发挥必须以其类型多样、分布广泛的草地、森林为基础;水源涵养功能更是有赖于其星罗棋布的湖泊、湿地和面积广阔的草甸、亚高山林地和冰川。然而,青藏高原特殊的地形、地貌、气候、地质背景等决定了其生态环境和地质环境极其脆弱,与区域气候背景所形成的平衡经常处于临界阈值状态,对外部条件变化表现得非常敏感,外界的微小干扰都会导致生态环境和地质环境的格局、过程与适应方式发生改变。大多数情况下，这种改变都向不利于人类的方向发展，表现为土地、植被的退化或岩土体的失稳，即各类生态环境或地质环境问题。

在青藏高原生态环境和环境地质的各类外界干扰中，矿产资源开发是最为重要的一种。它是人类活动对地质体在短时间内的高强度集中作用，具有干扰强度大、深度深、范围广、类型复杂等特点，许多其他干扰要经历漫长时期才能做到的改变，矿产资源的开发可能在短时间内即可发生。因此，矿产资源的开发无疑是影响青藏高原环境稳定性及其服务功能发挥的重要因素。从这一角度看，青藏高原的资源供给功能与环境服务功能是一对矛盾体：资源开发威胁着环境服务功能的正常发挥；要保障环境服务功能的发挥，在一定程度上要限制资源开发。但任何环境系统对外界干扰都有一定的抵抗能力和自适应能力，所以资源开发与环境服务功能间又存在一个相对平衡点，即只要资源开发强度不超过某一临界阈值，就不会影响环境服务功能的正常发挥。这一临界阈值即资源开发的环境承载力。

鉴于此，要在矿产资源开发的同时保障环境服务功能的正常发挥，实现青藏高原矿产资源开发与地质环境保护的协调发展，杜绝"无序开发"，达到"保护环境，科学开发"的目标，必须在矿产资源开发过程中充分考虑地质环境的承载力，将矿产资源开发强度限制在地质环境的承载力范围内。为此，在矿产资源开发之前，首先要开展青藏高原矿产资源开发的地质环境承载力评价。随着青藏高原重点勘查规划区和重要经济区的环境地质综合调查评价工作的陆续开展和矿产资源开发的整装待发，地质环境承载力评价工作尤显迫切。

（二）地质环境承载力的评价方法体系亟须构建和完善

目前，国内外就环境承载力开展了一些工作，在环境承载力的概念与内涵、评价指标体系与评价模型等方面取得许多成就和进展。但以青藏高原矿产资源开发为前提的地质环境承载力评价具有以下特殊性，目前的评价方法还无法满足其需要。

1. 综合性

青藏高原矿产资源开发的地质环境承载力评价对象——地质环境，并不是水、土、岩、气、生等任何单一环境要素，而是它们的综合体，承载力评价方法也必须具有高度的综合性。以往的环境承载力评价方法多是针对某一环境要素构建的，如水环境承载力评价方法、土壤环境承载力评价方法、岩体承载力评价方法、大气承载力评价方法或生态系统承载力评价方法。这些方法可为青藏高原有关矿产资源开发的地质环境承载力评价方法的构建提供借鉴，但无法直接拿来使用，必须针对这种综合性要求，研究青藏高原矿产资源开发的地质环境承载力评价方法。

2. 层次性

青藏高原矿产资源的调查、评价将分层次开展。在不同的空间层次上，青藏高原矿产资源调查与评价的目标不同，对矿产资源开发的地质环境承载力评价所提供的结果也有着不同的要求。相应地，评价内容、评价精度（评价单元大小）、评价指标和评价方法也必然有别。因此，不可能构建一套适用于所有层次的评价方法。

另外，根据等级系统理论的思想，不同的空间层次上，地质环境过程、结构、格局及其对外界干扰的响应方式也各不相同。在较高的空间层次上，由于其较小的空间分辨率，地质环境的演变过程比较缓慢，其结构和格局表现得相对稳定，对外界干扰的抵抗力也表现得较强；而在较低的空间层次上，随着空间分辨率的提高，地质环境的演变过程较快，其结构和格局也表现得相对脆弱，外界较小的干扰可能会造成环境较大的改变，而同样的干扰在较高空间层次上可能被忽略不计。因此，对于地域辽阔的青藏高原，在不同的空间层次上，影响其地质环境承载力大小的因素或其规模必然不同，在进行矿产资源开发的地质环境承载力评价时所选取的评价方法和数学模型也有较大差别。为了更为科学合理地确定青藏高原地质环境对矿产资源开发的承载力，必须分层次进行评价。

在第一个层次上，对于较小比例尺和较低空间分辨率的重要矿产资源勘查规划区、重点能源接续基地和代表性矿集区，需要从系统科学的角度对区域进行宏观把握，评价这些区域对矿产资源开发活动的适应能力和开发潜力，这就需要对区域矿产资源开发的地质环境承载力作面上的综合评价。在具有较高空间分辨率的第二个层次上，对典型矿山可开展解剖调查，根据掌握的详实数据，对矿山进行地质环境可承载力阈值的计算，以评估矿山地质环境系统是否超载或还有多少承载的潜力，这就需要对单体矿山矿产资源开发的地质环境承载力作点状评价。

在以往的地质环境承载力评价中，由于涉及的范围相对较小，评价结果所服务的目标比较单一，并没有分层次评价的必要和需求，所构建的评价方法并没有明确的层次性，大多只能用于单一空间层次，无法用于青藏高原矿产资源开发的地质环境承载力评价。因此，必须研究针对不同空间层次的青藏高原矿产资源开发的地质环境承载力评价方法体系。

3. 针对性

青藏高原地域辽阔，南北跨 13 个纬度，东西越 28 个经度，海拔从 100 多米到 8844.43m，涉及山地、丘陵、平原、湖泊、河流、荒漠、戈壁等多种地形地貌类型；年降水量从几毫米到 1000 多毫米，跨越干旱、半干旱、半湿润、湿润等气候区；既分布有广阔的旱生、超旱生的荒漠灌丛，又有常绿的亚高山原始森林，更有大面积的冻土草甸等。

一方面，从原生地质环境状况来看，整个青藏高原可划分为多个不同类型的地质环境分区。在不同的地质环境分区内开展矿产资源开发时，环境对资源开发的响应机制、响应方式和表现形式可能各不相同，影响环境承载力的因素更是差别极大。

另一方面，青藏高原矿产资源类型丰富，有铜、铅、锌、镍、铬、金、银、铂、锑、铁、钛等金属矿产，油气资源，煤炭资源，盐湖资源，地热资源等。对于不同的矿产资源类型，其开采方式、矿石的堆放、分选、提炼、加工和尾矿渣的处置方式等都存在着较大差异，矿产资源开发对地质环境的干扰过程、干扰强度、干扰方式等都有一定程度的差别，不可一概而论。

在以往的环境承载力评价中，所涉及的范围较小，即使某些区域性评价，评价区内的地形、地貌、水文、地质背景也比较单一。因此，青藏高原矿产资源开发的地质环境承载力评价无法直接借用已有的方法体系。

4. 紧缺性

青藏高原气候条件恶劣，交通条件相对较差，其资源开发程度落后于中、东部地区。相应地，以往极少有人在青藏高原开展以资源开发为核心的地质环境承载力评价工作。对于青藏高原矿产资源开发的地质环境承载力评价，还没有经过实践检验的成熟理论与方法。而作为“世界屋脊”和地球的“第三级”，青藏高原高寒、多样、复杂而脆弱的生态环境与地质环境又极具独特性，经中、东部地区实践检验的地质环境承载力评价方法在这种环境下可能并不适用。

综上所述，为了指导已开展的各勘查规划区与资源接续基地的地质环境综合调查评价工作，为矿产资源有序开发与地质环境保护提供科学依据，急需深入开展青藏高原矿产资源开发的地质环境承载力评价研究工作。

二、研究内容

（一）总体研究目标

围绕“矿产资源开发与地质环境保护协调发展”这一重要战略命题，以地球系统科学理论为指导，系统收集青藏高原地质环境综合调查成果，分析矿产资源开发与地质环境之间的相互作用机制，探讨矿产资源开发对地质环境的影响，并在深入研究典型矿区自然状态下的环境阈值和人类活动程度量化标准的基础上，针对青藏高原不同的地质环境分区，分别提出不同层次的地质环境承载力评价技术方法，开展青藏高原脆弱敏感生态环境条件下矿产资源开发的地质环境承载力示范评价与量化研究，构建和进一步完善青藏高原矿产资源开发的地质环境承载力评价理论和方法体系，探索不同地质环境背景条件下矿产资源开发利用、地质环境保护与地质灾害防治的对策建议，为青藏高原重要矿产资源开发区、重大工程沿线和重要经济区地质环境综合调查评价提供理论与技术支撑，为青藏高原矿产资源开发、地质环境保护、区域经济可持续协调发展提供科学依据。

（二）工作原则及特点

1. 系统性

在工作部署中，应作系统性思考，以方法研究为核心，兼顾理论研究和应用研究，方法的构建应以机制分析为基础，还要经过实践的检验，从而构成一个由理论到实践、由科研到应用、层层递进、紧密相连的完整体系。

2. 针对性

青藏高原地域辽阔，大体可划分为东南部的地质环境敏感区和西北部的生态环境脆弱区。在两大区域内，地质环境对矿产资源开发的响应机制、响应方式和表现形式各不相同，影响地质环境承载力的要素差别极大。因此，应针对这两大类型区各自的地质环境特点，分别部署工作，研究其地质环境承载力的评价指标、分级标准和阈值范围，构建各自的矿产资源开发的地质环境承载力评价方法。

3. 整体性

地质环境系统是由相互联系和相互作用的水、土、岩、生、气等要素构成，它对矿产资源开发的承载能力大小也由这些要素综合决定，而不是仅受某单一要素的影响。因此，在构建青藏高原矿产资源开发的地质环境承载力评价方法时，评价对象不应是水、土、岩、生、气等任一要素，而是它们相互作用相互联系构成的统一整体。

此外，矿产资源的开发一般由勘探、开采、选矿、冶炼等阶段构成。即使是在某一个阶段，如开采阶段，对地质环境的作用也可能体现为岩土体的剥离、输送与堆放、水土污染、含水层结构的改变、植被破坏等多种方式。因此，在构建矿产资源开发的地质环境承载力评价方法时，对地质环境承载的外界作用也应作整体性思考。

4. 服务性

一方面，在构建矿产资源开发的地质环境承载力评价方法体系过程中，应充分了解青藏高原矿产资源规划部门和地质环境保护部门的需求，使其能够服务于地方需求，而不是纯粹的基础性和理论性研究。

另一方面，要基于研究成果，对参加青藏高原矿山地质环境调查评价的相关技术人员进行培训，以指导青藏高原重要资源开发区、重大工程沿线和重要经济区地质环境综合调查评价工作的实施。

此外，还应将地质环境承载力与相关的政策、规划、计划等联系起来，积极开展承载力评价与矿产资源规划间的反馈模式研究，探索地质环境承载力评价成果向矿产资源规划工作转化的一般思路、手段和应注意的问题等。

5. 前瞻性

矿产资源开发的地质环境承载力评价属典型的预评价，通常应在矿产资源开发规划或开采方案编制的初期介入，以便将对地质环境的考虑充分融入到规划中去。因此，在开展青藏高原矿产资源开发地质环境承载力评价研究时，应具有一定的前瞻性，主要体现为：

在选取典型工作区时，不仅要考虑交通相对便利、矿产资源开发条件较好的东部区域，还要考虑目前开发条件可能相对较差，但资源潜力巨大的西部区域。

在构建矿产资源开发的地质环境承载力评价方法时，不仅要考虑矿业开发对地质环境的直接作用，还应充分考虑可能由最初的矿山开发导致的区域空间结构、产业结构、城市化等方面的变化及其对地质环境的影响。

（三）具体内容

以总体研究目标和工作任务为引导，根据上述工作部署原则，基于青藏高原重要矿产资源勘查规划区、代表性大型矿区和典型矿山的地质环境综合调查结果，依次开展青藏高原地质环境类型区划的背景研究、矿产资源开发对地质环境的作用机制研究、矿产资源开发的地质环境承载力评价方法研究、矿产资源开发的地质环境承载力评价示范研究和青藏高原矿产资源开发的地质环境承载力评价理论、方法体系、推广应用和对策建议的综合研究。逐步完成评价指标体系的构建、赋值方案、权重确定、综合评价模型的选择等研究工作，在中间始终贯穿着示范评价的检验和校正，最终提供一套适用于青藏高原矿产资源开发地质环境承载力评价的技术方法体系，用以指导青藏高原矿产资源的规划和开发工作。

按照上述思路，可把“青藏高原矿产资源开发的地质环境承载力评价研究”具体分解为：背景研究、机制研究、方法研究、示范研究、综合研究 5 部分研究内容，这 5 部分内容从理论到实践、从科研到应用，层层递进，构成一个紧密相连的有机整体，其最终成果将服务和应用于青藏高原的矿山地质环境影响评价，并对区域甚至全国矿山地质环境的调查、评价、监测和整治工作有借鉴和指导意义。

1. 背景研究——青藏高原地质环境分区

青藏高原幅员辽阔，气候复杂多变，地貌类型众多，水系湖泊星罗棋布，植被覆盖稀少，且地质结构复杂，地壳运动频繁剧烈，这导致每个次级区域的地质环境特点迥异，差别极大。一般情况下，不同保护目标的区域对地质环境承载力的要求是不一样的，即不同的目标有不同的阈值。将青藏高原整体笼统地视为一个类型区，或大致划分为东南部的地质环境敏感区和西北部的生态环境脆弱区都满足不了现实的需求，这也与实际情况不符，精度不够。为了更好地突出针对性和代表性，应该根据地质环境背景多样、生态环境多样、保护对象及要求不同划分更细的区。

从矿产资源开发视角入手，在重点考虑青藏高原不同区域的气候条件、地质地貌条件、地质环境问题类型、生态环境恢复难易程度等方面相关要素的基础上，结合最新的资料和认识，通过查阅文献、国内外调研和实地的野外调研，同时考虑地质环境对矿产资源开发的响应方式的空间差异，以地域或问题为导向，将青藏高原按不同的地质环境功能和特点进行区划。

2. 机制研究——矿产资源开发与地质环境的相互作用

只有深入分析矿产资源开发活动对地质环境的作用方式、过程和机制，查清地质环境对矿产资源开发可能产生的响应、响应方式和表现形式，建立两者间的相关关系，确定地质环境对矿产资源开发活动的承载力阈值，才能选取科学合理的评价指标，确定各指标的分级标准。因此，查清矿产资源开发对地质环境的作用机制是开展后续研究，特别是方法研究的重要前提。具体的工作内容包括：

（1）调查青藏高原矿产资源开发活动的类型、方式、强度及其动态变化（输入），地质环境系统构成要素的类型、分布、状态及其演化规律(结构),主要地质环境问题的类型、分布、发育程度、危害及其动态变化(输出);构建影响矿产资源开发的地质环境承载力的因子库。

(2)分析在不同矿产资源开发活动类型、方式、强度及其各个环节作用下,各地质环境要素的响应机制、过程、方式及表现形式,构建矿产资源开发(输入)—地质环境系统结构(响应)—矿山地质环境问题(输出)间的关系。

(3)基于已构建的输入—响应—输出关系,分析地质环境系统的正、负反馈机制随矿产资源开发强度加剧而发生转换的临界点,确定地质环境—矿产资源开发的平衡点和地质环境能承载的矿产资源开发活动的极限值。

3. 方法研究——矿产资源开发的地质环境承载力评价方法

为满足不同层次矿产资源开发的地质环境承载力评价的需求,拟开展多个层次的承载力评价方法研究:第一层次的空间尺度较大,主要针对重要的矿产资源勘查规划区、重点能源接续基地和代表性矿集区,构建的评价方法用于指导以矿产资源开发规划为目的的地质环境调查评价工作,评价结果可为矿产资源的合理规划和有序开发提供依据;第二层次空间尺度较小,主要针对大型矿山或典型中小型矿山聚集形成的矿区,构建的评价方法用于指导以矿山或矿区为单元的环境地质调查评价工作,评价结果可为矿山开采方案设计、基础设施布局、地质环境保护方案制定等提供依据。

方法体系研究是本书的核心内容,即在矿产资源开发的影响下地质环境承载力评价的方法研究。但这种方法不是针对一两种或多种方法进行筛选或重组,而是需要对一整套评价方法体系进行研究。因此,方法研究将分别开展下述工作:地质环境承载力调查评价方法的国内外调研和对比;矿产资源开发的地质环境承载力评价的内涵、对象、目标、服务对象等基本属性的确定;矿产资源开发的地质环境承载力评价指标库的构建;矿产资源开发的地质环境承载力评价指标的数据资料获取方法和流程的建立;矿产资源开发的地质环境承载力评价指标的分级标准和定权方法的确定;矿产资源开发的地质环境承载力评价精度和评价单元大小的确定;矿产资源开发的地质环境承载力评价模型的选取。

总结起来,方法研究部分有 3 个核心研究内容,可归纳总结如下。

1)评价指标体系

对于任何一项评价工作而言,评价指标体系的构建都是最基础但也是最重要的工作之一,地质环境承载力的评价工作也不例外。本书要对青藏高原矿产资源开发地质环境承载力进行评价,首要的任务就是筛选评价指标、确定评价因子、建立评价指标体系。

为了构建一套科学、实用的评价指标体系,第一步是对研究任务和评价目标进行系统的分析,如对地质环境系统进行结构分析,对承载力评价进行层次分析,在此思想的指导下构建具有层次结构的评价指标体系。

完整的评价指标体系应该体现出评价工作的每个内容和细节,还要表达出不同评价的要求和精度等诸多考虑,简而言之,就是要求指标全面和丰富。实现这个目的最简单的方法就是建立一个“评价指标库”,而建立这个指标库又可以通过不同手段和途径实现。通过不同的评价内容,如对地质灾害、生态环境、水土污染分别进行评价,甚至可以通过不同的评价层次把想要的指标都汇总到一起;但最直接、最理想的方法是根据评价区不同的地质环境特点和功能进行指标的归拢。

因此,对评价区进行地质环境类型的区划也是评价指标体系研究工作中重要的一环,即前期的基础研究。而在评价指标库建立好之后,需要考虑的就是如何获取指标的问题。当这个问题得到解决,整个“评价指标体系”的构建工作就基本完成了。

2)赋值方案、权重确定

评价指标体系建立起来后,下一步工作就是考虑体系的应用。对于同一个指标,获取到的结果可能是不同的数值(如海拔),也可能是不同的文字(如植被类型),为了规范使用和参照对比,必须对其进行好坏评判,也就是需要对指标进行赋值。不同的指标,对评价内容或结果可能产生不同的影响,也就是说指标间的重要程度和对结果的贡献度不同，因此还需要对指标进行定权。分级标准和权重确定的研究是关系到评价结果，甚至整个研究成功与否极其重要的步骤，因此需要格外慎重。

为了使指标的赋值和权重的确定更准确、更具科学性，必须要做好理论基础研究工作，即分析矿产资源开发与地质环境间的“输入—响应—输出”关系和正、负反馈过程——机制研究。只有深入分析矿产资源开发活动对地质环境的作用方式、过程和机制，查清地质环境对矿产资源开发可能产生的响应、响应方式和表现形式，建立两者间的相关关系，确定地质环境对矿产资源开发活动的承载力阈值，才能为确定各指标的分级标准提供依据。因此，查清矿产资源开发对地质环境的作用机制是开展后续研究，特别是方法研究的重要前提。

进行机制的理论研究只能确保研究方向不出现大的偏差，但要实现分级和权重的定量化还需要数据的科学支撑，因此还需作评价指标与内容的相关性分析。采用统计学方法，构建矿产资源开发（输入）—地质环境系统结构（响应）—地质环境问题（输出）间的关系。基于已构建的“输入—响应—输出”关系，分析地质环境系统的正、负反馈机制随矿产资源开发强度加剧而发生转换的临界点，确定地质环境—矿产资源开发的平衡点和地质环境能承载的矿产资源开发活动的阈值，为矿产资源开发的地质环境承载力评价指标的权重和分级标准的确定提供依据。

在参考机制分析、相关性分析成果的基础上，还需要借鉴国内外现有的、成熟的指标分级方案，如国家标准、地方标准、行业标准等。但青藏高原地质环境复杂多变，与内陆地区差异明显，有其特殊性，因此需要着重考虑的是区域背景值和当地的本底值。最后对数据资料收集、地质环境综合调查、样品测试分析及动态监测的成果进行统一整理、矢量化和分级，非数据形式的指标还需要进行转换和分类。具体在指标赋值时涉及到把定性的指标量化，把逆向指标和适度（中性）指标正向化以及把所有指标无量纲化等一系列内容。

3）评价模型

在评价指标体系及其分级标准、权重确定的工作都结束之后，就可以选择和建立承载力的评价模型了。模型的建立目前都有成熟的方法，接下来的工作包括评价单元的划分、网格的剖分、评价方法/数学模型的选择和示范评价。

评价单元的划分需要根据不同空间矿产资源开发地质环境承载力评价的精度要求，结合各评价指标能获取的数据的空间分辨率大小，确定满足评价精度要求的评价单元大小；对比不同评价单元划分方法的优缺点，优选出最合适的评价单元划分方法。对于网格的剖分，当前主流的方法是三角形剖分、正方形剖分和不规则多边形剖分，根据实际情况和评价需要选择即可。

模型选择中，需要综合对比指数模型、模糊数学、层次分析、神经网络、灰色系统等多种评价模型，为不同空间层次的矿产资源开发地质环境承载力评价选取操作性强、科学合理的评价模型。

4. 示范研究——矿产资源开发的地质环境承载力评价示范

在前期所有工作的基础上，选取具有代表性的矿产资源勘查规划区和典型矿山，利用已构建的评价方法体系，开展矿产资源开发的地质环境承载力示范评价，确定试点区内地质环境能承载的矿产资源开发规模、强度和速度的极限值，指导区内矿产资源的合理规划，探索矿产资源开发引发的地质环境问题的防治对策。

示范研究的主要目的是：通过实际应用，检验已建立的矿产资源开发的地质环境承载力评价方法是否科学合理，在操作上是否可行和简便适用；同时根据示范评价的过程和结果对所选取的评价指标及其分级标准、定权方法、评价单元的大小等进行调整，反过来对评价方法进行完善。

由于矿产资源开发的地质环境承载力评价方法是基于地质环境敏感区和生态环境脆弱区构建的，并把每个地质环境类型区，又分成了勘查规划区和大型矿山两个层次。因此，为全面检验和完善已构建的评价方法，需在地质环境敏感区和生态环境脆弱区内都布设示范评价区。对于所选的示范区，矿产资源开发的地质环境承载力评价示范研究的工作内容基本相似，包括：

(1)矿产资源开发的地质环境承载力评价所需资料的收集、野外调查和遥感调查,两个层次对应的比例尺分别为1∶5万和1∶1万。

(2)数据资料的整理、量化,以及矿产资源开发的地质环境承载力评价各指标单要素图的编制。

(3)各指标分级标准的确定,以及矿产资源开发的地质环境承载力评价各指标单要素分级图的编制。

(4)示范区矿产资源开发的地质环境承载力的评价与分区,以及评价与分区图的编制。

(5)评价与分区结果的分析,矿产资源开发相关规划及环境保护对策建议的提出。

(6)示范评价过程与结果的质量评估,矿产资源开发的地质环境承载力评价指标及分级标准、定权方法、评价单元大小等的调整,评价方法的完善。

5. 综合研究——矿产资源开发的地质环境承载力评价理论、方法体系、推广应用和对策建议

综合不同地质环境类型区、不同空间层次上的"机制研究""方法研究"和"示范研究"的成果,提出青藏高原不同地质环境类型区和不同层次的矿产资源开发的地质环境承载力评价理论与方法体系。

在代表性勘查规划区和典型矿山地质环境承载力评价的基础上,针对国家和地区的矿产资源规划和矿产资源开发方式及可能产生的地质环境问题类型,以地质环境保护规划为约束,对矿产资源开发的现有规划方案提出建议,对未来的规划方案提出地质环境保护方面的要求,供规划单位参考,对矿产开发过程中可能出现的生态环境和地质环境问题,提出有针对性的防治对策和建议。

三、研究意义

开展青藏高原矿产资源开发的地质环境承载力评价方法研究,具有如下重要意义。

1. 为青藏高原矿产资源开发的地质环境综合调查评价提供科学依据

当前,国家已经在除青藏高原西部高山冻融环境脆弱区之外的其他区域部署了重要矿产资源开发区的地质环境综合调查评价项目。在开展实际工作之前,迫切需要清楚如下问题:在这些区域内,以矿产资源开发为核心的地质环境综合调查评价的内容有哪些?究竟如何开展?地质环境承载力如何评价?减少矿产资源开发对地质环境影响的技术措施与管理制度如何制定?等等。

开展矿产资源开发的地质环境承载力评价方法研究,对地质环境可支撑的矿产资源开发力度进行定性分析和定量评价,确定相应的评价指标体系,构建地质环境承载力评价模型等,进而建立青藏高原地质环境承载力评价理论和方法,可以指导已全面开展的各勘查规划区与资源接续基地的地质环境综合调查评价工作,为青藏高原矿产资源开发的总体规划和整装开发提供科学依据。

2. 是实现青藏高原矿产资源开发与地质环境保护协调发展的前提条件

青藏高原特殊的气候条件和地理环境决定了其地质环境极其敏感和脆弱,一旦外界干扰过大,就会造成地质环境的退化,并且极难恢复。因此,开展青藏高原矿产资源开发的地质环境承载力评价研究,确定各勘查规划区和资源接续基地的资源开发的环境适宜性、承载能力、承载水平和环境要素特点,可以从区域上全面分析、统筹考虑,科学制定资源开发、产业发展和地质环境保护的政策与策略,形成合理的矿产资源开发模式,实现矿产资源开发与地质环境的协调发展。

3. 有利于国家环保制度的改进与完善

我国20世纪80年代开始起步的经济建设基本上是走发达国家"先破坏,后治理"的老路,特别是矿产资源开发对地质环境的破坏与负面影响没有引起足够关注。30多年来,矿产资源开发产生的地质环境破坏及引发的地质灾害呈现出越来越严重的态势，近年来，西部开发也出现了同样的问题。这些问题主要是与矿产资源开发相关的环保制度不健全、不完善，不注重破坏前的地质环境保护，比较注重末端治理，导致成本很高、代价很大，但成效有限。其根本原因是缺乏对区域地质环境总体承载能力的评估这一重要环节，无法确定区域的地质环境承载能力大小和承载水平。因此，按照“在保护中开发，在开发中保护”的原则，通过青藏高原矿产资源开发的地质环境承载力评价研究，可以为矿产资源开发准入条件的制定提供科学依据，为建立具有青藏高原特色的矿山地质环境影响评估制度、矿区地质灾害危险性评估、矿山地质环境的恢复治理等提供借鉴，从而改进与完善资源开发的环保制度。

第二节 研究思路与工作方法

一、研究思路

以地球系统科学理论为指导，以保护青藏高原地质环境为前提，以矿产资源的高效、合理开发为目标，从地质、资源、环境、生态、经济等多学科角度，综合运用野外调查、自动化监测、室内试验、遥感、地理信息系统等技术方法，开展青藏高原典型矿产资源勘查规划区及矿山的地质环境综合调查；基于地质环境系统的自组织和稳定性理论，分析矿产资源开发与地质环境间的相互作用机制，研究矿产资源开发对地质环境的影响；在层级系统理论的指导下，开展不同层次上矿产资源开发的地质环境承载力评价，提出矿山地质环境承载力评价指标，确定地质环境能承载的矿产资源开发规模、强度和速度的极限值；基于评价结果，以科学性、适用性、综合性、层次性和针对性为原则，总结提出青藏高原不同环境类型区和不同层次的矿产资源开发的地质环境承载力评价理论与方法体系，为青藏高原“矿产资源开发-地质环境保护”的协调发展提供科学依据。

在全面综合青藏高原已有相关资料的基础上，分析矿产资源开发与地质环境之间的相互作用机制，研究青藏高原矿产资源开发的地质环境综合调查评价理论与方法体系，提出矿产资源开发的地质环境承载力评价方法，通过示范研究及完善该方法体系，从而指导青藏高原矿产资源开发的地质环境综合调查、评价工作。

本研究总体技术路线如图 1-1 所示，具体研究步骤如下。

(1)系统收集青藏高原地形、地貌、气候、水文(冰川)、地质、植被、土壤(冻土)、社会、经济以及各种地质环境问题、生态环境问题和矿产资源开发方面的资料，对这些资料进行归纳和整理，并建立数据库。

(2)以上述背景条件为基础，同时考虑地质环境对矿产资源开发的响应方式的空间差异，根据地质环境背景多样、生态环境复杂、保护对象及要求类型将青藏高原划分为不同的地质环境类型区，为后续示范评价奠定基础。

(3)从青藏高原不同的地质环境类型区中分别选取典型矿产资源勘查规划区和代表性矿山，综合运用野外调查、自动化监测、样品采集与测试、室内试验、遥感调查、地理信息系统、空间数据库等技术方法，开展矿山地质环境综合调查。

(4)基于矿山地质环境综合调查结果，以地质环境系统的自组织和稳定性理论为指导，分析矿产资源开发与地质环境间的“输入—响应—输出”关系和正、负反馈过程，揭示矿产资源开发对地质环境的作用机制。

(5)系统收集和整理国内外相关标准、规范、技术方法、公开发表的学术文献等资料，开展地质环境承载力调查评价方法的国内外调研和对比研究，同时考虑我国矿山地质环境保护工作的实际需求，明确矿山地质环境承载力评价的内涵、对象、性质、目标、服务对象、结果表述、流程等基本属性。

(6)基于矿产资源开发对地质环境的作用机制的分析结果，结合地质环境承载力调查评价方法的国内外调研成果，充分考虑青藏高原地质环境的特殊性、脆弱性和敏感性，针对不同的地质环境类型区，构建矿产资源开发的地质环境承载力评价方法和量化模型。

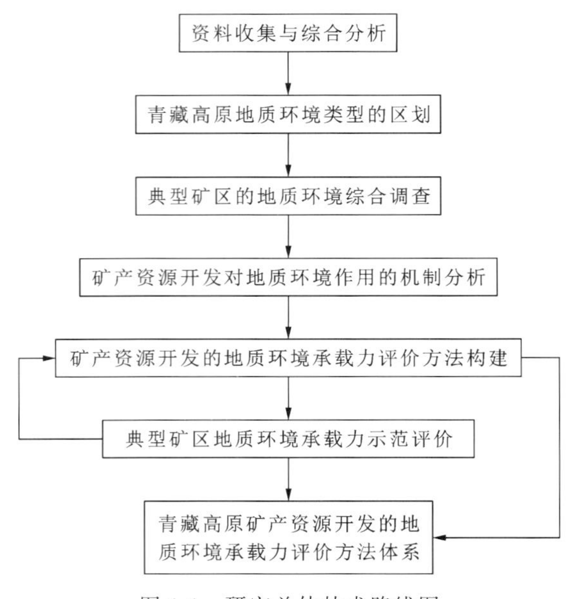

图 1-1　研究总体技术路线图

二、工作方法

1. 专家咨询与调研

对国内外地质环境承载力评价的相关标准、规范、技术方法、公开发表的学术文献等资料进行调研，归纳和总结矿产资源开发的地质环境承载力评价的类型、适用条件、服务对象、评价指标体系和评价方法及存在的问题。

对我国青藏高原已开展了矿山地质环境评价或环境承载力评价工作的区域进行考察与调研，借鉴和吸收成功经验，用于指导本项目的矿产资源开发地质环境承载力评价方法的构建和完善。

邀请和组织国内外生态环境、矿山地质环境、矿产资源规划方面的专家对青藏高原地质环境类型的区划、评价指标体系(筛选、分级、定权)、青藏高原矿山地质环境承载力评价方法等研究内容进行研讨，组织项目组成员进行矿山地质环境调查与评价技术方法培训等(图 1-2)。

2. 资料收集与整理

由项目属性决定，收集与整理资料是本项目重要的基础工作之一，可为青藏高原地质环境类型区细化研究工作提供信息；为深化矿产资源开发对地质环境的作用机制研究提供资料；为完善评价指标库、评价指标分级和权重确定提供依据；为矿产资源开发的地质环境承载力评价示范研究提供数据。资料的收集整理主要包括两个部分。

一是收集整个青藏高原的资料。主要收集国土资源部、中国地质调查局及其直属单位/研究院所、中国科学院及地方地矿、国土和环保部门在该区开展的地质、矿产、水文、气候、植被、土壤、环境和生态等方面的相关调查与研究成果。

二是收集典型矿山(矿区)的资料。包括青海省祁连县黑河源多金属矿区、曲麻莱县大场金矿区、天

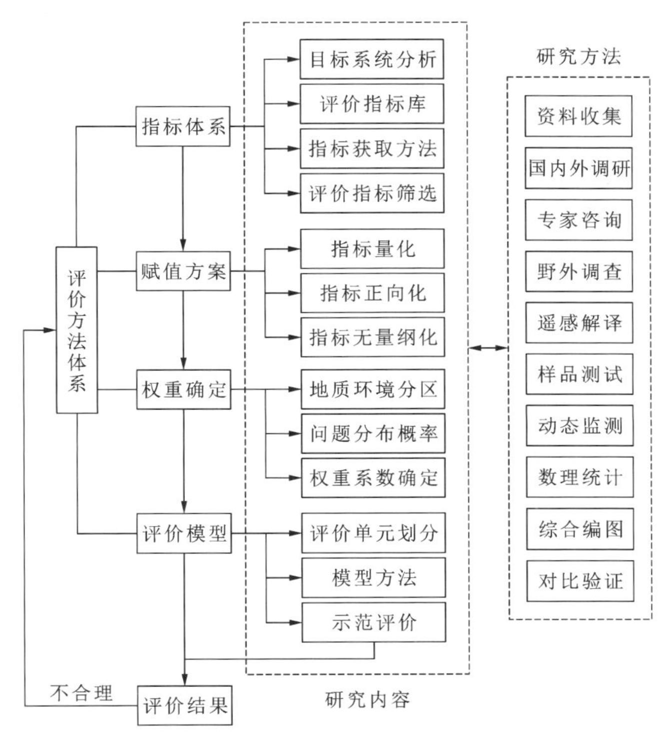

图 1-2 研究内容与工作方法关系图

峻/刚察县木里煤田、玛沁县德尔尼铜矿山和西藏自治区墨竹工卡县驱龙、甲玛铜多金属矿区，主要收集区内地质环境背景、地质环境问题、基础设施的布局、矿山开采方案、地质环境保护规划、社会经济状况等方面的资料。

3. 遥感调查与解译

遥感调查的目的是提取反映地质环境和生态环境详细特征的各种信息，测量各种地质环境和生态环境参数，精确圈划各类地质灾害体的范围和构成要素，计算其规模，并对各类地质环境问题和生态环境问题的发育程度进行定量反演，编制相应的遥感解译图件，统计相关的结果数据。

以任务书下达的工作范围为基础，在典型的地质环境地区内选取具有代表性的矿山(矿区)，在其范围及其周边开展 1∶5 万的遥感调查和解译工作。

主要调查和解译的内容：一是地质环境背景，如地形地貌景观类型、地形坡度、地形坡向、土地利用类型、土壤类型、植被覆盖度、冰川水系分布等；二是地质环境问题，如水土流失现状、石漠化现状、土地破坏与占用现状、地质灾害发育现状、地形地貌景观破坏现状等。

4. 野外调查与验证

调查和验证的主体内容如下。

1)地质环境背景

调查区内水文、地形地貌、地层岩性、地质构造、水文地质和工程地质等内容。

2)生态环境背景

调查和验证区内植被、动物的空间分布、生物量、密度、放牧量和放牧强度等；调查土壤成因类型、空间分布、组合特征、颗粒成分、粒径大小与级配、渗透性、孔隙度、团聚性、热容、塑性指数等；调查土地利用的类型、自然保护区及防护林、水土保持林的级别、分布范围、面积等内容；调查特殊景观类型，如冰川、冻土、泥炭沼泽的空间分布、形态特征、发育状况和演化历史等内容。

3)地质环境问题

调查和验证区内水土流失、荒漠化、石漠化、盐渍化、沼泽化、地下水天然水质不良与污染和土壤污染等一系列地质环境问题的范围、特征、诱发因素、危害程度、防治措施、发展趋势等。

4)地质灾害

调查和验证区内崩塌(含危岩体)、滑坡、泥石流、地面塌陷、地裂缝等地质灾害的基本特征、面积方量、发育条件、诱发因素、危害情况、防治措施和发展趋势等内容。

5)生态环境问题

了解生态系统退化的主要类型(湿地退化、草地退化、林地退化等);查明各类退化生态系统的范围、面积、植被覆盖度、生物多样性;了解生态系统退化区的土壤类型、分布特征、土层厚度、土壤中有机质和养分含量、土地利用现状等。

5. 样品采集与测试

采样测试对象主要包括水体(地表水和地下水)和土壤两类。

1)水样

常规测试项目为 pH 值、矿化度、总硬度、钾、钠、钙、镁、重碳酸根、硫酸根、氯离子、微量元素等;地下水中的有害物质则以重金属为主[参照《地下水质量标准》(GB/T 14848—1993)];稳定同位素项目为 D、^{18}O 和^{13}C-DIC。

对于地下水,初步设置其采样频率为每个季度 1 次;对于地表水样(河水、湖水、湿地等),规划开发区内也是每个季度采样 1 次,典型矿区内采用自动采样器,在雨季时每周采样 1 次,其他时段每月采样 1 次。样品采集的密度根据工作区复杂程度等实际情况确定。

2)土样

测试项目为土壤化学性质及常量养分分析 12 项;全盐量、碳酸根、重碳酸根、氯根、钙、镁、硫酸根、钾、钠 9 项水溶性盐分析及全锰、有效锰、全锌、有效锌、全铁、有效铁、铅、铬、汞、砷 10 项微量元素及重金属元素分析。

6. 动态监测与记录

考虑到动态监测工作可为地质环境区细化、评价指标库的完善、矿产资源开发与地质环境间的机制分析、指标分级、指标定权等研究内容提供依据,更重要的是可对评价结果和保护措施进行验证,因此需持续开展地质环境的动态监测工作。监测项目和内容如下。

1)监测项目

地下水位、水温、电导率、水质;泉的流量、水温、电导率、水质;河水流量、水温、电导率、水质。

2)监测周期和频率

对于地下水、泉水和河水的水位(流量)、水温和电导率,采用自动监测仪器,每 30min 监测 1 次;对于水质的监测,分别于不同季节采样测试,在雨季或遇暴雨时,应加密观测。

3)监测方法

主要采用自建站委托观测、专人负责检查的方式,对条件合适地点可采用自动监测仪器。监测时即时整理,认真审查,编写监测日志,最终绘制地下水水位、水量、水质、水温动态单项历时曲线及其与气象、水文等关系曲线图。

7. 多元统计与分析

1)数据统计

对整个青藏高原及典型地区内的矿产资源开发类型、矿种、规模、强度,特别是生态环境问题、地质环境问题及地质灾害发育的范围、面积、体积、特征、诱发因素、危害程度等进行数据统计。

2)数理分析

利用多元统计模型,分析上述生态环境问题、地质环境问题及地质灾害与环境影响因子间的相关性,构建本构方程或半定量模型,分析其显著性。运用的方法包括聚类分析法、主成分分析法、因子分析法、层次分析法和坎蒂雷赋权法等。

8. 图件编制与对比

1)图件编制

综合运用ArcGIS、MapGIS、ERDAS、ENVI、PCI和PHOTOSHOP等遥感解译、空间分析和图像处理的软件进行图件的编制和完善。编制的主要图件有:基础图件,反映和描述青藏高原及工作区地质环境各构成要素的空间分布规律,交通区位、气象水系,以及主要地质环境问题及地质灾害、矿产资源的分布和开采布局等背景信息的图件;专题图件,通过资料收集、分析及整理,二次加工或原创的,用以揭示评价区地质环境背景的单要素或多要素图件,如青藏高原地质环境分区图、遥感解译图、地质灾害发育与孕育条件关系图等;评价图件,运用整个评价方法体系对典型矿区进行示范评价,最终得出的评价结果及区划图。

2)对比验证

结果的验证,在示范评价中选用指数模型、模糊数学、层次分析、神经网络、灰色系统等方法分别进行评价,把每种评价结果与实际的野外调查情况进行验证和分析。

方法的对比,选用各种评价模型及方法进行示范评价及结果验证后,综合对比各种方法的科学性、合理性、稳定性及可操作性。

第三节 国内外研究现状

一、矿山地质环境评价研究现状

1. 国外研究现状

矿山环境问题一直受到国际社会的广泛关注和重视,国际上矿业发达的国家早在20世纪六七十年代就开始重视矿山环境保护和治理,大部分西方国家均实行了比较严格的矿山环境评估和保护制度。特别是近年来,随着联合国可持续发展战略的提出和实施,矿山环境保护和评价工作更加引起行政管理部门和矿山企业的高度重视,各国政府都加强了有关矿山环保立法等方面的工作,并对矿山企业严格施行保证金制度。矿产资源的开发与矿山地质环境的保护一体化已成为当前国际矿业发展的一个重要趋势。

国外对于矿山环保管理部门的设置大体是:环境保护主管部门制定国家环保法规和环境标准,审核批准环境规划和环评报告;矿产开发主管部门负责矿山环保法规的实施,监督管理"三废"排放和矿山复垦活动及保证金的征收管理。

国外矿山环境保护与治理的政策措施主要包括:①环境评价分析,包括环境认证、成本效益分析、环境会计、环境影响评价、全部费用分析、生命周期评价、环境技术评价、建立可持续发展指标体系等;②环境管理,包括环境管理体系、环境全部质量管理、生态认证等;③环境报告制度,包括公司环境报告制度、行业环境报告制度、国家环境报告制度。

近年来,国外矿山地质环境保护和评价、管理的方式和方法正在发生一系列变化,主要表现在从静态实施环保政策及标准向实施动态管理转变；从单一的管理手段向管理、示范、奖励等手段相结合转变；从传统的“命令与控制”手段向加强政府部门与矿业公司的合作、增强矿业公司的环保能力转变。矿山开采过程中必定会在一定程度上破坏地质环境，矿山地质环境恢复治理是国外矿政管理中的一项重要内容。许多国家按照“污染者付费原则”，将矿山地质环境恢复纳入到有关法规当中，一些发达国家建立了矿山地质环境恢复保证金制度，要求矿山经营者来承担恢复义务。

2. 国内研究现状

据不完全统计，自1994年以来，国内各种刊物上发表的有关矿山地质环境方面的论文有千余篇，涉及矿山环境地质理论、方法、分类、调查、评价、图件编制、信息系统建设、矿山地质环境管理、法规建设、恢复与重建等多方面内容。

国土资源部地质环境司2002年编写了《矿山地质环境影响评价技术要求》(讨论稿)和《矿山地质环境调查技术要求》(讨论稿)，中国地质环境监测院2002年编写了《全国矿山地质环境数据库建设》和《全国矿山地质环境调查技术要求实施细则》，西安地质矿产研究所2003年完成了《典型矿山地质环境调查方法研究》和《大型矿山地质环境调查与监测技术要求》。

2003年11月，国土资源部地质环境司、中国地质调查局和西安地质矿产研究所等单位联合发起并举办了“首届全国矿山环境保护研讨会”，出版了我国首部以矿山地质环境为主题的论文专辑《西北地质(2003年增刊)》，讨论了“三废”综合利用、环保制度与技术、环境污染与健康、国内外政策法规和今后工作方向等内容。

2002年，西安地质矿产研究所的徐友宁研究员编写了《中国西北地区矿山环境地质问题调查与评价》；2005年，中国矿业大学(北京)武强教授编写了《矿山环境研究理论与实践》；2008年，中国地质大学(武汉)周爱国教授编写了《地质环境评价》；2009年，中国地质环境监测院张进德博士编写了《我国矿山地质环境调查研究》。这些著作的出版，对矿山地质环境评价的基本概念、基本原理和常用评价方法进行了系统描述，并建立了实用的评价指标体系，提出了一整套矿山地质环境综合评价方法。这些成果代表了目前国内矿山地质环境综合评价的水平。

二、矿山地质环境承载力研究现状

国内外学者在资源、环境、生态以及人口、城市、旅游承载力等领域开展的研究较多，然而，严格意义上讲针对“矿山地质环境承载力”的研究还不多见，且都以评价为主，尚处于探索和起步阶段，研究内容较为分散，研究的着力点和落脚点差异较明显。目前国内不同学者和研究团队对矿山地质环境承载力的认识理解和研究思路不尽相同，可大致总结归纳为以下5个方面。

1. 侧重生态环境的矿山地质环境承载力

与矿山地质环境承载力研究较为接近的是矿山生态环境承载力研究。这类研究充分考虑生态弹性力、生态条件或生态脆弱性的重要性，把矿区的生态环境视为评价目的之一，对应到层次分析法中则处于目标层的位置，因此生态环境在整个评价模型中也占据较大的权重。指标选取上往往综合了水环境(水资源)、土壤环境(土地资源)和大气环境等矿山地质环境背景条件的相关要素，以矿区生态环境的好坏来衡量矿山地质环境承载力的强弱，这是最直接和朴素的思想。虽然这些研究是对矿区的生态环境承载力或资源环境承载力做出的评价，但实质上对区域矿产资源开发作用下的地质环境承载力研究也是一种探索。

如闫旭骞(2006)通过定量研究模型和时间序列分析，对某矿区的生态系统弹性力、资源环境承载力和生态系统压力分别进行了评价，最后综合对该矿区的生态承载力做出了分析评价。又如吴见等

(2009)运用层次分析法,以生态弹性力、资源-环境承载力和煤炭开采压力为评价目标,建立煤炭开采环境影响综合评价模型,探讨和评价了山西省煤炭开采的生态环境承载力。而姚锐(2010)将自然生态条件和地质条件作为衡量矿山地质环境承载力优劣的准则,分别选取土地资源、水资源、地质环境背景及水文地质4个要素层共9个指标,通过层次分析法确定各指标层权重后采用综合指数法对青海省木里煤田聚乎更二矿矿山地质环境承载力进行了评价。

2. 等同抗扰能力的矿山地质环境承载力

唐利君(2009)认为影响煤矿区地质环境承载力的主要因素包括地质环境抗扰动能力、自然生态条件和开采强度。前两者共同决定了地质环境承载能力的大小,而这个大小则是通过开采强度来体现的。在此思想指导下,地质环境抗扰动能力主要考虑构造介质、构造形态、构造界面、构造应力和水文地质条件,自然生态条件主要考虑土地利用类型,并分别从中细化优选了评价指标。同时根据可拓评价的方法,应用VB6.0编制地质环境承载能力量化评价的模块,对铜川东坡井田和乌鲁木齐硫磺沟矿区分别应用综合指数法和编制的地质环境承载能力可拓评价模块进行了评价,初步实现了煤矿区地质环境承载力的量化评价。

这种研究思路和方法最早源于西安科技大学的夏玉成教授团队,该团队较早提出了矿山地质环境承载力的概念,并对煤矿区地质环境承载能力的评价指标体系、评价标准、评价方法及主要工作流程开展了研究工作。如夏玉成(2003)对煤矿区地质环境承载能力及其评价体系进行了研究,并认为煤矿区地质环境承载能力主要取决于以下3个因素:地质环境本身的抗扰动能力,地下煤炭资源的开发强度以及当地自然生态条件,并选取相应指标和参数运用岩石破裂过程分析软件(RFPA),对乌鲁木齐西南的准南煤田后峡煤矿二井田进行了模拟和评价。又如夏玉成等(2009)运用可拓学理论对准南煤田硫磺沟煤矿进行了地质环境抗扰动能力的评价,得出该矿区地质环境抗扰动能力强的结论。

3. 关注地质灾害的矿山地质环境承载力

另一些矿山地质环境承载力研究关注的是地质灾害,通常也是讨论矿山地质环境抗扰动能力,只是这类研究以地质灾害为目标导向,常选取涉及岩石地层、地质构造、水文地质、地形地貌、气候植被和岩溶发育程度等多项指标。从选取的这些指标和评价目的来分析,本质上就是对矿山地质环境承载力评价的一种尝试,只不过将其定义为矿山地质环境抗扰动能力。

虽然这类研究也是对矿山地质环境的抗扰动能力做出的评价,但明显关注地质灾害,即采矿活动对矿山地质环境破坏的外在表现形式,体现出研究视角和关注对象的不同。在评价阶段上,认为矿山地质环境抗扰动能力评价是在矿山地质环境现状评价以后、矿山地质环境综合评价之前的预测评价,是对矿山地质灾害的评价和预测,类似于矿山地质灾害危险性评价。

如刘晓云(2011)以金属矿山最常见的采空区塌陷、崩塌-滑坡和岩溶塌陷为主要的地质灾害考察对象,以层次分析法构建了三级评价指标体系,共选取了14个指标对湖北省鄂西某高磷铁矿进行了地质环境抗扰动能力评价。随后,刘晓云(2012)同样以湖北建始县官店镇一铁矿试验采场为例,分析了矿山地质环境抗扰动能力的影响因素和金属矿山地质灾害成灾机理,以采空区塌陷、崩塌-滑坡和岩溶塌陷等地质灾害为导向构建了矿山地质环境抗扰动能力评价指标体系,运用层次分析法和熵值法的定权思想,采用线性加权函数模型对上述地质灾害分别进行了评价,最后综合评价了该区域的地质环境抗扰动能力。

4. 考虑开采压力的矿山地质环境承载力

这类研究就如何定量计算一个矿区地质环境承载力的大小、如何评判矿山地质环境系统是否失稳作了一定的探索,是对单纯考虑矿山地质环境系统抗扰动能力的一种深入。这是因为矿山地质环境承载力的大小必须由一个事实客观地反映出来,而这个事实正是外界的开采压力。

这种思想认为矿山地质环境承载力大小与矿业活动产生的客观压力有关，对这种相对关系的研究比单方面对承载力进行研究有价值和意义。因此，主张比较矿山地质环境背景与开采压力的相对大小来判断整个地质环境系统是否失稳，从而衡量能否承载某强度的矿业活动。这类研究的地质环境背景一般考虑地形地貌、构造介质、水文地质和构造界面等，这些是在地球内部地质作用过程中形成的，是地质环境具有承载能力的基础；而开采压力是指人类采矿活动对矿山地质环境的扰动强度，考虑的是资源开采程度、剩余储量、回采率，土地资源的占用与破坏，地下含水层及地表水体的破坏与污染情况等。

如李焕同(2011)从矿山地质环境承载力和压力两个方面考虑煤炭资源开发对煤矿区地质环境的影响大小，定义了“承载指数”和“压力指数”，分别从地质地貌、构造介质、水文地质、构造界面和土地压力、煤炭压力、水压力等方面选取了8个和6个指标，基于层次分析法构建了综合的定量评价模型，并对山西省长治市潞安矿区王庄煤矿山地质环境承载力和煤炭开采压力分别进行了评价。周倩羽(2013)用同样的方法对邯郸矿区内以郭二庄煤矿为代表的8个煤矿进行了类似评价，并绘制了区域矿山地质环境承载力与压力的成果图。

而张立钊等(2012)基于层次分析法分别建立了矿山地质环境承载力与煤炭开采压力的定量评价指标体系，并对河北省武安市云驾岭煤矿进行了评价，最后比较了承载力与压力的相对大小，得出矿山地质环境状况良好、资源开发利用强度合理的结论。

更具代表性的是关英斌等(2012)考虑地质环境抗扰动能力和煤炭开采压力两个方面，定义了地质环境抗扰动能力指数(CCS)、压力指数(CCP)和承压度(CCPS)，并选取了16个评价指标，采用层次分析法对河北省邯郸煤矿区内的8口矿井进行了矿山地质环境承载力评价。

5. 重视系统整体的矿山地质环境承载力

这类矿山地质环境承载力研究注重的是对地质环境系统全局的把握与系统内部相互作用机制的研究，从内容、理论和逻辑上来看应该更为丰富合理些。20世纪90年代中国地质大学(武汉)的周爱国教授团队开展了类似研究，即“地质环境评价”，评价的内容及范围包括地下(表)水环境、土壤环境、城市地质环境、矿山地质环境和地质环境等。对矿山地质环境承载力的评价正是从中衍生和发展出来的一项新兴研究课题，主要是从地质学、生态学、环境科学和系统科学的角度来研究问题，考虑的是整个生态环境和矿山地质环境系统，侧重于矿产资源开发与矿山地质环境相互作用的机制研究，着眼于矿山地质环境系统整体的结构和功能随矿业活动的进行而发生的改变和演化。

比较典型的研究是吕敦玉(2011)引入系统科学的有关原理和方法，针对矿山地质环境承载力开展了机制研究、理论探索和示范应用，对矿山地质环境系统及其结构进行了剖析，探讨了矿山地质环境系统随矿产资源开发的演化过程，从“输入—响应—输出”3个阶段深入分析了矿产资源开发与矿山地质环境相互作用机制，并对矿山地质环境承载力的理论和定量评价方法展开了研究。随后以湖北宜昌磷矿区为例，结合RS和GIS技术，考虑崩塌、滑坡、泥石流、地裂缝、水土流失、土地占用与破坏和地形地貌景观破坏，选用模糊综合数学模型先对该矿区2007年和2009年的矿山地质环境进行了质量评价；同时以机制研究的成果为向导，分采矿、运输、选矿和堆放4个阶段分别选取评价指标，应用RBF人工神经网络模型对该矿区2007年和2009年的矿山地质环境承载力进行了评价，并与质量评价的结果进行了交叉对比和验证。

这种研究思想认为矿山地质环境承载力是客观存在的一种事实，其大小与地质环境背景条件(水环境、土壤环境、岩土性质、构造活动、地质灾害、生物生境、社会环境等)密切相关，与矿业开发活动强度关联不大，这是因为矿山地质环境承载力的大小不应该取决于该区是否进行开采。这类以系统思想为指导、以机制研究为核心、以原理探索为目的的研究，可为下一阶段更加深入地研究探讨矿山地质环境承载力作好理论铺垫和实践准备。

第二章　青藏高原自然地理及区域地质概况

第一节　自然地理

青藏高原北起昆仑山、阿尔金山与祁连山，东到龙门山、锦屏山，西南界为帕米尔-喜马拉雅山，地理坐标为北纬25°～40°，东经74°～104°，是中国最大、世界海拔最高的高原。主要分布在中国境内的部分包括西南的西藏、四川省西部以及云南省西北部部分地区，青海省的大部分地区、新疆南部以及甘肃省部分地区（图2-1）。整个青藏高原还包括不丹、尼泊尔、印度、巴基斯坦、阿富汗、塔吉克斯坦、吉尔吉斯斯坦的部分，总面积近300万 km^2。中国境内面积257万 km^2，平均海拔4000～5000m，由于它海拔高、面积大、地质年代年轻，又具有独特的自然环境，使其在全球环境变化中占有重要地位，有"世界屋脊"和"第三极"之称。

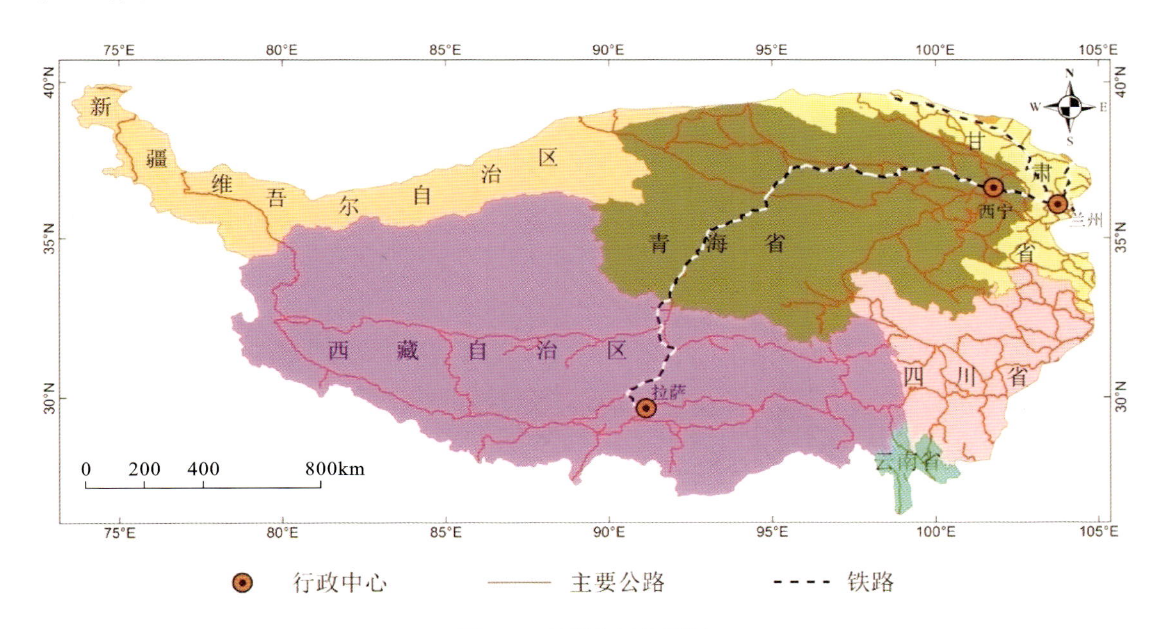

图2-1　青藏高原范围图

青藏高原地域辽阔，气候多样，天然物种丰富，是我国不可多得的未遭受大规模人类破坏的地区之一。青藏高原水系发育，冰川覆盖面积约4.7万 km^2，占全国冰川总面积的80%以上，冰川融水是长江、黄河、澜沧江、怒江、雅鲁藏布江、恒河、印度河等7条大河的源泉。另外，青藏高原湖泊众多，仅西藏地区就有大小湖泊1500多个，总面积约241.83km^2。而位于区内形形色色的自然保护区，又是"世界屋脊"上生态环境最奇特、生物资源最丰富的自然资源宝库，具有极高的科学价值。

第二节　社会经济

青藏高原总人口约1000万，藏族为主，其次为汉族，其他少数民族有回族、土族、羌族、撒拉族、蒙古族、彝族、裕固族、珞巴族、门巴族、维吾尔族、哈萨克族和塔吉克族等，是我国人口密度最小的地区，有近50万 km^2 的无人区。

截至2014年底，青海省全省实现生产总值2301亿元，增长9.2%，增速位居全国第10位；地方财政收入252亿元，增长12.3%，总财力达到1502亿元；城镇居民人均可支配收入22 307元，增长9.6%，农村居民人均可支配收入7283元，增长12.7%，分别居全国第4位和第2位。

2014年西藏自治区生产总值925亿元，增长12%，全社会固定资产投资1100亿元，增长19.8%，社会消费品零售总额323.6亿元，增长12.9%，公共财政预算收入124亿元，增长30.8%，完成税收收入174.1亿元，增长17.8%，农村居民人均可支配收入7471元，增长14%，城镇居民人均可支配收入22 026元，增长8%，城镇登记失业率控制在2.5%以内，居民消费价格涨幅控制在3%以内。

总体上，青海和西藏经济发展速度较快，但经济总量较低，与全国平均发展水平还有较大差距，必须将资源优势尽快转化为经济优势。

青藏高原拥有丰富的矿产资源、水资源、旅游资源、生物资源、太阳能资源与风力资源等，现已拥有电力、纺织、建材、皮革、制药、采矿、化工、冶金、食品等产业。矿产资源勘查开发在区域经济社会发展中占有十分重要的地位。青海省依托优势矿产资源的开发，已形成了石油天然气、有色金属、盐湖化工三大支柱产业，矿产资源采选业及其后续加工业总产值占全省生产总值的20%左右，矿产资源开发在全省经济社会发展中发挥了举足轻重的作用。但因青藏高原地区基础设施比较落后，产业建设刚刚起步，自我积累和自我发展能力不强。

连接青藏高原与内地交通大动脉有：川藏、青藏、新藏、滇藏、成(都)-阿(坝)等5条主要公路，青藏铁路建成通车、昌都和林芝机场的通航等，大大地提高了高原与内地的交通运输运力。但青藏高原交通条件极差，主要地、县仅有季节性简易公路，高原腹地的戈壁、盐碱滩、干沟、低山丘陵等区域大多可通行越野车，但大部分地区工作条件艰苦，交通不便。

第三节　地形地貌

青藏高原的宏观地貌格局是边缘高山环绕、峡谷深切，内部由辽阔的高原、高耸的山脉、星罗棋布的湖盆、宽广的盆地等大的地貌单元排列组合而成。高原的主体部分是以高原面为基础，随着总体地势从西北向东南逐渐倾斜，海拔由5000m以上渐次递降到4000m左右，由低山、丘陵和宽谷盆地组合而成(图2-2)。

在高原面以上，纵横绵延着许多高耸的山系，构成了高原地貌骨架。近东西向山系从南而北有喜马拉雅山、冈底斯山、念青唐古拉山、喀喇昆仑山、唐古拉山、昆仑山等；在高原面中间，镶嵌着众多的盆地和湖泊；高原面之下，交织着性质不同的内外流水系，夹持着无数的深切峡谷，构成了世界上著名的平行峡谷地貌。

青藏高原地貌基本上可分为极高山、高山、中山、低山、丘陵和平原6种类型，还有冰缘地貌、岩溶地貌、风沙地貌、火山地貌等。此外，岩溶、风沙、火山和冰缘现象等地貌类型也在这种大格局下发育(图2-3)。

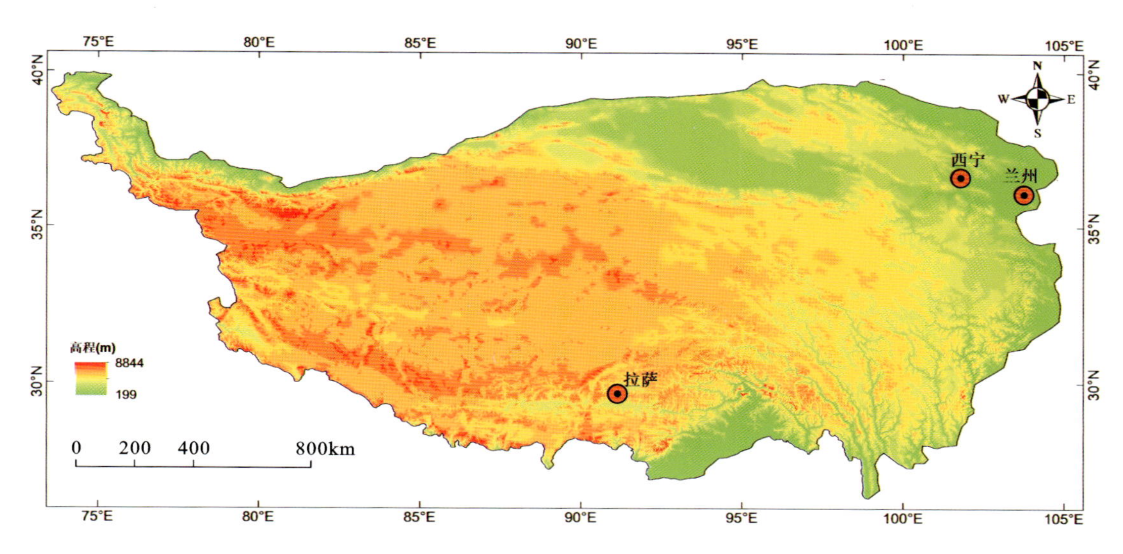

图 2-2　青藏高原地形图

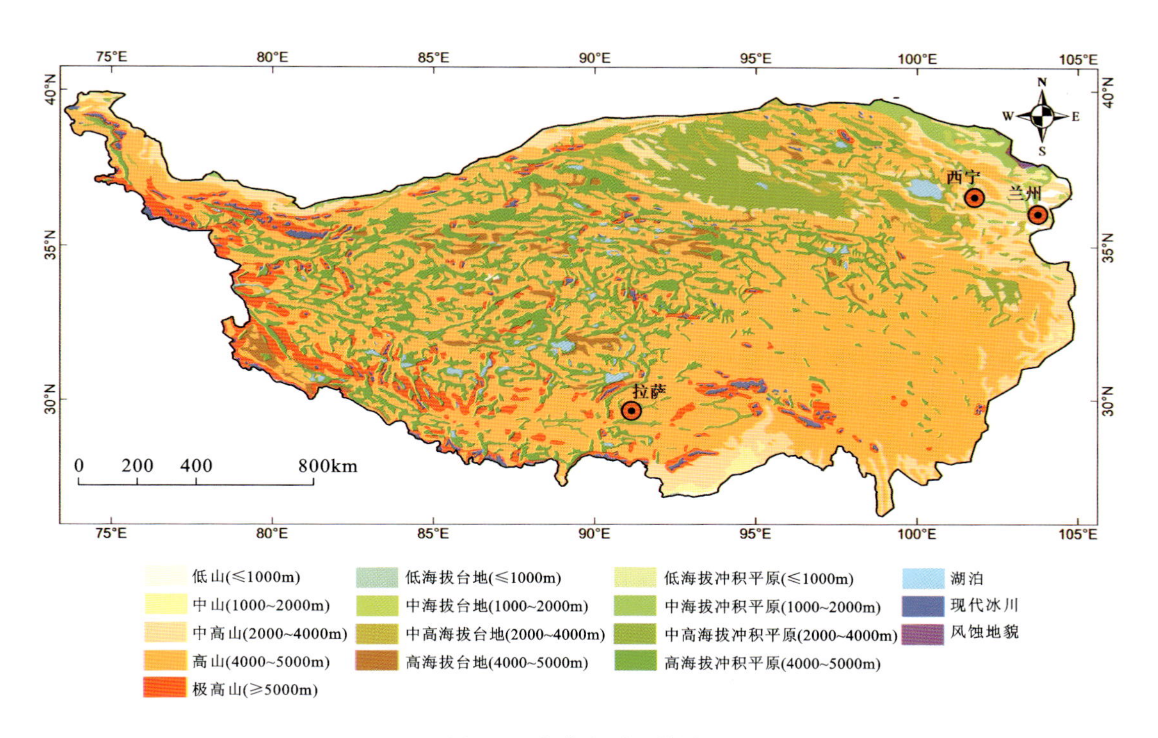

图 2-3　青藏高原地貌图

1. 以东西横向为主的高大山系

在青藏高原之上，西起帕米尔高原，极西端分布有兴都库什山，向东则由南至北依次排列东西向的高大山系，分别为喜马拉雅山、冈底斯-念青唐古拉山系、喀喇昆仑山、唐古拉山、昆仑山、阿尔金山与祁连山。此外，高原东南部有岭谷呈南北走向平行并列的横断山地。

2. 相间的宽谷、高原和盆地

青藏高原地貌呈网格状结构，由山体组成的网格之间分布着宽谷、高原和盆地。按照主体结构特征，可将高原划分为藏南谷地、藏北-青南高原及柴达木盆地等三大地貌单元。

藏南谷地位于高原南部雅鲁藏布江流域中部，西起萨噶，东至米林，长达1200km，南北宽约300km，是夹在喜马拉雅山和冈底斯山与念青唐古拉山之间的相对洼陷地带。谷底高原自西而东由海拔4500m降至2800m，其两侧山地多在5000m左右。谷地宽窄相间呈串珠状，宽谷段有拉孜-仁布宽谷、曲水-泽当宽谷、米林宽谷。宽谷中河流阶地呈不连续带状分布，宽可达数千米，为农业基地。谷地两侧还发育有冲积、洪积扇，谷肩坡面上有风沙堆积。谷地水系呈网状，中游拉萨河发育着类似的谷地地形，自北向南有当雄盆地、林周盆地、拉萨平原。藏南谷地的山地地形破碎，海拔4700～5000m，以流水作用、坡面冻融滑塌作用为主；向上依次为受冻融蠕变作用、寒冻与重力崩塌作用、冰雪作用的高山区和极高山区。海拔5000～6000m山地可见古冰川遗迹。

藏北-青南高原占据青藏高原约1/3的面积，从高原西北部延伸到东部，地形丘状起伏，宽谷、盆地广布，星罗棋布地点缀着大小不等的湖泊。藏北-青南高原是青藏高原的中心部分，地势自西北海拔5000m，向东南倾斜至4000m。在寒冷、干燥气候下，以冰缘环境的强烈冰蚀与寒冻风化为主，冻土发育。该区包括了藏北高原湖盆区和青南高原区两部分。藏北高原湖盆包括昆仑山以南、冈底斯山以北的广大地区，东西长约1000km，南北宽达700km，其南部集中分布着纳木错、色林错等众多湖泊，湖盆宽谷多在海拔4400～4700m范围内，构成完整的高原面，并成为山地、丘陵的侵蚀基准面。山麓带洪积扇发育，湖滨阶地发育且高出湖面100～200m或更高。藏北高原的北部是永久冻土区发育地带，平均海拔500m，湖盆一般高达4900m。青南高原包括青海省南部和四川省西北部，平均高度4000m左右，地势自西北向东南倾斜。青南高原上起伏平缓的平行山岭相对高差不大，山岭间的河谷宽广，曲流、沼泽湿地发育。本区大部属外流区，但高原面地形保存较完整，仅边缘切割较强。

柴达木盆地是青藏高原北部相对的低地，盆地呈不等边的三角形，海拔2600～3000m。气候极为干旱，自第三纪中期大湖期以来的湖水蒸发，使盆地堆积了大量盐类和石膏。盆地四周为山地环境，其西部为新构造相对隆升区，发育向心状水系，河流自山口外即呈潜流汇入湖盆。周边发育10～20km宽的山前洪积平原，再向盆地内则为地势平坦的冲洪积平原。在强烈的风蚀作用下，发育雅丹地貌和平行于主风向的垄岗状风蚀丘地形。柴达木盆地东南部是长期沉降区，水源汇集、湖泊面积较大、沼泽广布，冲洪积平面上多砾石、沙丘、盐土硬壳。

第四节　气象水文

一、气象

青藏高原平均海拔约4000m以上，耸立于对流层的中部，与同高度的自由大气相比，气候最暖，湿度最大，风速最小，但就地面而言，与同纬度的周边地区相比，气候最冷，湿度最小，风速最大，这是巨大高原的动力和热力作用的结果。归纳起来，高原气候有以下特点。

1. 大气干洁，太阳辐射强

空气稀薄、大气干洁的青藏高原上，太阳总辐射高达540～800kJ/cm^2·a，比同纬度低海拔地区高50%～100%不等。太阳辐射资源中的红外线、可见光和紫外线各波段4—9月的总量约占全年辐射总量的67%，主要集中在春末至秋初作物发育季节。晴天时高原地区大气对紫外线辐射的消光能力很弱。总的来说，随海拔上升，太阳光各波段辐射强度均有所增大，但紫外线波段上升最强，所占比例相对升高，而可见光波段略有下降，红外线波段下降较多。紫外线辐射虽在总辐射量中所占比例很小，但对植物的形状、颜色与品质优劣起着重要作用。

2. 气温低，日差较大

青藏高原高海拔导致的相对低温和寒冷非常突出。高原面上最冷月平均气温低达－10～－15℃，与我国温带地区大体相当。暖季青藏高原成为全国最凉快的地区，7月平均气温与南岭以南的1月平均气温相当，比同纬度低地低15～20℃。与同纬度低地相比，高原上气温日差大一倍左右，具有一般山地与高山的特色。同时，由于受强烈大陆性气候的影响，气温年差较大，而与我国同纬度低地接近，表明其与热带高山有着根本不同的温度特征，因而其特征的气温条件对自然地理过程及植物生长而言具有特殊意义(图2-4)。

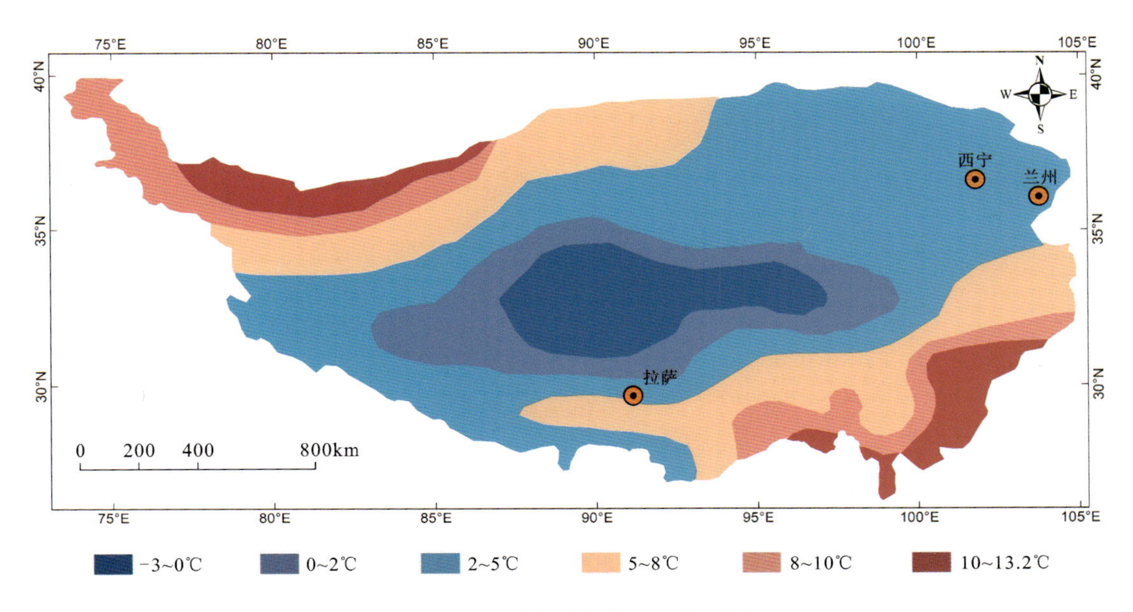

图2-4　青藏高原年均气温分布图

3. 降水少，地域差异大

青藏高原降水量自藏东南4000mm以上，向柴达木盆地西北部的冷湖，逐渐减少到仅17.6mm，相差200多倍。雅鲁藏布江河谷的巴昔卡年降水达4500mm，为我国降水最多的中心之一(图2-5)。

这是由于喜马拉雅山和缅甸西部那加山，在此合围成一向西南开口的马蹄形地形，夏季形成孟加拉湾暖湿季风复合区，气流转变成气旋性弯曲，易造成丰沛降水。溯雅鲁藏布江北上深入高原腹地，降水急剧减少，但其河谷地降水可达400mm，比两侧山麓多。至念青唐古拉山以北地区，降水又增多，为400～600mm。藏北地区因为受切变线、低温系统影响，加上有利地形条件，成为藏北多雨中心，气候比较湿润。此外，雅鲁藏布江下游、黄河流域的松潘地区、祁连山脉东南部也都是年降水量较多的地区，平均分别在500～800mm的水平。高原上的其他大部分地区年降水量偏少，多为200～500mm。高原的南缘比较特殊，三江流域总的降水偏少，在400mm以下，怒江河谷是著名的干热河谷；而吉隆、聂拉木、亚东等地的河流切割向南开口，迎着印度洋暖湿季风，年降水量可达1000mm以上。

4. 高原气候分带

根据温度、水分、植被指标，结合大地形影响做综合分析，将青藏高原划分为高原亚寒带、高原温带、藏东南较低海拔的亚热带山地、热带北缘山地，并依据水分状况进一步划分为湿润、半湿润、干旱、半干旱等13个气候类型区。以下仅以主要特征气候带为例说明其基本特征。

高原亚寒带位于冈底斯山、念青唐古拉山以北，通天河河源以东，包括西藏那曲至青海阿尼玛卿山、

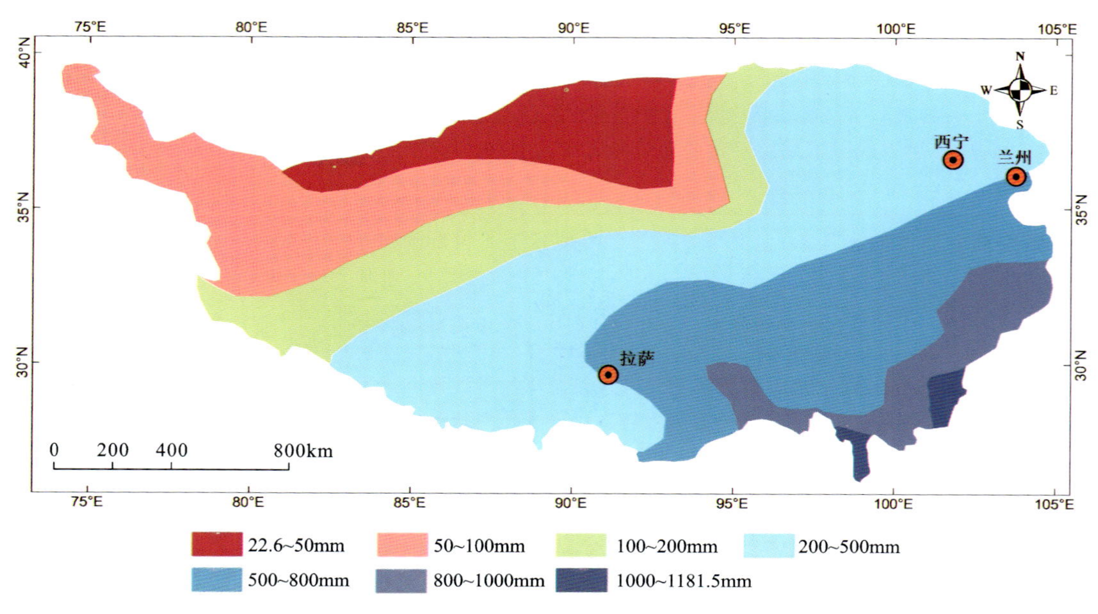

图 2-5　青藏高原年均降水量分布图

青海东南隅的地区，平均海拔 4500～4800m，年大于或等于 10℃区间天数少于 50 天，年降水量为 100～300mm，为高原主要牧区之一。水分条件较好，但西部多大风和风沙。

高原温带主要包括青藏高原东部边缘金沙江、澜沧江、怒江流域高山峡谷区，中部喜马拉雅山以北雅鲁藏布江、拉萨河、尼洋河、年楚河流域的河谷，以及青海湟水、黄河流域。这一带地形复杂，高低悬殊，平均海拔 2700～3700m，年大于或等于 10℃的天数为 50～150 天不等，年降水量为 400～600mm，西部极为干旱。本带是高原最重要的农业区。

藏东南山地属亚热带、热带北缘的气候带，位于高原东南隅，海拔很低，谷地海拔多在 1000m 至 100 余米，为热带北缘山地、亚热带气候，气候异常温暖湿润。全年的平均气温几乎均超过 10℃，降水丰沛，年温差小，日差较大，春温低于秋温，表明气候的海洋性十分明显。降水随海拔升高呈递增趋势，最大降水高度约在海拔 3500m 处，南部降水量在 2500mm 以上。

二、水文

青藏高原的水文条件依气候环境的降水分布不均而呈现变化。同时，在喜马拉雅山脉、藏东南地区和其他有许多高山山脉的地区发育有众多的现代冰川。

1. 现代冰川

青藏高原现代冰川均发育在高原上巨大的山系中，冰川总面积为 4.916 万 km^2，占全国冰川总面积的 83.8%，占亚洲山地冰川面积的 40%。

高原上冰川在地区间的分布不均匀，主要分布在高原南半部和东部地区。昆仑山山脉冰川面积最大(约 1.248 万 km^2)，其次是喜马拉雅山脉(1.106 万 km^2)，分别占全区冰川总面积的 27%和 24%，两个山系合占高原冰川总面积的一半；冰储量 38 563 亿 m^3，约占全国冰川储量的 75%，昆仑山和喜马拉雅山的冰川储量分别占高原冰川总储量的 33.8%和 25.8%。

此外，在念青唐古拉山、喀喇昆仑山、羌塘高原、唐古拉山、冈底斯山、祁连山、横断山脉之中，均有或多或少的现代冰川。其中，念青唐古拉山的恰青冰川长达35km，面积172km²，比阿尔卑斯最大的阿列其冰川规模还大。念青唐古拉山也是地球上中低纬度地区最大的原冰川作用中心之一（图2-6）。

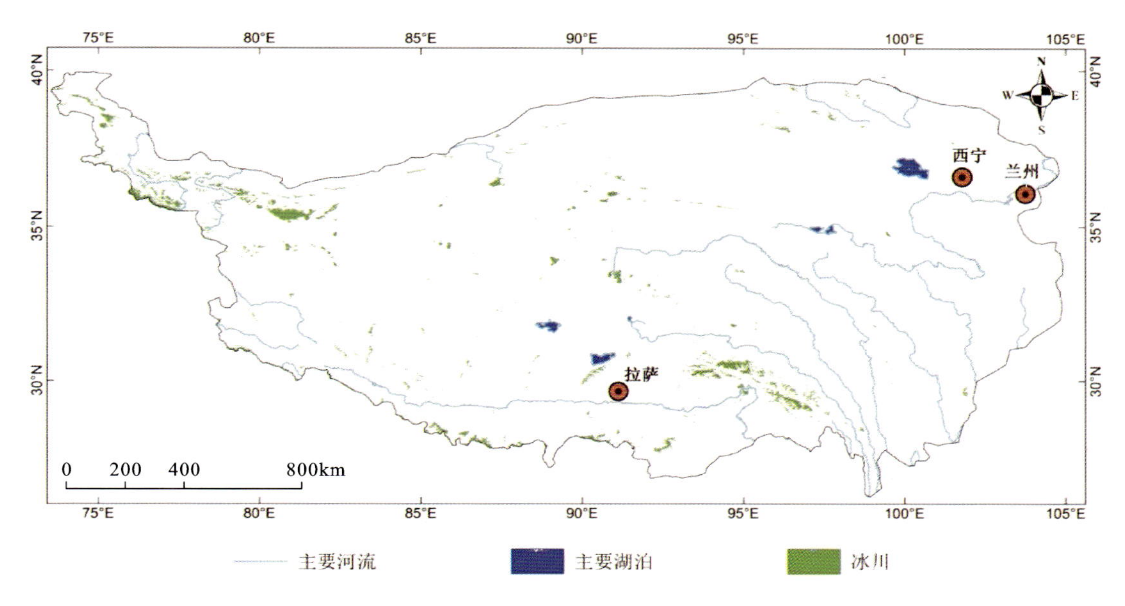

图2-6　青藏高原冰川分布图

2. 高原河流

青藏高原为我国三级地势的最高阶，向南、向东倾斜，成为我国长江、黄河以及怒江、澜沧江、雅鲁藏布江、恒河、印度河等国际主要大江大河的发源地和分水岭。高原的隆起以及地质构造、地形地貌和气候对众多河流的发育具有决定性影响。高原东南部、东部和南部属湿润和半湿润地区，河网密度大，属常年性河流，且多为外流河；高原西部和北部属干旱、半干旱地区，河网欠发达，多为季节性河流，且多为内流河（图2-7）。

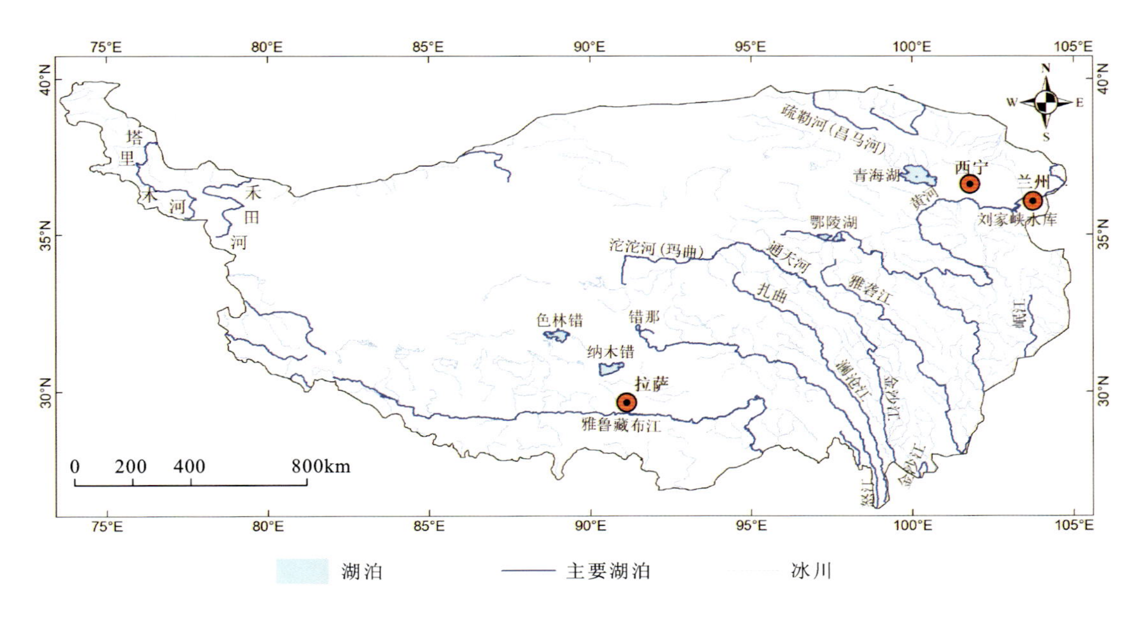

图2-7　青藏高原水系分布图

河流水系按流域归宿，可分为太平洋水系、印度洋水系和内流水系。其中内流水系又可分为藏南内流水系、藏北羌塘高原内流水系和青海省柴达木盆地内流水系，内流水系基本上以内陆湖泊为归宿。

外流水系中河流多、水量充沛、河道落差大，蕴藏极丰富的水能资源。据不完全统计，该区主要河流天然水能理论蕴藏量达 31 906 万 kw，约占全国河流天然水能理论蕴藏量的 44%，是我国，也是世界上河流水能蕴藏量最集中的地区。但高原水能蕴藏量在地区间分布极不均匀，主要分布在高原东南部和东部地区。

3. 高原湖泊

中国面积大于或等于 $1km^2$ 的湖泊约有 2300 个，其中一半以上分布在青藏高原。高原上有最大的湖——青海湖（面积 $4350km^2$）和海拔最高的大湖——纳木错（海拔 4350m，面积 $1920km^2$）。

青藏高原是我国湖泊数量最多、面积最大的地区。仅青海、西藏两省区，面积大于 $100km^2$ 的湖泊就有 63 个，大于 $1000km^2$ 的湖泊有 3 个。全区湖泊总面积为 36 $889km^2$，占全国湖泊总面积的 52%。

根据水系的特点，可将其划分为外流湖和内流湖两大类。高原湖泊的分布，大致可分为藏东南-横断山外流湖区，藏北内流湖区和青海-柴达木盆地内流湖区 3 个区域。其中，外流湖区内的湖泊有 235 个，总面积为 $5277km^2$，其数量和面积分别占全区的 23.1% 和 14.3%；内流湖泊 784 个，总面积为 31 $612km^2$，其数量和面积分别占全区的 76.9 %和 85.7 %。湖泊总储水量达 5182 亿 m^3，占全国湖泊总储水量的 73.2%。其中淡水湖泊的储水量为 1035 亿 m^3，仅占总储量的 12.7%。

第五节　植被土壤

一、植被

青藏高原地区气候环境和地形地貌非常复杂和特殊，从而为多样化植被的形成奠定了良好的基础。从东南向西北，随着海拔和纬度的升高，植被类型也发生着重大变化，分布着森林、灌丛、草甸、草原和荒漠植被等植物群落（图 2-8、图 2-9）。

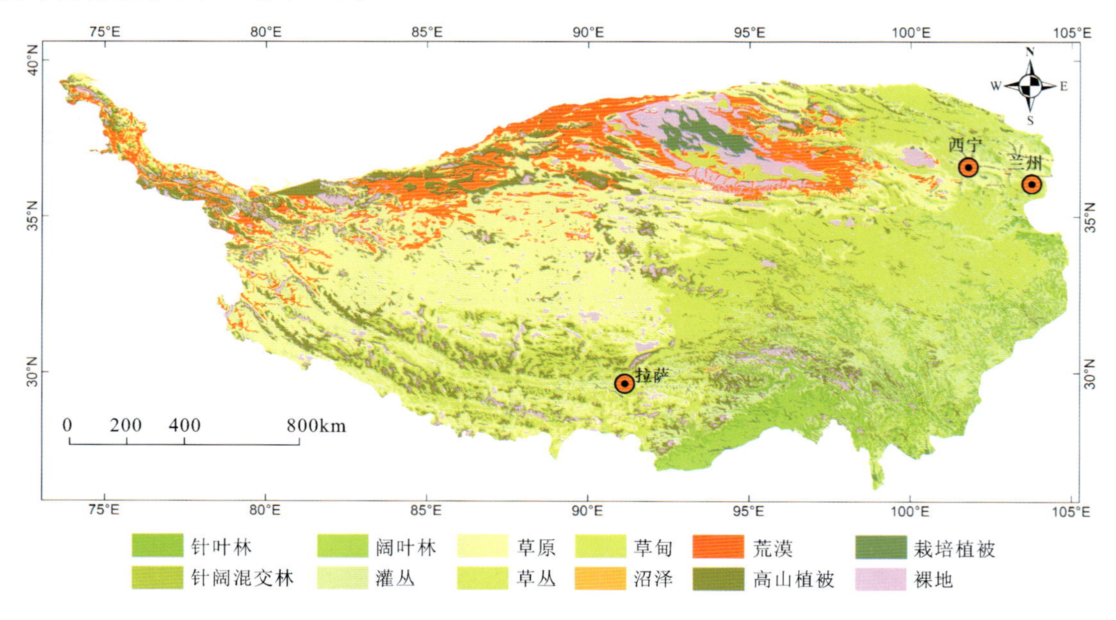

图 2-8　青藏高原植被分布图

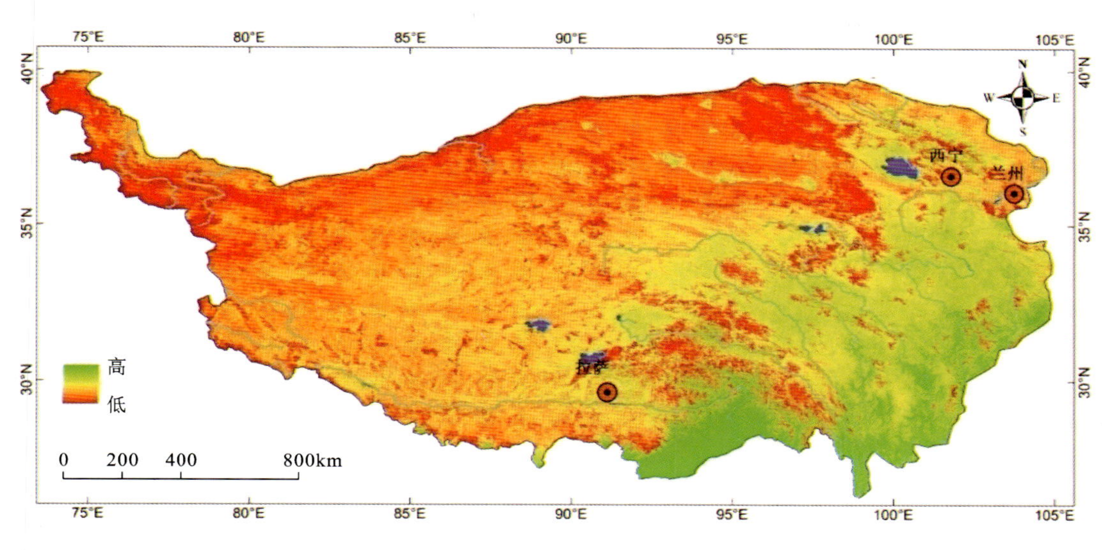

图 2-9　青藏高原植被覆盖度图

1. 森林

青藏高原的森林以寒温性的针叶林为主，主要分布在高原的东南部，包括川南、西藏的东部地区、甘南、青海东部和云南西北部，属于我国东部亚热带和温带向青藏高原过渡的高山峡谷区域。植被主要包括亚高山暗针叶林、亚高山落叶针叶林、山地柏林、山地温性针叶林、硬叶常绿阔叶林和山地亚热带常绿阔叶林以及季雨林、热带雨林。热带常绿雨林分布基本上以 4000mm 降雨量和 20℃ 年均温等值线为界，相对湿度＞80％；热带季雨林以 3000mm 降雨量和 16℃ 年均温等值线为界，相对湿度＞75％。亚热带常绿阔叶林分布在年降雨量＞2000mm、年均温＞14℃ 等值线内；常绿落叶阔叶混交林分布区域为年降雨量＞1000mm 和年均温＞12℃，相对湿度 60％～70％。温带针阔混交林分布以年降雨量 800mm 等值线为界，年均温 10～12℃，相对湿度＞65％；松林分布区位于年均温 7～10℃ 和年降雨量 600～800mm 等值线内，相对湿度 50％～70％。

2. 高寒灌丛

高寒灌丛是青藏高原上广布的类型之一。高寒灌丛是指高 5m 以下，不具明显直立主干而多分枝成簇生的耐寒中生、旱中生灌丛为优势种的植被群落。主要分布在青藏高原水、温条件较好的东部地区，大约北起青海省的祁连山东段，向南经青海省的海北、海南、湟南、果洛、玉树的东部以及甘南、川西、西藏的东部地区和云南的西北部，平均海拔 3500～4000m，气温较高，降水较丰富，自东南部的 1000mm 降到东北部的 600mm 左右。由于南北横跨约 12 个纬度，地域辽阔，地形复杂，气候条件各异，导致高寒灌丛类型多样化。

3. 草甸

在青藏高原海拔 3200～5300m 的广大区域内，分布着高寒草原、高寒草甸等植被类型。高寒草甸是指由耐寒的多年生中生地面芽和地下芽草本植物为优势种所形成的植物群落。主要分布于青藏高原东部的亚高山针叶林带以上，高山流石坡稀疏植被以下以及辽阔的高原面的东部。由于分布地域辽阔，生境条件多样，群落的种类组成比较丰富，据统计在 500 种以上，主要以禾本科的羊茅属（*Festuca*）、针茅属（*Stipa*）；莎草科的苔草属（*Carex*）、嵩草属（*Kobresia*）；蓼科的蓼属（*Polygonum*）植物为建群种形成丰富的群落类型。除沼泽草甸外，它主要分布在土壤含水量适中的山地和滩地，分布环境年均温

－4～0℃，年降雨量 200～500mm，相对湿度 40%～50%，成为典型的高原水平地带性和垂直地带性植被类型，种类以北极—高山和中国—喜马拉雅成分为主，侵入少量的华北成分。

4. 草原

高寒草原是指由耐旱、耐寒旱生丛生禾草为建群种所形成的群落类型，是青藏高原广泛分布的类型之一。在青藏高原东北部的湟水流域，分布着以长芒针茅（*Stipa bungeana*）为建群种的温性草原，而在青藏高原西部以及祁连山、昆仑山等山地上部分布着以紫花针茅（*S. purpurea*）为主的高寒草原。

5. 荒漠灌丛

高寒荒漠植被指适应稀少降水和强盛蒸发力并且极端干旱、强大陆性气候环境的生物群落，其特点是植被通常十分稀疏，甚至无植被，土壤中富含可溶性盐分。高寒荒漠植被分布区的主要特征为大气降水十分稀少，通常为 50～100mm，再加上低温寒冻和大风造成的生理干旱，植物生长期很短，而且地下发育着水冻层，地面与山坡的融冻与泥流作用十分强烈。

6. 栽培植物

农作物也是西藏典型的植被类型之一，分布区域广阔，植物和作物类型也较复杂，在跨越海拔高差近 4000m 的不同气候带内，分布着山地热带亚热带农林复合作物、山地暖温带农林作物、高原温凉半干旱农作物、高原高寒草地农作物等类型。主要作物有小麦、青稞、油菜、玉米、豆类、瓜类、绿肥、圆根等。

二、土壤

青藏高原近代的强烈隆升，地理环境的急剧变化，使高原的土壤具有不同于一般低海拔地区土壤的特点。这里土壤的发育历史年轻，具有明显的垂直分带，而且不同地区之间的差异也很显著（图 2-10）。

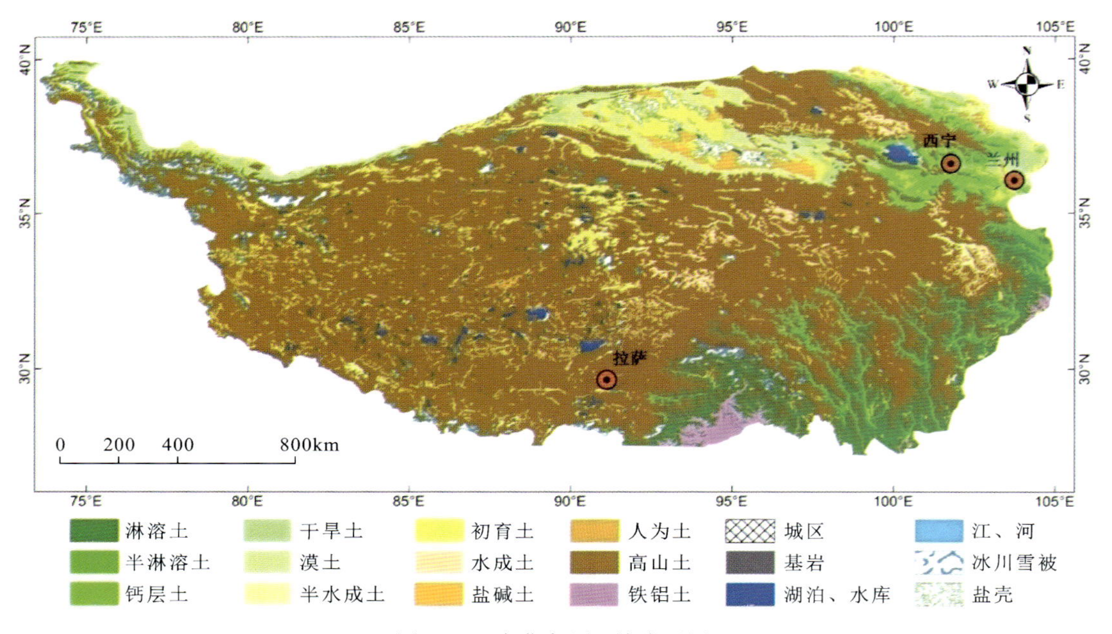

图 2-10　青藏高原土壤类型图

1. 土壤发育历史短

由于高原近代的自然条件变得愈来愈严酷，土壤发育的速度减缓，现代土壤形成的历史也比较短暂。因此，青藏高原土壤，特别是高山土壤，大都表现出厚度不大、层次简单的特点。高原边缘的森林土壤相对来说发育较好，但其厚度一般也只有 50～90cm，超过 100cm 的比较少见。至于高山土壤，厚度更是只有 30cm 左右。

由于形成时间短，土壤剖面的分化比较差。以高山草甸土为例，它的表层是大量草根交错盘结、相互交织而成的草皮层。这种草皮层的形成与年内气温低、生物作用比较微弱有关。草皮层直接与母质相连接，部分虽然有过渡层次，但其发育很原始。

另外，因土壤非常年轻，质地也比较粗疏，砾石含量很高。大体上砾石含量超过 30%的土壤要占 2/3，个别土壤所含石砾超过 50%。砾石含量低于 5%的基本无砾石土壤仅有 1/10。除了砾石以外，土壤中大量含砂，一般含量达 40%～50%。由于细土物质少，土壤养分含量比较低，这种土壤十分容易引起沙化。

2. 土壤的垂直分带性

青藏高原地域广大、地形复杂，导致高原气候明显的空间分异，并进一步引起植被和土壤类型的变化和区域差异。随着高原各地的地势起伏变化，土壤的垂直分布规律明显，形成类型多样的土壤立体分布形式。

一般地说，山体愈高、相对高差愈大，其垂直带也就愈完整。如青藏高原东缘的贡嘎山，其东坡海拔 1300m 以下的河谷至山巅，依次为黄红壤、山地黄棕壤、山地棕壤、山地暗棕壤、亚高山漂灰土、亚高山草甸土、高山草甸土、高山寒漠土。而昆仑山南麓山体虽高大，但相对高差较小，因此，在这里一般分布的是高山草甸土和高山荒漠土，向上只有高山寒漠土，垂直带较为简单。

山地坡向对土壤垂直带有明显的影响，处于不同湿润状况分界地区的山体，其坡向影响尤为突出。以屏障作用显著的中喜马拉雅山脉为例，南北两坡水分状况不同，南坡湿润，北坡属半干旱，除去相对高度不同而引起的土壤垂直带的繁简差别外，在同一海拔高度上，南坡是亚高山灌丛草甸土，北坡则是高山草原土。就小范围的阴阳坡而言，在祁连山山地就有明显的差异，如山地阳坡为栗钙土，阴坡则为灰褐土，而且灰褐土的分布下限也明显降低。各种各样的土壤垂直带，按照土壤形成和分布特点，可以归纳为两大类型，即大陆性垂直结构类型和海洋性垂直结构类型。

海洋性垂直结构类型主要分布在高原的东南和南部边缘。土壤垂直结构的特点是：森林土壤类型发达，分布界线很高，垂直结构中完全没有出现草原土壤。自下而上依次分布着红壤、山地黄壤、山地黄棕壤、山地漂灰土、山地酸性棕壤、亚高山灌丛草甸土与高山草甸土，直至寒漠土与永久冰雪。以高原东缘二郎山为例，海拔 1700m 以下为山地黄壤，海拔 1700～2100m 一带的谷坡为山地黄棕壤，2100～3700m 为山地棕壤，3700～3900m 为山地泥炭质暗棕壤，二郎山顶 3900m 为亚高山灌丛草甸土及高山草甸土。

大陆性垂直结构类型分布在高原内部，土壤垂直结构中高山草原及山地草原土壤分布广泛，森林土壤仅在边缘山地阴坡呈小片分布，高原腹地根本没有森林土壤存在。例如昆仑山中段北翼就是典型的大陆性垂直结构类型，它以山地棕漠土为主，垂直结构简单。

由于种种原因，在不同的地区之间上述土壤垂直带出现的海拔高度会略有参差，而且还会有彼此交错分布的情况，但同一类型垂直结构的分布规律大体上是相似的。

3. 土壤的区域差异

青藏高原的土壤，除了具有垂直分带外，还具有明显的水平变化。这种水平分异和垂直变化往往相互交织在一起，使各地的土壤具有鲜明的地方特色。整个高原可以分成 9 个不同的土壤类型区。

青东河谷盆地土壤地区：包括湟水-黄河谷地和青海湖盆地。湟黄谷地平川地主要是灌淤土，河谷低阶地和黄土丘陵为灰钙土。这里是高原重要农业区，耕作历史悠久，土壤的熟化程度较高。青海湖盆地及其以南地区的土壤以栗钙土和暗栗钙土为主，部分山地有黑钙土、灰褐土和高山草甸土，河谷滩地是灰钙土、灌淤土和草甸土等。这是农牧交错地区，但以牧业利用为主。

祁连山东部土壤地区：本区有相当宽广的山地栗钙土，分布海拔 2400～3200m，还发育有黑钙土与灰褐土。亚高山草原土与高山草甸土分布面积较大。

柴达木盆地土壤地区：盆地东部以棕钙土为主，西部则为灰棕漠土和盐土。盆地中部土壤由山麓洪积扇到盆地中心分布规律，其顺序为：灰棕漠土→风沙土→盐土或沼泽土→沼泽土、盐泥。

川西藏东土壤地区：本区土壤类型较多，土壤的垂直分布也很复杂，自低处到高处可分成 5～6 个垂直分带。土壤垂直带一般是从山地褐土和山地棕壤开始的，它们在整个垂直带中占优势，但其他土壤类型所占比例也相当大。这里土壤类型较多，为农林牧业的发展提供了条件。

青南藏东北土壤地区：主要分布有亚高山灌丛草甸土、亚高山草甸土和高山草甸土。这里没有山地森林土壤分布，土壤垂直带也比较简单，例如西藏那曲一带海拔 4300～5200m 为高山草甸土，5200m 以上为寒漠土。本区是青藏高原的主要牧业区。

藏南高原土壤地区：不仅缺乏各类山地森林土壤，而且高山草甸土的分布也不广泛，主要是山地灌丛草原土，这是高原半干旱气候条件下的一种草原型土壤。

羌塘高原土壤地区：主要分布着发育较原始的高山草原土。区内不少地方土壤质地粗疏而含砾石多，虽然其上草质尚可，但水源短缺而难利用。

藏西北土壤地区：包括阿里北部及昆仑山区。阿里宽谷盆地有亚高山荒漠土，昆仑山区高原面上广布着高山漠土，周围山地为高山荒漠草原土及寒漠土。昆仑山北翼则以山地棕漠土和山地棕钙土占优势。

喜马拉雅南侧土壤地区：具有多种山地森林土壤类型，在雅鲁藏布江下游谷地，海拔较低，是砖红壤和红壤分布区，向上依次分布 7～8 种土壤。本区土壤主要用于林业，受地形的限制，垦殖面积很小，亦易引起水土流失。

4. 广布的高山土壤

高山土壤是指森林郁闭线以上或无林高山带的土壤，主要包括寒漠土、高山草甸土、高山草原土和高山漠土等。

高山草甸土是半湿润草甸类型的土壤，高山草原土是半干旱草原类型的土壤，高山漠土是干旱及半干旱荒漠类型的土壤，寒漠土则是一种原始石质类型的土壤。高山土壤在整个青藏高原的分布极为广泛。寒漠土是脱离冰期最晚、成土年龄最年轻的一种土壤，主要分布在海拔 5000 多米以上的高山最上部。这些地方终年严寒而风大，仅能生长一些地衣和特殊的高寒草甸植物，生长极稀疏。土壤分布不连续，只能看到岩隙石缝中充填的土粒。

高山草甸土分布在森林郁闭线以上的高山带、亚高山带或无林的高原面，生长蒿草及杂类草草甸。高山草甸土剖面分化清晰，表层根系交织、盘根错节，形成很好的草皮层。高山草甸土土体呈浅棕色，腐殖质含量较高，但由于气温低，所以土壤养分的有效性并不高。部分海拔较低的亚高山草甸土也可垦为旱作农地，但霜害重，需采取措施才能使作物获得稳产。

高山草原土分布的地区干旱而多风，土壤表面植被覆盖稀疏，盖度一般 30％～50％，地表往往遍布小砾石、碎石，甚至浮砂，土壤机械组成多砾质砂壤。土体比较干燥，一般没有草皮层，即使有也不连续成片，土壤有机质含量亦不高。农业生产上是纯牧业用地，只有少数海拔较低的背风向阳的亚高山草原土可以发展灌溉农业。高山草原土因地表植被稀疏，所以往往不能满足放牧需要，倘若过度放牧，还可能引起草场退化。

高山漠土是在干燥而寒冷的条件下形成的一种特殊土壤。土壤发育原始，地表龟裂，常有盐斑。土层厚度一般不超过 50cm，土体中含有较多的小碎石或砾石，细土物质愈往下层含量愈少。高山漠土利用比较困难，只有在雨季局部低洼处有淡水蓄积时，才能供少量游牧羊群放牧。

5. 山地森林土壤的特征

青藏高原山地森林土壤分布在高原东南的(半)湿润地区，面积有限。然而，山地森林土壤分布的地区是我国用材林的重要基地，因此特别受到人们的注意。青藏高原山地森林土壤包括山地棕壤、山地漂灰土以及山地黄棕壤、山地黄壤等。

山地棕壤一般都位于山地的中下部，在山地森林土壤中是分布最广泛的一种土壤类型。它在山地各种土壤的垂直分布中所占的幅度也最宽，即为垂直带的优势分带。山地棕壤多发育在以云杉为主的多种类型的针阔混交林下或比较干燥的暗针叶林下。一般都具有 3～5cm 厚的凋落物层，其下为腐殖质层，该层生物作用较强，粗腐殖质的含量较大。腐殖质层的厚薄决定于凋落物层的分解程度，各地不一。土壤剖面通体呈酸性反应。山地棕壤可用于林农。

发育在冷杉林下的是山地漂灰土。冷杉林林下郁闭，生长杜鹃、箭竹，地表有苔藓层覆盖。冷杉林内既冷又湿，土壤中有机质的分解十分缓慢。粗腐殖质层一般有 10cm 厚，粗腐殖质层以下有一层厚约 10cm 的灰白色土层，在森林十分郁闭、地表苔藓层很发达的条件下，灰白色土层亦特别明显，称为漂灰层，漂灰土亦因此得名。漂灰层 SiO_2 含量特别高，而铁和铝的含量却明显减少。近年研究表明，青藏高原漂灰土的发育受到历史因素的影响，即与它曾经处于海拔较低、气候比较暖湿的环境有关。

棕壤以下的常绿阔叶林内还有山地黄壤。这是水热条件改善，生物化学风化和物质的淋溶淀积作用较强烈的结果。由于山地黄壤所处地形大多陡峭，故土层薄、粗骨性强。山地棕壤和山地黄壤之间往往有一种过渡类型的土壤，即山地黄棕壤。受海拔的影响，在我国境内山地黄棕壤分布的范围远大于黄壤。

第六节　矿产资源

青藏高原在大地构造位置上位于印度板块与欧亚板块的交汇部位，涵盖两大陆边缘及其间消亡的特提斯洋，是环球巨型纬向构造域——特提斯的东部主体。青藏高原经历了特提斯洋的形成、演化、消亡以及南北两大陆的俯冲、碰撞、造山和隆升的复杂过程，对成矿作用极为有利。

青藏高原岩浆活动频繁而强烈。基性、超基性岩的形成时代有：中元古代晚期、寒武纪—奥陶纪、石炭纪—二叠纪、三叠纪、侏罗纪—白垩纪；中酸性侵入岩的侵入时代有：晋宁期、加里东期、海西期、印支期、燕山早期、燕山晚期、燕山晚期—喜马拉雅早期、喜马拉雅晚期 8 个期次。其中，昆仑、冈底斯等形成巨大的复式岩基带，构成全区构造-岩浆岩带基本格局。其复杂的岩石圈结构、巨厚的地壳、强烈的岩浆活动、物质与能量的强烈交换，造就了全球重要矿产聚集区。

青藏高原地处特提斯-喜马拉雅成矿域。国土资源大调查以来，已初步确定冈底斯、班公湖-怒江、西南三江、东昆仑、柴北缘、祁连 6 个重要成矿带资源潜力最大，并确定了 22 个重点勘查规划区，面积约 192 万 km^2(图 2-11)。

1. 冈底斯成矿带

中生代以来该成矿带经历了多岛弧碰撞造山演化历程，拥有独特的成矿地质背景和极为丰富的矿产资源，其中铜、铁、铅、锌、铬、金、银、钼等金属矿优势突出。近年来，新发现驱龙铜矿、雄村铜金矿、冲江铜矿、朱诺铜矿、拉屋铅锌铜矿、亚贵拉铅锌矿等大中型矿产地 20 余处，累计探获资源量：铜超过 1000 万 t、铅锌 540 万 t、铁矿石 1.1 亿 t。

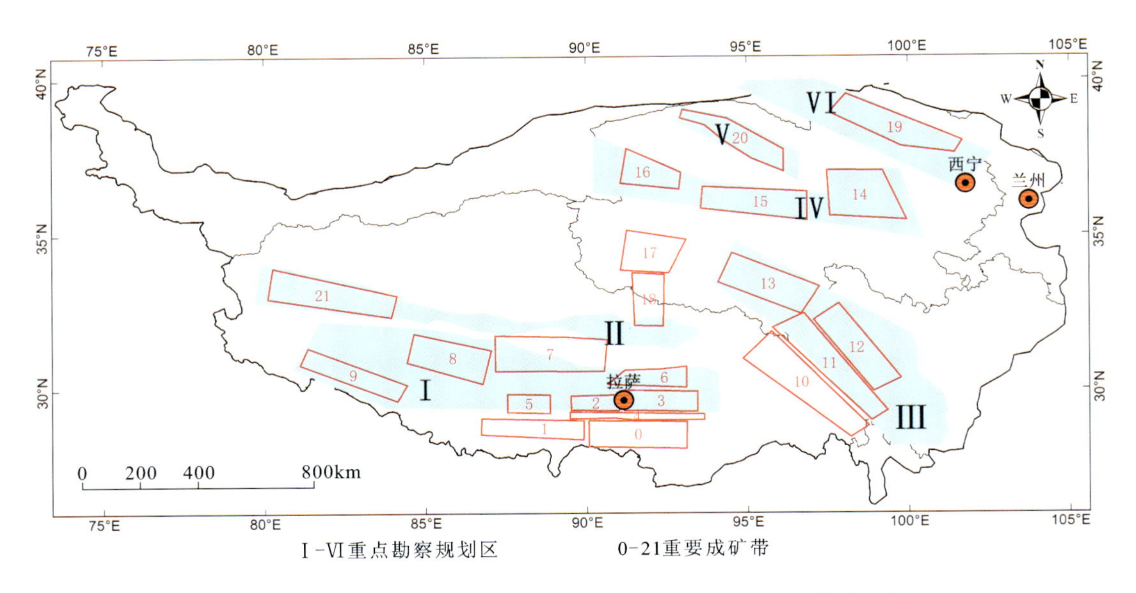

图 2-11　青藏高原矿产资源重点勘查规划区及重要成矿带分布图

2. 班公湖-怒江成矿带

该成矿带为印度板块与欧亚板块的俯冲碰撞带，是深部物质强烈交换的场所。已发现铜、金、铁、铅、锌、钨、钼、铬等矿床（点）200余个，各矿床（点）在空间上沿岩浆带具有成群分布的特点，主要矿床的成矿时代为燕山中—晚期，主要矿床类型有斑岩型铜金矿、斑岩型钨钼矿、硅卡岩型铁矿和铅锌矿。已发现的主要矿床有多不杂大型斑岩铜矿、尕尔穷中型斑岩铜矿。

3. 西南三江成矿带中北段

该地区晚古生代—早中生代的地质记录保留齐全，经历了从晚泥盆世开始的裂解、石炭纪—二叠纪小洋盆与陆块间列、中晚二叠世汇聚、中三叠世末期弧-弧碰撞、弧-陆碰撞的地质演化历史，形成了以火山喷流沉积型和斑岩型为主的铜、钼、铅、锌、铁、银等矿床。已发现铜、铅、锌、银、钨、锡、金、汞、砷、锑等内生矿产地246处，非金属矿产地118处。其中，玉龙铜矿带已查明铜资源储量超过1000万t。

4. 东昆仑成矿带

该成矿带大地构造位置处于古亚洲构造域与特提斯构造域结合部位，地层发育齐全，岩浆-火山活动频繁，变质作用发育，地质构造复杂，具有优越的成矿地质条件，总体工作程度很低。主要矿产资源有：与海相火山活动有关的矿床、构造蚀变岩型岩金矿，与中酸性岩浆活动有关的矽卡岩型矿床和斑岩型矿床等。近年来发现了火山喷流沉积型的驼路沟钴金矿、督冷沟铜钴矿以及斑岩型的卡而却卡、乌兰乌珠尔铜矿，构造蚀变岩型的大场、加给陇洼、果洛陇洼、瓦勒根金矿等。

5. 柴北缘成矿带

该成矿带位于早古生代裂陷洋盆，发育的矿产资源有：以绿梁山铬铁矿床为代表的加里东期与镁质基性—超基性岩有关的铬铁矿、石棉、蛇纹岩、玉石类矿床成矿系列；以锡、铁、铅、锌矿床为代表的加里东期与海相中基性—中酸性火山岩有关的铁、锰、铅、锌、钨、锡、硫铁矿床系列；以滩间山金矿床为代表的海西期与中酸性侵入岩有关的金、铜矿床系列；以鱼卡煤田为代表的中侏罗世与湖沼相沉积岩有关的煤、油页岩矿床亚系列。已发现煤、铁、铬、锰、铜、铅、锌、钨、锡、钼、金等矿产地有60余处。

6. 祁连成矿带

该成矿带在元古宙结晶基底基础上，寒武纪—奥陶纪裂解形成洋盆，与海相火山岩有关的块状硫化物矿床最具规模和找矿前景，志留纪末闭合成为褶皱山系，石炭纪、晚三叠世和早中侏罗世形成沉积盖层并发育3个较重要的成煤期。已发现的金属矿产有铁、铬、锰、铜、铅、锌、金、钨、锡、钼、钴、镍、锑、汞、铌、钽等，能源矿产和非金属矿产有煤、石棉、蛇纹岩、滑石、菱镁矿、硫铁矿、玉石等。其中金属矿产地130余处。

此外，青藏高原含油气盆地受控于特提斯构造演化，烃源岩厚度大、生油母质好，具有广阔的油气资源前景；青藏高原湖泊星罗棋布，蕴藏着丰富的盐类矿产资源和盐湖生物资源；同时，西藏地热资源也很丰富。

第七节　环境问题

由于青藏高原形成的地质时期晚，土壤成熟度低，植被尚处于发育阶段，生态系统的结构和功能较为简单，恢复能力极其有限，因而青藏高原是我国生态系统最脆弱和最原始的地区之一。近20多年来，由于自然和人类的影响，尤其是矿产资源开发速度的加快，青藏高原地区出现了一系列极为严重的地质环境问题。

1. 地质灾害

青藏高原是中国的灾害高发区之一。灾害类型可简单分为两大类，即气象灾害和地质灾害。青藏高原地区常见的地质灾害有泥石流、滑坡、崩塌等，它们都是在现代各种自然因素和人类活动的共同作用下，发生于高山深谷中的由重力作用引发的表生地质过程，其特点是规模大、速度快、持续时间短、改造地表迅速、成灾力强。

由于自然地理条件的差异，各种地质灾害的分布也有不同的特征。可以把西藏地区的泥石流灾害主要分为5个不同的区域，即藏东横断山降雨泥石流区、藏东南高山冰川降雨泥石流区、藏南降雨泥石流区、喜马拉雅山冰湖溃决泥石流区和藏北高原冻融泥石流区。西藏境内的滑坡在不同地貌区分布和发育程度有较大差异："三江"流域有230处，占60.53%；藏南喜马拉雅高山峡谷区121处，占31.84%；藏南高山宽谷区5处，占1.32%；藏北内流湖泊区9处，占2.37%；藏南内流湖泊区15处，占3.95%。西藏滑坡发育相对集中在人类工程活动较为频繁的区域。在各地区、县、乡镇所在地附近和公路沿线，滑坡分布相对集中，暴发频繁。据统计，区内各大、中、小城市附近和交通干线沿线发育的滑坡占全部滑坡总数的97.89%，而远离城镇和主干公路的滑坡体仅占2.11%。

2. 水土流失

青藏高原的水土流失主要分布在三江源区和高原东部部分区域。尤其是三江源区目前已成为全国最严重的土壤风蚀、水蚀、冻融地区之一，受危害面积达10.75万km^2，占三江源区总面积的34%。其中极强度、强度和中度侵蚀面积达6.59万km^2。长江源区人为造成的水土流失面积已达930km^2。水土流失地区主要分布在源区的玉树县和治多县。玉树县孟宗沟流域面积20.066km^2，水土流失面积占59.19%。

3. 荒漠化

近30年来，青藏高原荒漠化土地由57万km^2增加到59万km^2，增长了3.5%。虽然增加的面积只有近 2 万 km^2，但这种增长是在其中的盐碱质荒漠化减少了 1.7 万 km^2 基础上的增加，说明青藏高原荒漠化仍在不断扩展中，生态环境在日趋恶化。

总体来看，近 30 年来青藏高原土地荒漠化具有以下规律：土地荒漠化面积自 20 世纪 70 年代以来有一定程度的增长，但年增长率较小；砂砾质荒漠化土地大幅度增长，盐碱质荒漠化土地面积在减少；土地荒漠化演变的总体趋势是荒漠化程度明显加重；青藏高原东北部是荒漠化程度加重的主要地区；土地荒漠化的一个重要特征是草地退化成荒漠化土地。

4. 植被退化

青藏高原植被受到人类活动的深刻影响，以过度放牧为主导因子的植被退化是青藏高原面临的主要问题之一。青藏高原严重的草地退化正在威胁着该区的生态环境，草地近 1/3 面积退化，草地产量较 20 年前下降了近 30%；同时，青藏高原本地物种明显减少，几乎所有的大中型哺乳动物正受到威胁。高原的高寒草地正处于丧失原有物种、生态平衡，畜牧业经济可持续发展能力和区域经济遭到破坏的威胁之中。

高寒草地退化是一个逆行演替的过程，往往沿着未退化→轻度退化→中度退化→重度退化的过程发展。随着草地退化程度加剧，地上生物量、植物盖度、优良牧草比例、土壤坚实度、土壤湿度和有机质含量下降。草地从轻度退化到重度退化，植物多样性指数和丰富度指数都在下降。据统计，青藏高原退化草地面积有 4251 万 hm^2，约占总草地面积的 32.69%。重度退化草地面积达 703 万 hm^2，约占退化草地面积的 16.54%，大多为冬春草场，主要分布在青海、西藏和甘南。江河源区草地退化速度由 20 世纪 70 年代的 3.9%增加到 90 年代的 7.6%。

青藏高原东部地区的亚高山针叶林是该区最具代表性的植被类型之一，是长江上游和青藏高原东部生态安全和环境保护的屏障。20 世纪大规模的森林采伐，导致该区植被退化，产生一系列的环境问题。研究结果表明，大渡河上游地区 1995—2000 年间，整个景观以草地为基质，以林地变动为主要特征，主要表现为林地减少，草地面积增加，景观破碎度有所下降，多样性增加，斑块不规则性增强。对珠穆朗玛峰自然保护区集中植被变化分析发现，退化和严重退化区域主要分布在保护区南部和国境沿线，针叶林、针阔混交林和灌丛构成了区域植被退化的主体。

青藏高原湿地研究表明，在 1969—2004 年间，青藏高原典型高寒湿地退化具有普遍性，湿地面积萎缩达 10%以上。长江源区的沼泽湿地退化最为严重，退缩幅度达 29%，长江源区大约有 17.5%的内流小湖泊干涸消失；黄河源区和若尔盖地区湿地空间分布格局的破碎化和岛屿化程度显着加剧。典型湿地研究得出，西藏色林错地区的湿地景观总体破碎化程度加剧，湖泊沼泽湿地和冰雪融水湿地消失或转化较多，而河漫滩湿地面积增加；1976—2006 年间，拉萨河流域湿地总面积在逐渐减少。1976—1988 年湿地总面积下降了 3.7%；1988—2006 年间湿地总面积下降了 5.2%。其中，河流湿地、沼泽湿地、沼泽草甸湿地面积都明显减少，湖泊、河滩沙棘林、灌丛沼泽无明显变化，河滩人工林、河滩砾石地和水库的面积有所增加。

5. 生物多样性减少

青藏高原生态环境极为脆弱，生物资源极为珍贵。近年来，野生动植物种类和数量锐减，生物多样性受到严重破坏。由于自然环境的变化和人类对野生动物的捕杀及对虫草等药材的滥采，生物种群数量降低，一些物种逐渐变为濒危物种且分布范围逐渐缩小。源区受到威胁的生物物种约占其总类的 15%～20%，高于世界 10%～15%的平均水平。

6. 冰川退缩

青藏高原现代冰川的演化具有阶段性、地域性特点，但总的趋势是处于显著的消减退化之中，而且有加速的趋势，除部分冰川前进外，绝大部分冰川处于退缩状态，退缩的方式是全方位的，表现为冰舌后退、雪线升高、冰川厚度和体积减小等。

从 20 世纪 60 年代初至 80 年代末期，青藏高原现代冰川的面积有不同程度的增加，但冰川面积的增加仅发生在局部，不是所有冰川区普遍增加。从 20 世纪 80 年代末期开始，青藏高原现代冰川面积在急剧减少，减少的速度也在加快，尤其是塔里林盆地的周缘和喜马拉雅山地区。如 1970—1990 年的 20 年间，各拉丹冬的岗加曲巴冰川冰舌末端后退约 500m，年平均后退速率为 25m/a；1969—2000 年各拉丹冬地区冰川总面积减少 1.7%。从地域分布来看，青藏高原不同山系现代冰川的演化也不同。帕米尔山现代冰川面积的减少最为明显，其次是喜马拉雅山和祁连山等地。羌塘高原和昆仑山地区现代冰川的面积基本保持稳定，减小得相对较小。其他山系的现代冰川面积的减少介于二者之间。

7. 冻土退化

近几十年来，青藏高原多年冻土呈退化状态。主要表现出地温升高、冻土分布下界升高、南北界位移、冻土层厚度变薄和上限下降、冻土活动层深度增厚等退化的现象。近 20 年来，青藏公路沿线冻土年平均地温升高了 0.1～0.5℃。昆仑山的西大滩，20 世纪 90 年代冻土下界高程比 70 年代升高了 50m。青藏公路岛状多年冻土南界向北推移 12km，其北界向南推移 3km。

8. 湖泊萎缩

近几十年来，青藏高原湖泊普遍发生水位下降、湖面缩小、咸化等水体退化现象，大量小湖退缩甚至消亡。例如，可可西里地区的葫芦湖，20 世纪 70 年代末面积为 30.4km^2，现在缩小到不到原来的 1/2。

综合上述地质环境问题，可将青藏高原初步划分为西北部生态环境脆弱区和东南部地质环境敏感区(图 2-12)。

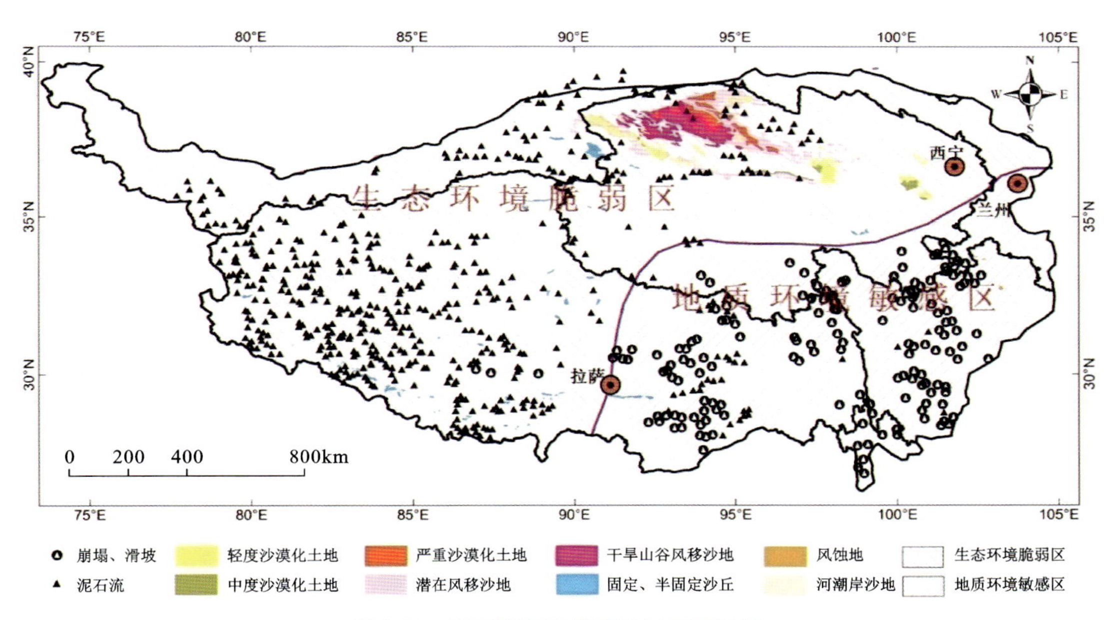

图 2-12　青藏高原地质环境初步区划图

第三章　矿产资源开发与地质环境相互作用机制理论

查清矿产资源开发与地质环境的相互作用关系是开展矿山地质环境承载力评价研究的重要前提。只有深入分析矿产资源开发活动对地质环境的影响机制，查清其主要影响因素、可能的影响方式、危害程度等，建立两者间的相关关系，才能科学选取合理的评价指标，确定各指标的权重系数和分级标准，对基于矿产资源开发的地质环境承载力做出符合实际的评价。

矿产资源开发与地质环境具有相互影响、相互制约的辩证关系。一方面，在矿产资源开发活动中，矿山地质环境所受的干扰强度大、范围广、类型多，自然条件下需经历漫长地质时期才能发生显著改变的地形、地貌等要素，可能因人类矿产资源开采活动而在短时期内发生强烈的变化，破坏了矿山地质环境系统的稳定态，引发一系列的矿山地质灾害和地质环境问题；另一方面，矿山地质灾害和地质环境问题不仅造成大量的财产损失和人员伤亡，而且制约了社会经济的可持续发展。因此，矿山地质环境保护具有重要的政治、经济、文化和社会意义。

矿产资源开发和地质环境的关系主要表现在两方面：一是矿产资源开发活动对地质环境的影响，特别是其负面影响所引发的地质灾害和地质环境问题；二是地质环境对矿产资源开发活动的制约作用。为了保护矿山地质环境，实现矿产资源开发的可持续发展，必须在资料收集和野外调查的基础上，进行矿产资源开发的地质环境承载力评价工作，摸清矿山地质环境现状，查明主要地质环境问题及其危害，为合理开发矿产资源、保护矿山地质环境、整治矿山环境、恢复与重建矿山生态、实施矿山地质环境监督管理等提供基础资料和依据。

本章基于前人有关矿山地质环境的研究成果，对矿山地质环境系统进行了分析，对矿产资源开发与地质环境之间的相互作用进行研究。着重研究矿产资源开发对地质环境的破坏与影响的方式、程度，揭示资源开发过程中矿山地质环境系统的演化规律与机制，确定影响矿产资源开发的主要环境要素，为后续研究奠定理论基础。

主要研究内容可分为：

（1）查明对矿山地质环境造成影响的各种不同矿产资源开发活动的作用方式和作用途径（输入）。

（2）分析研究矿产资源开发活动下，矿山地质环境内部各组成要素及其相互作用方式的变化（响应）。

（3）矿产资源开发对地质环境的影响，即明确主要的矿山地质灾害和地质环境问题类型、形成机制及其危害（输出）。

第一节 矿山地质环境的系统分析

一、相关概念辨析

“地质环境与环境地质”“矿山环境与矿山地质环境”“环境问题与地质环境问题”，以及“矿山环境问题与矿山地质环境问题”是相互容易混淆的概念。从严格意义上讲，它们是不同的概念，它们之间的含义既有一定的区别，又相互联系。

1. 地质环境、环境地质与矿山环境地质

岩石圈的表层是与大气圈、生物圈、水圈相互作用最直接的部分，人类活动与岩石圈的表层关系最为密切。一般将这个与大气圈、生物圈、水圈相互作用最直接，又是人类活动关系最密切的岩石圈接近地表的部分称为地质环境。地质环境是与人类社会发展有特殊的、紧密联系的，积极地与大气、水、生物圈相互作用着的岩石圈的接近地表的部分，是生命和人类活动的环境，也是人类环境的一部分。

环境地质的概念在国外出现于20世纪60年代初期，国内学者从20世纪70年代以后对环境地质开始有所讨论。几乎所有的学者都将环境地质定位于一门学科，只不过有学者认为环境地质是研究地质环境问题的产生、发展和防治等的一门学科，是地质学的分支，也是环境科学的组成部分。也有部分学者将环境地质定义为研究人类技术—经济活动与地质环境相互作用、影响的学科。

矿山环境地质是以矿山地质环境为主要研究对象的新兴交叉学科。主要研究内容是运用环境地质学的有关理论、方法，研究矿产资源开发过程中，自然地质作用和人为地质作用与地质环境之间的相互影响与制约关系，以及由此产生、引发和加剧的矿山地质环境问题，旨在合理开发利用矿产资源的同时，采取积极措施，保护、减轻和减少矿业活动对地质环境的负面影响，促进矿业可持续发展。

2. 环境、矿山环境与矿山地质环境

环境是指与某一中心事物有关的周围事物，环境科学中所谓的环境是指人类的生存环境，指人类赖以生存和发展的物质条件。也就是说，环境是指围绕着人群的空间及其中可以直接、间接影响人类生活和发展的各种自然因素(环境)和社会因素(环境)的总体。矿山环境泛指矿山周围的情况和条件，具体是指自然因素与矿业活动影响区域内的矿区及其周边一定范围内的岩石圈、水圈、生物圈和大气圈的客观实体的集合。

矿山地质环境则是指人类采矿活动所影响到的矿山周围岩石、土壤、地下水、地质作用结果及其之间的相互联系、相互作用和相互影响的总称。

矿山环境指的是矿山周围所有自然因素的集合，而矿山地质环境则重在描述人类采矿活动介入后所影响的地质实体。因此，矿山环境的范畴较矿山地质环境更大更广，而矿山地质环境更加强调地质条件和地质作用结果。

3. 环境问题与地质环境问题

广义的环境问题指全球环境或区域环境中出现的不利于人类生存和发展的各种现象，可分为天然的和人为的环境问题两大类。通常所说的环境问题是指由于人类活动作用于周围环境所引起的环境质量变化，以及这种变化对人类的生产、生活和健康造成的影响，如环境污染和生态系统破坏等。

而地质环境问题是指由自然因素和人类活动作用影响而发生的，使人类赖以生存的地质环境的质

量发生不良变化或遭到破坏，直接或间接地威胁人类的生产生活或造成人类生命财产严重损失的事件。按主要诱发因素的不同，地质环境问题可分为原生地质环境问题与次生地质环境问题，即是上述的天然和人为环境问题，也叫第一和第二环境问题。从这个意义上讲，环境问题与地质环境问题的概念是具有一致性的，只是后者更为规范、严谨，现在已成为专业术语。原因在于环境问题中所指的环境是自然环境而非人文社会环境，而这里的自然环境就是指人类活动能影响和改造的岩石圈接近地表的部分，即地质环境。

4. 矿山环境问题与矿山地质环境问题

矿山环境问题是指矿业活动与环境之间相互作用和影响产生的环境演变、破坏和污染等问题。包括土地、水、大气、植被等在内的生态环境，人文经济环境，以及人类活动本身产生的负面影响、破坏或灾害隐患。

矿山环境问题产生的根源在于对矿产资源的不合理开发利用和对生态环境规律的违背。当人们从自然界索取矿产资源的速度、强度超过资源本身及其替代品的再生能力即生态承载力时，就会造成资源枯竭和生态破坏。

人类从地表和地表深处开采出大量的矿石和围岩，改变和破坏了地球表面和岩石圈的自然平衡，使地质环境不断地改变和恶化，给生产建设和人民生活带来了很大的危害。矿山地质环境问题则是指矿业活动（矿山建设及生产活动）与地质环境之间相互影响而产生的地质环境演变、破坏和污染等问题。

《地球科学大辞典》有关矿山地质环境问题的解释是：指矿业活动作用于地质环境所产生的环境污染和环境破坏。主要有大气、水、土的污染，采空区的地面塌陷，山体开裂、崩塌、滑坡、泥石流，侵占和破坏土地、水土流失、土地沙化、岩溶塌陷、矿震、尾矿库溃坝、水均衡遭受破坏、海水入侵等。矿山环境受地质构造条件和矿床产出位置的严格限制，不能提前预测和选择自身所处的环境背景。由于矿业活动都有特定的寿命期，矿业活动结束后恢复环境的任务十分繁重。因此，在矿业活动的始终都要重视环境问题，为矿山环境的恢复创造有利条件。

二、矿山地质环境系统的概念与内涵

许多学者对矿山地质环境的内涵进行了探索，主要研究成果有：

张人权（1995）提出了地质环境系统的概念，即对某一特定人类技术-经济活动做出响应的地质环境的有机整体。并指出系统的边界与参数具有模糊性和不确定性，演化具有不可逆性，地质环境系统是软硬结合的系统。

周爱国等在《地质环境评价》（2008）中对矿山地质环境做如下定义："矿山地质环境是指曾经开采、正在开采或准备开采的矿床及其邻近地区，矿业活动所影响到的岩石、土壤、地下水、地质作用和现象及其与大气、水、生物圈之间相互作用所组成的相对独立的环境系统。"在这一定义中，明确了矿山地质环境的系统性，即矿山地质环境以系统的方式存在。

相同的观点也出现在徐恒力所著《环境地质学》（2009）中，其对地质环境的定义表述为"地质环境是人类环境中极为重要的组成部分，主要是指与人的生存发展有着紧密联系的地质背景、地质作用及其发生空间的总和，又称为地质环境系统。"

除上述代表性研究外，目前，国内对矿山地质环境的定义主要研究成果还有：

《矿山地质环境保护与治理恢复方案编制规范》DZ/T 223—2011 中，矿山地质环境指采矿活动所影响到的岩石圈、水圈、生物圈相互作用的客观地质体。

张进德等在《我国矿山地质环境调查研究》（2009）中指出，矿山地质环境是指人类采矿活动所影响到的矿山周围岩石、土壤、地下水、地质作用结果及其之间的相互联系、相互作用和相互影响的总称。

郭洪利主编的《矿山地质环境保护规定贯彻实施与矿山地质环境调查、监测、评估及治理恢复新技术推广应用手册》(2009)指出，矿山地质环境是指曾经开采、正在开采或准备开采的矿床及其邻近地区，其岩石圈上部与大气、水、生物圈组分之间，不断进行着联系(物质交换)和能量流动，这一部分组成一个相对独立的环境系统。这一系统是以岩石圈为依托，矿产资源开发为主导，不断改变地球表面和岩石圈自然平衡状态的地质环境，也是一个环境地质问题较多、地质灾害较突出的环境。

结合前面学者对地质环境的定义，本书将矿山地质环境系统表述为：矿山地质环境系统是矿山环境中极为重要的组成部分，主要是指与矿产资源开发活动有着紧密联系的地质背景、地质作用及其发生空间与时间的总和。系统的范围包括受矿产资源开发活动所影响到的大气圈、水圈、生物圈以及近地表的岩石、土壤和地下水。这是一个具有整体性、相关性、层次性、开放性和发展变化特性的复杂系统(图 3-1)。

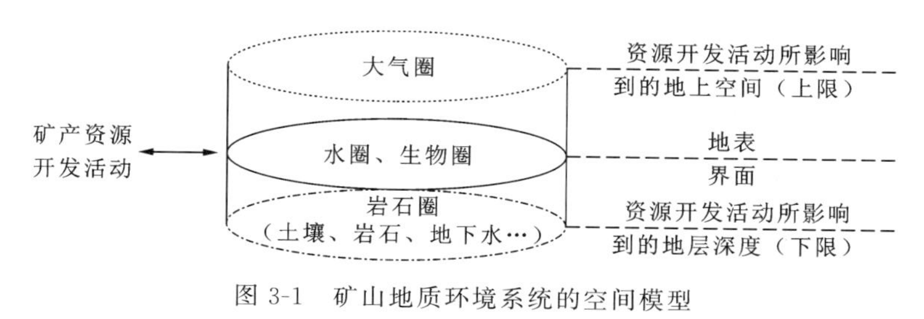

图 3-1　矿山地质环境系统的空间模型

三、矿山地质环境系统的特点

矿山地质环境系统是地质环境系统诸多分类中的一类，除了具有一般地质环境系统的特征外，还具有自身的特点。

1. 矿业活动对地质环境的影响远超过自然营力

矿产资源开发活动是人类活动对地质体在短时间内的高强度作用，造成的宏观变化往往难以逆转。在矿山地质环境中，人为搬运或启动的物质量已远大于自然地质作用，也许原本需要数百万年甚至更长时间的地质过程方能形成的地形、地貌等地质背景，只需数年或更短的时间就能发生强烈的改变。在自然地质作用和人为地质作用相耦合的情况下，矿山地质环境系统的结构性变化必然呈加速的态势，改变了大自然长期形成的稳定性和原有的演化轨迹。

2. 矿山地质环境受外界干扰类型复杂

首先，矿山开发过程中的开采、运输、加工等人类活动均对矿山地质环境造成影响；其次，受矿业活动影响的对象也呈现出多样化，涉及水、土、岩、生等多种地质环境要素。这就导致了不同矿业开发环节引发的地质环境问题种类复杂多样。

例如，在矿山开采过程中，原来深埋地下的物质被携至地表，许多元素由相对稳定和封闭的地下环境进入水、气、生、热等最为活跃的开放性地表环境。一方面，环境条件的改变和水、气、生、热等要素的积极参与，使得这些元素的活性增强；另一方面，开放性的环境也使得这些元素得以积极参与到大气、水文、生物循环中去，造成大气化学、水文地球化学、生物地球化学等过程的改变，产生大气污染、水环境污染、土壤污染和生态环境退化等问题。

3. 外界干扰的协同作用明显

由于矿山地质环境问题类型多样，导致其问题间的协同作用明显，易发生连锁反应。自然地质作用和人为地质作用的耦合会冲击原先物能输移的动力学关系，出现新的协同作用，并有可能逐级放大到该区域之外的更高层级上或影响环境的其他方面。例如，采矿引发的水土污染对植物产生毒害和胁迫作用，造成植被退化，植被退化会进一步加剧水土流失，造成养分流失、土壤贫瘠、下游河道或水库淤塞及水体污染等。

4. 矿业活动干扰占主导地位，其他人类活动较少

在矿山地质环境所承受的各类外界干扰中，资源开发是最为重要的一种，也是影响矿山地质环境稳定性的最主要因素。由于矿区内除了矿业开发活动，其他人类活动较少，导致地质环境背景资料不易收集，往往给评价工作增加难度。

四、矿山地质环境系统的结构与要素

1. 矿山地质环境系统的组成要素

矿山地质环境系统位于大气圈、水圈、生物圈与岩石圈相互叠置的地球浅表，其内部有空气、水、生物、岩石和土壤，它们代表了矿山地质环境系统的基本组成要素。

在系统内部，这些要素不是彼此游离各占据独立的空间，而是你中有我、我中有你，相互穿插的。另一方面，这些要素有质的区别，它们的存在又有各自的条件，运动规律也不完全一样，表现出一定的独立性和各成体系的特点，如地下水渗流场、应力场和化学场等。所以，对矿山地质环境系统的研究还需进一步讨论各组成要素的存在方式，即物质的时空关联，对系统结构进行研究。

2. 矿山地质环境系统的结构

对矿山地质环境的结构分析在矿山环境地质学中有着举足轻重的地位，它是认识矿山地质环境系统的必要手段，探索地质环境系统演化规律的线索，更是解决和防范矿山地质环境问题的基础。

矿山地质环境系统内部物质能量的分布格局、组织形式以及组成要素（部分）之间相互作用、相互联系的方式与秩序称为矿山地质环境系统的结构。矿山地质环境系统是时间与空间的统一体，可将其结构划分为空间结构和时间结构。

矿山地质环境系统的空间结构由系统组成要素的实体形态、组构方面的空间特征，包括其在空间的排列和配置等组成。空间结构有硬结构和软结构之分。如在矿山地质环境系统中，其基本骨架由岩石组成，岩石组成地层，地层有产状、层序，地层以单斜、褶皱的形态展布等，这些都属于硬结构的范畴。此外，还有以物理场的方式展布的软结构，如地下水渗流场、水化学场、应力场、温度场等。

时间结构是指系统组成要素（部分）的状态、相互关系在时间流程中的关联方式和变化规律。时间结构既存在于软结构中，如各种物理场的动态变化，也存在于硬结构中，如地层沉积韵律的变化、岩土体变形的时间过程的表达。

结构决定功能，矿山地质环境系统结构的变化是系统演化的内在依据，也是系统功能改变的根本原因。在矿产开发活动明显的地区，系统结构的变化既可能首先发生在硬结构方面，如露天采矿；也可最先表现在对软结构的冲击，如矿坑排水引起渗流场的明显改变。无论人为最先改变哪一种结构，其最终都会波及到另一种结构。露天采矿不仅仅改变着地形，还可能干扰地下水天然的补排关系和径流方向，使施工区的水文地质条件变化；矿坑排水会破坏地下水与介质之间的天然的力学平衡，导致地层的压密变形。

五、矿山地质环境系统的演化

矿山开采活动下矿山地质环境系统的演化是指矿山地质环境系统的整体结构、功能随矿产开发活动的进行有别于先前的结构、功能的改变过程。

开放系统总与外界环境有着物质和能量的交换关系，构成这种关系的具体过程可以是物理的，也可以是化学的或者其他。由于不同的运动过程所遵循的动力学原理不同，在一个受多种过程支配的系统中，要将它们一一梳理清楚，是件十分困难的事情；特别是在非线性系统中，任何一点的状态都是多种因素或多种运动过程在拐点协同的结果。为此，系统理论提出了一种普适性的处理方法，即暂时撇开具体的物质运动形式，着眼于系统与外界环境的关系，用输入、响应和输出阐述两者的因果关系或构建概念模型。

1. 矿山地质环境演化的外部条件

矿山地质环境以系统的方式存在，如图 3-1 所示，作为一个开放系统，矿山地质环境在其演化过程中，有来自系统外部的输入，即矿产资源开发。矿石采掘、选矿冶炼等各种矿产资源开发活动形成的能量和物质交换转移是影响矿山地质环境的主要因素，影响方式可以是物理的或化学的，直接的或间接的，长期的或短期的。它会引发地质环境系统综合动力学的改变，形成新的多种状态组合，系统的岩、水、土、生要素本身和它们之间的相互作用方式发生改变，产生系统响应。由于矿山开发活动的激励，矿山地质环境系统对矿区乃至范围更大的地区产生反作用，即系统的输出，表现为各种矿山地质环境问题，诸如崩、滑、流等地质灾害，水土污染、水土流失、荒漠化等问题的产生(图 3-2)。

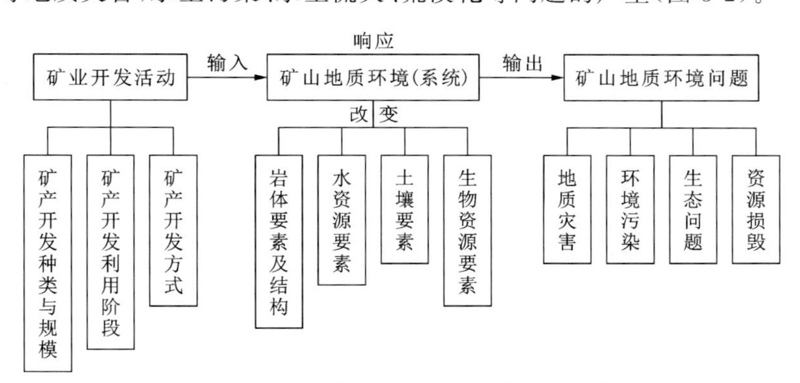

图 3-2　矿业开发活动下矿山地质环境系统的演化过程

矿山地质环境的演化是自然和人为作用共同推进的。正如俄罗斯学者维尔纳茨基(1920)明确指出的："地球上除传统地质学所论及的内动力地质作用和外动力地质作用外，目前已出现了新的地质营力，即人为地质作用。人类活动所造成的地质变化已与自然并驾齐驱。在某些方面和某些地域，人类的作用已超过自然地质作用的速度和强度，使之成为影响人类环境的重要力量。"

然而，有别于其他地质环境系统的是，矿山地质环境系统受人类活动的影响更加明显。矿产资源开发活动是人类与地质背景相互作用最强烈的活动之一。矿产资源是在地质历史中经过漫长的地球化学过程集中在一定地点而形成的，人类社会的开采活动实际上是将长时间蓄积起来的矿物资源在短时间内取出并转化成另外的形态，然后消耗掉或再沿地球表面进行再分配以满足使用的需要。这些开发活动不仅对直接开采的地点而且对距离开采地点相当远的地方也会造成重大的影响，不仅会改变岩石圈的组成和结构，而且会改变包括部分生物圈在内的整个地质环境系统的结构和状态，如地表塌陷、滑坡、区域和局部地下水位下降，地表径流和地下径流水力条件改变，污染地表水、地下水、大气、土壤和海洋，以及直接危害作业区和周围的人体健康等。另外，矿山开采还耗费大量的土地资源，开采后破坏的土地，既丧失原有的自然生态系统，又难以直接成为进一步服务于某种社会经济目的的用地。矿山废弃物堆置场对周围环境会造成严重污染，当矿山位于城市、河流或交通干线附近时，采矿地的破坏性发展将成为干扰城市和区域经济规划和实施可持续发展的主要障碍之一。

2. 矿山地质环境演化的内部条件

矿山地质环境系统具有开放性，其内部的宏观状态及其稳定性既与外界环境的作用有关，又在很大程度上取决于内部的自组织过程。

矿山地质环境系统是由岩、土、水、气、生等物质组成，这些内部组成物相互作用相互联系的同时，还与外界环境的物能输入发生关系。任何一种输入表面上可能被视为物理作用，其实是物理的、化学的乃至生物方面的综合作用。而且其中任一状态的变化，又会反过来影响其他状态，构成互为因果、连锁式的动力学过程，这种现象称为协同作用。

外界环境的输入（即矿业活动）是矿山地质环境系统不断进行物质运动的主要原因，它不仅源源不断地弥补系统物质输出造成的亏损，也为物质的运移提供着所需的能量。如果输入过程以正常涨落的方式进行，系统可以维持正常的物质运动过程，即使输入过程中出现某些瞬间的强度增大或减小，只要不超过一定的阈值，系统都会通过内部物质的再分配和能量的调整，对涨落予以化解，以保持一种和谐、有序的宏观状态。这种在矿山地质环境系统内部自发形成的，能够使物质运动的各种动力学过程通过协同作用，形成统一指向的行为称为自组织。显然，协同作用是系统具有自组织能力的原因，而矿山地质环境系统的自组织又是其能够消弭外界干扰，保持稳定时空结构的根本原因。

矿产资源开发使沉积在地下多年的物质在短时间内加入了生物化学循环，从而剧烈地冲击着该物质在地质环境系统中的循环平衡，特别是由于开采规模和强度的不断扩大，还给矿区的地质环境带来了深刻的破坏性变化，矿产资源开发对于矿山地质环境系统发展的影响已远远超过了自然子系统自身的作用。

在矿产资源开发活动强烈的地区，系统内部无法通过协同作用使各个要素的再分配和能量调整保持和谐、有序的宏观状态，即超出了系统的自组织能力。矿区的地质环境系统会出现异常涨落，原有的系统结构出现了向新结构的转变、恶化或瓦解，在宏观上表现出剧烈的起伏和振荡，系统失稳，即矿山地质环境系统输出的一系列矿山地质灾害和矿山地质环境问题。

第二节　矿山地质环境系统的输入：矿产资源开发

对矿山地质环境的变化而言，矿产资源开发是主要的动力因子，其作用远远超过了矿山的自然地质作用本身。不同类型的矿山开采工艺和影响环境的技术强度不同，它们对环境的影响方式也有所差别。本节将通过对不同的矿产种类、矿产开发方式、矿产开发规模、矿产开发利用阶段等进行阐述，说明可能存在的影响矿山地质环境各要素的矿产开发作用。

一、不同的矿产资源类型

矿产资源是指地壳中可供人类利用的呈固、液、气 3 种状态的矿物原料，在一定技术、经济条件下可被人类开采、冶炼和利用的岩石或矿物集合体，主要是固态，少数为液态和气态。矿产是地质作用的产物，是整个地质资源中的一部分。

矿产资源可分为金属矿产、非金属矿产和能源矿产三大类，见表3-1。

表3-1　矿产资源分类

金属矿产	黑色金属：铁、锰、铬、钛、钒等 有色和贵金属：铜、铅、锌、铝、镁、镍、钴、锡、钼、钡、锑、汞、金、银、铂等 稀有和稀土金属：铌、锂、铍、铯、锆、稀土等 分散元素：锗、镓、铟、铊、镭、镉、钪等
非金属矿产	化工原料：硫铁矿、硫磺、磷、钾盐、硼、岩盐、碘、镍、重晶石等 建筑材料：云母、石墨、石膏、大理石、萤石、花岗岩等 冶金辅助原料：熔剂利用的石灰岩、白云岩、硅灰岩、菱镁矿、耐火黏土、萤石等 特种非金属：压电水晶、光学水晶、冰洲石、金刚石、石棉等 其他非金属：宝石、硅藻土、叶蜡石等
能源矿产	煤、石油、天然气、油页岩、铀矿、钍矿、地热等

二、不同的矿产开发方式

矿产资源开发是指用人工或机械对有利用价值的天然矿物资源的开采。采矿的开采对象是矿床，矿床是含有一种或多种有用矿物的集合体，并具有开采价值，其价值不是固定不变的，而是根据人们对它的需要而变化。

根据矿床埋藏深度的不同和技术经济合理性的要求，矿山开采分为露天开采和地下开采两种方式。接近地表和埋藏较浅的部分采用露天开采，深部采用地下开采。

（一）地下开采

地下采矿就是从地表向地下掘进一系列井巷工程通达矿体，进行准备和采矿工作。从地表到矿体，先开掘一系列井巷工程，进行采矿准备工作，继而大量采出矿石。这一总体过程，概括为矿床开拓、采准切割和回采3个步骤。

1. 矿床开拓

地下采矿，井田范围确定之后，首先要从地表掘进一系列井巷通达矿体，以便将采矿人员、机械设备及材料、新鲜风流、动力等送到作业地点，将采下的矿石和废石运到地面，把井下的水和污浊空气排到地面，将矿体和地表之间建立一条完整的行人、通风、排水系统。为建立这一完整系统而进行的井巷开掘工程叫矿床开拓。

矿山巷道，种类很多，大体上可分为井巷和硐室两大类。开拓巷道分主要开拓巷道和辅助开拓巷道。主要开拓巷道又有主平硐、主井（竖井、斜井）和主斜坡道。地下采矿中阶段、矿块的开采顺序有差别，开拓方法也有平硐开拓法、竖井开拓法、斜井开拓法和联合开拓法之分。

2. 采准切割

采准切割工作是在完成开拓工程的矿床范围内将阶段（盘区）划为矿块（矿壁）并在矿块内创造行人、凿岩、通风、出矿等条件，包括掘进阶段平巷、横巷和天井等采矿准备巷道。继而在矿块内，为大量回采开辟自由面和自由空间，如切割天井、切割平巷、拉底巷道、切割堑沟、放矿漏斗、凿岩硐室等。采切工程量是衡量采矿方法的一个重要指标,用采准系数表示。

3. 回采工艺

回采是在采场内进行采矿,包括凿岩和崩落矿石、运搬矿石和支护采场等作业。回采工艺包括采矿工作面的落矿、矿石搬运和地压管理。矿石坚硬,用浅眼或深孔爆破落矿;轻软矿体,用机械落矿。矿石搬运方法,视矿体倾角而异,有重力自溜出矿、电耙耙入溜矿井和地下矿山无轨等。矿块回采过程中,可根据矿岩的稳固,利用其自然支撑能力,控制矿岩的暴露面积,维持采场稳定;或者随着回采作业的进行,用充填科进行充填,管理地压;或者随着回采工作面的推进,有计划有步骤地崩落顶板岩石,维护采场安全。

为了回采矿块中的矿石,在矿块中和在围岩中所进行的采准,切割、回采工作的总和,称为采矿方法。采矿方法的选择与矿床地质等条件密切相关。由于矿床地质条件复杂多变,加之采矿设备不断发展与完善,生产实践中使用的采矿方法众多,按地压管理方法不同,大体上可分为空场采矿法、充填采矿法和崩落采矿法三大类。

地下开采,不论是开拓、采准还是回采,一般都要经过凿岩、爆破、通风、装载、支护和运输提升等工序。目前,我国重点地下矿山采用的设备,凿岩主要是采用凿岩机、凿岩台车和采场用的中深孔和深孔钻机;装载主要是采用装载机、铲运机、电耙等;平巷运输提升一般用电机车牵引成列的矿车至竖井、斜井、提升井和场地,再用罐笼将矿车提升至地面,大型地下矿山均将矿车中的矿石卸入矿仓,再装入箕斗提升至地面。

(二)露天开采

露天开采就是用露天沟道在地面进行准备和采剥工作,从敞露的采矿场采掘有用矿物。根据采矿手段不同,露天采矿分为机械开采和水利开采两种方式。前者用于开采坚硬矿岩,以深孔爆破,机械采运矿石的主要手段;后者用于开采松软矿体和砂矿,以水枪喷射高压水柱进行冲采,经水力搬运获取矿石。

露天采矿,通常按以下步骤进行,即地面准备、矿床疏干和防排水,矿山基建,日常剥离和采矿,以及地表恢复与利用。

所谓地面准备就是排除开采范围内妨碍生产的各种障碍物,如砍除树木、湖泊排干、迁移建筑物乃至道路和河流改道等。

开采有地下水的矿床,为确保正常开采,应排水疏干。此项工作,不仅要预先进行,而且要贯穿于露天矿开采的始终。与此同时,应在地面修筑挡水坝、截水沟,防止地表水流入采矿场。

露天矿投产前,必须完成相应的基建工程,如矿床开拓、表土剥离、建立排土场、铺设运输线路等。

矿床开拓,就是掘出入沟和开段沟,前者是建立地面与开采水平之间或各开采水平之间的运输联系而掘进的倾制沟道;后者是在各开采水平为开辟剥离、采矿工作台阶而掘进的水平沟道,是各水平的初始开采工作线。

所谓剥离,就是揭露矿体,挖掉覆盖在矿体上面的表土及矿体上、下盘部分围岩。只有表土剥离之后,才可回采矿石。

有些露天矿区,要占用大量农田和土地,使可耕地减少,故开采期间或开采结束时,应有计划、有步骤地复土回田。

掘沟、剥离和采矿,是露天矿生产过程中三大重要矿山工程,其生产工艺基本相同,都包括穿孔爆破、采装和运输。

1. 穿孔爆破

露天矿,特别是开采坚硬矿岩的露天矿,穿孔爆破是极其重要的生产环节,它直接影响采掘设备效率的发挥,往往是露天矿的薄弱环节。

露天矿穿孔,大、小型矿山主要用潜孔钻机和牙轮钻机,小型矿山使用凿岩台车。潜孔钻机,结构较简单,自动化程度高,操作方便,穿孔速度快,是露天矿使用最广的一种穿孔设备。牙轮钻机,轴压大,加压平稳,穿孔速度快,已愈来愈多地为大中型露天矿所采用。

露天采矿爆破,除采用深孔微差爆破外,还需采用控制爆破技术,合理布置深孔,正确确定各项爆破参数。深孔交错布置,爆破质量好,现场使用甚广。

2. 采装工作

采装工作就是用采装机械,从工体面把矿岩从整体中(中等硬度以下的矿岩)或自爆堆中爆破成适当块度的矿岩装入运输工,或直接排卸到一定地点的工作。它是露天开采全部生产过程的核心环节,其效率直接影响矿山生产能力、矿床开采强度及最终经济效益。

目前,我国露天矿主要采用履带式正向单斗挖掘机及素斗挖掘机。国外露天矿在剥离软岩和表土时,广泛采用大型轮斗式挖掘机。近年来,轮斗式挖掘机已在我国一些露天矿开始使用,并有广阔的发展前景。

3. 运输工作

露天矿的运输工作,就是利用运输设备将矿岩分别运往受矿点和排土场。此外,还有运送人员、设备,材料等辅助运输工作。

运输工作人员是贯穿露天采矿各项生产工艺的重要因素,也是矿山能否完成生产任务的关键因素。露天矿运输的基建投资约占总基建费用的60%,运输成本约占矿石成本的1/3乃至1/2以上。因此,正确地选择运输方式和运输设备,科学地组织管理运输工作,对提高矿山生产能力与劳动生产率,降低矿石成本,都极其重要。

目前,我国露天矿常用的运输方式有汽车运输、铁路运输、平硐溜道运输、斜坡卷扬及联合运输等。

4. 排土工作

露天开采的一个重要特点是:要剥离覆盖在矿床上部及周围的表土和岩石,并将其及时地运到排土场排弃。在排土场,用一定方式进行排放土岩的作业,称为排土工作。

排土工作是露天矿主要生产过程之一。合理选择排土场位置和组织排土工作不仅关系到采装、运输的生产能力和经济效果,而且还涉及到占用农田和保护生态环境等问题。选择排土场位置时,应遵循以下原则:尽量不占或少占农田,在可能的条件下,利用山谷、洼地或山坡荒地设置排土场;排土场不能设在露天开采境界以内,在保证边坡稳定的条件下,尽可能靠近采矿场;对可能利用的岩石,应考虑今后回收装运方便;排土场应设置在居民点的主导风向的下风侧,以防止岩尘污染居民区;禁止将排弃土岩中的有害化学成分带入河流,防止污染水源;设置排土场时,还应考虑复土造田的可能性,并制定复土造田规划。

三、不同的矿产开发规模

开采规模与环境影响之间存在一定的关系。在其他条件相同的情况下,矿石产量大,废石废渣排放量也大,原材料及燃料消耗增加,导致“三废”污染加剧,受影响的地表范围也广。然而,当社会对矿产资源的需求量一定时,提高矿井产量,可以减少矿井的总数,可以减少对环境总的影响。

四、矿产开发利用的不同阶段

矿产的开发利用是一个复杂的过程，包括勘探、采矿、选矿、冶炼等几个重要步骤，其中每个过程都对环境产生破坏作用，但程度有所差异。如勘探和试验阶段对环境产生的影响要比采矿和冶炼阶段产生的影响小得多(表 3-2)。

对矿床的勘探活动包括资料分析和野外勘探工作，由于工程量相对较小，这个过程对环境造成的破坏是局部、轻微的；开采阶段的影响为局部或地区性的，较前者严重；选矿阶段的影响较开采阶段稍轻；冶炼阶段的破坏性最大，所造成的污染可以破坏元素的地球化学循环，其影响甚至是全球性的。

表 3-2　矿产资源开发利用的不同阶段对环境造成的危害

开发利用阶段	对环境造成的破坏作用
勘查	土地占用；植被破坏；钻井废水造成地表及地下水污染
采矿	占用、毁坏土地；破坏植被、地貌，造成水土流失；挖掘过程使地面沉降，形成地下水漏斗，诱发地震；矸石和其他固体废物处置造成滑坡、泥石流；粉尘噪声污染；酸性矿坑水的排放污染地表、地下水体
选矿	粉尘、噪声污染；尾矿堆放诱发泥石流和滑坡；尾矿库的渗漏污染地表、地下水体
冶炼	粉尘、噪声污染；颗粒物、有害气体、废水及有机化学物质的排放造成水体、空气、土壤等污染

第三节　矿山地质环境系统的响应：结构要素的改变

通过以上分析可以看出，矿产资源开发对矿山地质环境的作用影响到系统各个组成要素，而且不同的矿产开发方式对地质环境的影响是相互交织的。那么，在不同的矿产开发作用下，矿山地质环境系统各个要素是怎样发生变化的，变化到何种程度，以及各要素间的相互作用会发生怎样的变化，又变化到何种程度？要解决这类问题，必须进行矿产资源开发对矿山地质环境的作用机制研究。

一、岩石要素

矿产资源开发活动对岩石圈的影响主要表现在对井巷围岩的稳定性和膨胀变形以及边坡稳定性的改变上。

(一)井巷围岩

1. 井巷围岩的稳定性

围岩是指井巷外围的岩体。由井巷开拓而成的建筑物的安全同外围岩体的稳定性紧密相关。

洞室围岩类型和不连续面发育程度是井巷失稳的根本原因，在地下水发育的矿区，更加促使问题恶化，甚而过早地结束矿山寿命。

在矿山开采之前，岩体是稳定的，岩体的应力场不变。矿山的开挖在岩体中形成临空场，破坏了初始应力平衡状态，在空场的周围及其附近产生新的应力分布（称二次应力场），形成了应力降低区（卸载区）和应力增高区（支撑压力区），引起围岩的松动和坍塌。

2. 井巷围岩的膨胀变形

膨胀变形系指井巷围岩向开挖空间不断扩张而使开挖净空缩小或受支护承受很大的围岩压力的现象。

矿山井巷围岩膨胀变形的产生与围岩岩体性质、构造活动、应力的分布特点和大小以及地下水活动等有关。

1）围岩岩体性质

不同的岩石类型，松散程度、易风化程度和亲水性等都不相同，发生塑性变形的程度也不相同，从而导致围岩变形和破坏的差异。

2）构造活动

易发生变形的岩体一般都经受过不同程度的构造变动，其间，常发育一定数量的挤压、剪切破碎带；在小型褶曲发育的地区，更加速岩体性质的恶化。构造形迹的出现给风化营力的参与和地下水的渗入提供了良好通道，从而大大降低了这些岩石的抗剪强度。

3）应力大小

井巷开挖会造成应力重分布现象。应力的大小不仅与井巷埋深有关，还与初始应力大小、岩体性质、井巷轴线方向等有关。造成井巷围岩膨胀变形的应力主要体现在临近井巷的释放应力大小。亦即，松动层的厚度是增大围岩应力的直接因素。井巷未开挖前，岩体处于紧密限制中，没有空间可供变形产生；一旦开挖，即改变了原来状态，给变形提供了条件。塑性岩体的松动层厚度大大超过坚硬岩体的松动层厚度，在应力作用下，结合不连续面的影响和地下水的浸润膨胀作用，使变形能很快发展起来。

4）地下水的作用

地下水的作用，主要是使围岩岩体亲水膨胀。研究资料表明，井巷围岩中有体积增大2.9％的岩石就会给采矿造成很大困难，而有些遭受热液变质的富含蒙脱石矿物的岩石，浸入后体积可增加14％～25％。

（二）边坡稳定性

矿产资源开发中形成的边坡主要有露天开采边坡和尾矿堆及堆放矿山固体废弃物等形成的人工边坡。

边坡稳定性的影响因素众多，内在因素包括组成斜坡的岩土类型和性质、岩土体结构构造；外在因素包括地下水及地表水的作用，岩石风化、地震以及人为因素等。外在因素只有通过内在因素才能对斜坡稳定起破坏作用，促进边坡变形的发生与发展。但是，外在因素往往变化很快，有时十分强烈，常常成为边坡破坏的最直接原因。对边坡稳定影响最大的因素是岩土体的结构构造和地下水的作用。

露天矿在开采过程中开挖边坡，使斜坡应力状态发生变化，增加了斜坡的滑动力，影响着边坡的稳定；大量剥离表土，使地表下岩土遭受风化，雨水渗入，改变原有的水循环条件，从而降低了岩土的抗剪强度，削弱了抗滑阻力，使边坡下滑力增强，降低边坡稳定性。此外，采矿过程抽排地下水会引起地下水压的改变，对边坡的稳定性造成影响。

露天矿开采过程中，地下水降低边坡稳定性的作用概括起来有下述几方面。

（1）水压减小了潜在破坏面的抗剪强度，从而降低了边坡的稳定性，张裂缝或类似的近于垂直的裂隙中的水压增大了下滑力，致使边坡稳定性降低。

（2）高含水量必然增加岩石的容重，同时由于水的有关化学作用和气温的物理作用相配合，将互为因果地促使风化作用向深部发展和扩散，加速岩体风化，使岩体的破坏更为严重，导致边坡稳定性降低。

(3)冬季地下水冻结成冰，其体积可增大10%左右，渗入岩体裂隙中的水冻结后，产生楔胀作用，促使岩体沿着原有裂隙迅速开裂和分解。边坡上表面水的冻结还能堵塞排水通道，引起边坡中水压的增高，从而降低其稳定性。

(4)地下水的流动引起覆盖层和裂隙充填物被溶解和侵蚀；对于裂隙中某些次生充填、松散夹层或黏土质软岩，由于水的蒸发，也往往产生收缩性的干裂而导致不同程度的破坏。这种溶解和侵蚀，不仅可降低边坡的稳定性，并且可淤塞排水系统。

尾矿堆和矿山固体废弃物往往抗剪强度低，在降雨、地震和岩石风化等诱因下，斜坡易失稳，发生崩塌、滑坡、泥石流等地质灾害。

二、水要素

矿产资源开发活动中，井巷开掘会使地下水的赋存状态发生变化；矿床疏干排水改变了地下水的天然径流和排泄条件，使区域地下水水位大幅度下降，造成矿区水文地质环境的恶化。此外，疏干碳酸盐围岩含水层时，其溶洞则构成了地面塌陷的隐患；当塌陷区或井巷与地表储水体存在水力联系时，更会酿成淹没矿井的重大事故；岩层疏干影响的预测和设计不合理时，还会导致露天边坡、台阶的蠕动和过滤变形而发生灾害。

(一)地表水

矿山开采对地表水的作用表现在：一方面，矿山废水直接排放，污染江、河、湖等地表水体，水体水质下降；另一方面，采矿活动直接或间接地改变着地表水体的补给、径流和排泄条件，导致河、湖萎缩，泉水断流。

1. 矿山废水对地表水的污染

矿山开采的不同阶段，产生的矿山废水种类不同。

采矿废水按其来源可分为矿坑水、废石堆场排水和废弃矿井排水。矿坑水的来源可分为地下水、采矿工艺废水和地表进水。矿坑水的性质和成分与矿床的种类、矿区地质构造、水文地质等因素密切相关。矿坑水是含有多种污染物质的废水，它被污染的程度和污染物种类对不同类型的矿山是不同的。矿坑水污染可分为矿物污染、有机物污染及细菌污染，在某些矿山中还存在放射性物质污染和热污染。矿物污染有泥沙颗粒、矿物杂质、粉尘、溶解盐、酸和碱等。有机污染物有煤炭颗粒、油脂、生物代谢产物、木材及其他物质氧化分解产物。

矿井水的细菌污染主要是霉菌、肠菌等微生物污染。

选矿的各个工段都会产生大量矿山废水，选矿废水包括4种：洗矿废水、破碎系统废水、选矿废水和冲洗废水。

2. 矿山开采对地表水资源量的影响

随着采矿活动的进行，地下采空区的塌陷不断发展，若导水裂隙带扩展到水体下面，将使得水井干枯，河流、水库渗漏。

(二)地下水

地下开采对地下水环境的作用主要表现在：一方面，采矿对开采区域范围内的水文地质环境产生极为明显的不可逆作用，从而严重破坏地下水资源的自然赋存条件；另一方面，地下开采往往会疏干地下水，这不仅影响了地下水资源的数量和质量，而且破坏了水的动态平衡和生态环境。

1. 地下开采对地下水资源量的影响

矿产资源、水资源共存于一个地质体中，在天然条件下，各有自身的赋存条件及变化规律。由于地下开采排水打破了地下水原有的自然平衡，形成以矿井为中心的降落漏斗，改变了原有的补、径、排条件，使地下水向矿坑汇流，在其影响半径之内，地下水流加快，水位下降，储存量减少，局部由承压转为无压，导致矿产赋存地层以上裂隙水受到明显的破坏，使原有的含水层变为透水层。

1）对浅、中层地下水的影响

浅、中层地下水是工业用水和生活用水的主要水源，受到采矿的影响，赋存地层及上覆松散岩类中垂向裂缝增多、增大，赋存地层中的水、松散岩类地层中的水均快速地向下渗透，形成了区域性地下水位降落漏斗，浅、中层地下水逐年被疏干。

2）对深层地下水的影响

矿山开采过程中，为了维持采矿的正常进行及采矿工作面的横向和纵向的发展，必须将工作面周围的水或潜在的水排出。随开采深度的加大，深层各含水层水被截留，转化为矿坑水排出，矿井排水量逐年增加，导致深层地下水位逐年下降，所形成的地下水降落漏斗范围和幅度也越来越大。深层地下水位一旦下降，将很难在短时期内得到恢复。

在山丘地带采矿，采矿排水变成了人为的排水带，排水带截取了山丘区地下水向河谷盆地的补给，改变了地下水的径流路线，使地下水由水平运动变为垂直运动，减少了平川地区的侧向补给量。

2. 地下采矿使地下水资源流失的主要因素

1）水文地质条件

在地下采矿活动中，含水层的厚度、富水性、节理、裂隙、岩溶发育程度和补给来源是影响地下水资源是否流失的关键因素。一是含水层厚度大、裂隙岩溶发育、含水性强、补给来源丰富，则矿坑排水量就大，反之则小；二是所处的地理位置，主要取决于采矿平面位置与附近井、泉、河水的关系，一般离井、泉、河水近，且水力关系密切，侧向补给来源大，则矿坑排水量大，反之则小；三是与当地降水量、入渗系数大小、矿层深浅有直接的关系，一般是开采矿层埋深浅，降水量大，入渗系数大，降水可直接转化为矿坑水，矿层开采后导水裂隙带影响到地面，则矿井排水量就大，且季节性变化明显，即每年雨季 7 月、8 月、9 月降水量大，矿井排水也增加，反之则小。

2）地质构造特征

地质构造对地下水、地面水起着重要的控制与导水作用，局部也起着阻溢作用，地质构造愈复杂，断裂愈多，矿层离断层愈近，补给充分，则排水量就愈大；反之构造简单，矿层离断层愈远，补给来源少，则排水量愈小。

3）矿山开采阶段

采矿初期，揭露的含水层相对多，各含水层处于自然饱和状态，含水性强，随着开采面积的增大，就会逐步发生顶板冒落，沟通裂隙导水带，矿层顶部含水层中地下水就会直接渗入矿坑。

矿井开采进入中期，由于一般不会大面积揭露新的含水层，随着开采时间的增长，含水层水位不断降低，以矿井为中心的降落漏斗趋于稳定，部分含水层由承压转为无压，矿井排水量靠入渗量补给，处于补、径、排平衡状态。

矿井开采进入后期，由于含水层部分被疏干，导水裂隙带和节理裂隙逐步被充填，地表入渗补给量逐步减少，则矿井排水量逐步衰减。

矿井开采进入末期（停采），在其影响范围内，矿坑排水变少或不排水。但由于矿层底部有隔水层存在，采空区逐步积水成为“地下水库”。

三、土壤要素

矿产资源开发要大兴土木，开山整地，构筑交通网、工业民用厂房和市镇等，特别是露天采矿，要剥离地表覆盖层，同时排放大量废矿石，所有这些都需要占用大量的土地。据统计，一座大型矿山平均占地(18～20)万 m^2，小矿山也达几万平方米。土地破坏了，植物、土壤及其中的微生物也一起被消灭，地表丧失了稳定性。

对于露天采矿，除采场破坏大量土地外，与之配套的排土场、尾矿库和厂房、住宅等附属设施的占地面积往往是采场的几倍，植被和土壤盖层被剥离，对自然景观和生态环境造成破坏。

此外，露天开采通过对采区水文地质条件的改变，降低了地下水水位，造成土壤生态的恶化；矿山废水，如矿坑排水、洗矿废水、尾矿石堆淋滤水在淋滤过程中和下渗进入地下水的过程中，淋滤和下渗作用还会将有害物质迁移到土壤环境中，造成土壤污染，再进一步污染周围农田、土地和农作物等。

四、生物要素

由于人类对矿产的需求持续增长，而高品位矿床越来越少，这样，人们不得不采用更大的工程来开采低品位的矿体，从而对环境造成更严重的影响。大规模的开采，通过直接搬运物质而改变地貌景观，或在另一些地区堆积废弃物而占用土地。矿区尘埃会影响空气质量，即使控制矿井排水和减少污染，水资源仍旧遭到破坏。当微量元素被雨水从废矿石中淋滤出来并在土壤或水体中富集时，就会对动植物乃至人类产生危害。伴随着采矿活动，土地、土壤、水、空气的物理变化会直接或间接地影响生物环境。

1. 生物多样性

采矿活动破坏了一些地区的原生生境，如作为物种源的大型植被破碎为一些小型的残遗斑块，影响作为跳板的林地斑块的功能发挥，使生物迁徙受到阻隔。乡土植物群落也会受到破坏，植被急剧发生向下的演替过程。这些都直接影响了内部物种的数量和质量，造成野生物种如鸟类栖息数量和种类的减少，严重影响着矿区动植物的生存，造成生物多样性降低。

生物多样性丧失后，虽然一些耐性物种能在矿地实现植物的自然定居，但形成的植被质量也通常是相对低劣的。因为矿山废弃土地土层薄、生物活性差，受损的生态系统恢复又非常缓慢，往往要 50～100 年，所以，矿山开采对生物多样性的破坏往往是致命的。

污染导致原生动物群落组成和结构发生巨大变化。由于受污染因素的影响，污染土壤中原生动物群落结构要比对照土壤中的简单得多。群落相似性分析结果显示污染土壤与自然土壤中原生动物群落结构极不相似。污染土壤中原生动物群落组成和结构的变化包含两个方面的内容：①自然土壤群落中对污染物及其在土壤中的浓度不能耐受的种类死亡和消失，表现为急性毒性致死效应，从而导致自然土壤群落中的许多种类在污染土壤中不存在；②在污染胁迫下，自然群落中某些对污染物及其浓度敏感度不高的种类在较长时期内逐渐产生适应性，成为耐污种类而继续生存和繁殖。

2. 植物种类/植被覆盖率

不同的矿山开采方式对植被的破坏程度不同，地下开采对矿区植被的影响相对露天采矿小得多。地表的开挖及矿产资源开采引起的地表塌陷，会直接破坏地表植被，从而加剧水土流失与沙漠化。地表塌陷引起土地排水系统破坏，微形地貌变化引起小气候和水热气肥等土壤肥力因子变化，水土流失加剧，地下水出露和盐渍化都降低了土地利用价值，会导致植物生产量降低，从而影响矿区生态系统健康。

深采中排出的热废水(热害矿床中的矿坑水)、某些地热田的热水以及地热电站排出的热废水也会对生物产生巨大影响。一般说来,热污染的主要危害在于:第一,导致水中缺氧。这一方面由于热废水本身缺氧,另一方面也由于水体温度上升后,既促使某些水生植物急剧繁殖,也加速有机物的分解,从而导致水中缺氧。第二,由于不同种类的水生植物对温度条件的适应能力不一,因而表现不同的适温范围,当热废水使环境水体温度超越适温范围时,就会妨碍水生生物的正常生活、发育、繁殖乃至导致其死亡。第三,热污染的结果有可能改变局部地区的自然规律,使生态失去平衡。

五、土地要素

1. 地下开采产生塌陷区

地面塌陷是矿山开采过程中形成的最为严重的地质环境问题之一。在地下开采中,大量的矿石从地下被采挖出来,形成的地下空间必然要由上面和周围的岩石来填补,因而往往容易形成地表塌陷。同时,地表潜水位上升,大气降水排泄不畅,常常会造成积水成塘,塌陷区面积可以达到几平方千米,水深可达几米。

2. 露天开采产生矿坑、挖损

挖损是露天矿开采破坏土地最主要、最直接的形式。露天采矿必须砍伐植物和剥离矿产资源上的覆盖层(包括岩石和土壤),矿石采完后形成的采矿废弃地往往形成深坑,或常年积水,或形成湿地。

3. 土地占用与破坏

一方面,矿山固体废弃物包括掘进及剥离废石(包括在选矿技术条件较差的情况下丢弃的“贫矿”)、选矿尾砂、冶炼厂炉渣和粉尘(由凿岩、爆破、铲运、耙矿、放矿、运输、破碎等工艺产生的矿石及围岩粉尘)等。任何一个生产工艺过程都不可能将原料(矿石)全部转化成产品,产品以外的剩余物料即作为废弃物排放到地质环境中,都要压占、破坏土地资源。

另一方面,无论井下开采和露天开采都不同程度地要改变或破坏当地的地质环境,形成采空区或高陡边坡,进一步导致土地资源破坏。

采矿过程及矿山废弃物的堆积对矿区周围的表土均产生严重破坏,造成地表裸露,土质松软,导致土地沙化、水土流失增加。矿产开发占用、破坏大量土地,不仅加剧土地资源短缺矛盾,而且导致土地的经济和生态效益的严重下降。

六、综合响应

以上对不同的矿产开发作用下,矿山地质环境的岩、水、土、生四大要素和地形地貌等表观地质环境的改变方式和影响因素做了简单分析。需要注意的是,采矿活动对系统某一要素的影响不是单一的,矿山地质环境中各组成要素的作用是相互关联的。举例来说,采矿活动对岩土环境和地下水环境作用的关联性体现在:一方面由于采矿活动的实施,岩土体环境内部的应力场分布发生了改变,从而影响岩土体的结构,引起赋存于岩土体中地下水性态和地下水力学特征的改变;另一方面由于采矿活动所形成的采矿井巷的出现,改变了区内地下水系统的补径排条件,形成采矿活动干扰下的地下水渗流场,地下水对岩体的力学作用的强度、作用的范围以及作用的形式亦发生改变,最终影响岩体的稳定性。

本节阐述了矿产资源开发活动下,矿山地质环境四大组成要素及其间相互作用方式的改变。正是由于系统内部这些组成要素的变化，矿山地质环境才得以不断发展演化。当矿产开发的强度超过了矿山地质环境的承受阈值，系统内部结构发生剧烈振荡，系统失稳，产生一系列的矿山地质环境问题。那么，矿产开发活动下，岩、水、土、生等要素的改变会引发哪些矿山地质环境问题，这些矿山地质环境问题又是如何产生的？形成机制是什么？

第四节　矿山地质环境系统的输出：矿山地质环境问题

矿山地质环境系统的输出，主要表现为各类矿山地质环境问题的产生。因此，为了便于论述，在分析各类地质环境问题的形成机制之前，有必要对矿山地质环境问题进行分类。

一、矿山地质环境问题分类

许多学者从不同角度对矿山地质环境问题进行了分类，主要分类方法如下。

中国矿业大学武强教授依据矿山存在的问题/性质、矿种类型和矿山开发环节分别提出了3套分类方案；中国地质调查局西安地质调查中心的徐友宁研究员从产生问题的结果出发，把“矿山地质环境问题”分为3类，即资源毁损、地质灾害和环境污染；中国地质环境监测院张进德博士的分类方法与徐友宁研究员的分类方法类似，但明显侧重于地质灾害，认为地质灾害是最主要的“矿山地质环境问题”，将其分为地质灾害，土地、植被等资源的占用与破坏，水资源的破坏和水土环境污染四大类；中国地质大学（武汉）徐恒力教授将地质环境问题分为突发性的地质环境问题（地质灾害）和渐进性的地质环境问题两大类。

参照以上学者的分类方案，结合前述矿产资源开发的特性，本书将矿山地质环境问题分为4类：地质灾害、环境污染、生态环境问题和资源损毁。其中地质灾害主要包括由矿业开发活动引起的崩塌、滑坡、泥石流、地裂缝、地面塌陷和地面沉降；环境污染主要指水体污染（包括地表水和地下水污染）、土壤污染和大气污染等渐进性的矿山地质环境问题；生态环境问题包括水土流失、荒漠化（包括沙漠化和石漠化）；资源毁损主要是土地资源占用与植被破坏、水资源浪费与破坏以及景观资源的破坏等（图3-3）。

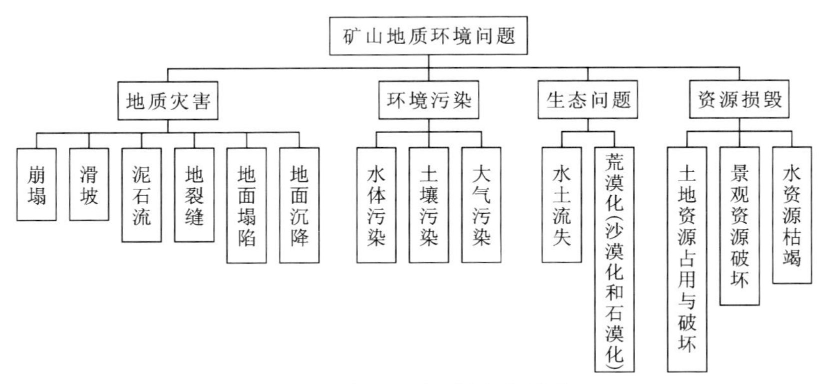

图3-3　矿山地质环境问题分类

二、矿山地质灾害

随着矿产资源开发强度、规模愈来愈大，采矿活动已成为矿区最主要的外部作用应力，其强度远远超过了矿区自然地质作用过程及结果，强烈地改变和破坏了矿区原有的地应力平衡，地应力在重新调整过程中，会引发不同类型、不同规模的地质灾害。主要包括崩塌、滑坡、泥石流、地面塌陷等。

（一）崩塌与滑坡

矿山在整体切割、开挖的过程中，容易形成直立、被裂缝分割的单体，因根部空虚、折断压碎或局部崩落，失去稳定性，极易发生崩塌地质灾害。矿山开采过程中人为扰动的因素和营力巨大，容易发生滑坡。

滑坡、崩塌是山体斜坡地段的一种表生动力地质作用（现象）。它们的形成需有特定的地质条件，即一定是斜坡临空面，有易于滑动的岩土体，有软弱结构面及地下水沿软弱面不断活动等基本的地质条件。此外，还需有一些常常导致滑坡、崩塌发生的影响因素，如灾害性降雨、地震、人工活动等。矿区滑坡、崩塌的形成则是上述各种因素的不利组合和综合作用的结果，其中，矿产资源开发活动较其他的影响因素更为关键，起决定性的作用。

1. 孕育条件

滑坡、崩塌的形成有其特殊的地质环境（条件），其中起主导作用的有以下 4 个方面。

1）地形

斜坡的高度、坡度、形态和成因与斜坡的稳定性有着密切的关系。高陡斜坡通常比低缓斜坡更容易失稳而发生滑坡和崩塌。斜坡的成因、形态反映了斜坡的形成历史、稳定程度和发展趋势，对斜坡的稳定性也会产生重要的影响，如山地的缓坡地段，由于地表水流动缓慢，易于渗入地下，因而有利于滑坡和崩塌的形成与发展。山区河流的凹岸易被流水冲刷和淘蚀，当其前缘坡脚被地表水侵蚀和地下水浸润，这些地段也易发生滑坡。

2）地层岩性

斜坡岩、土体的性质及其结构是形成滑坡、崩塌的物质基础。一般易形成滑坡、崩塌的岩石，大都是碎屑岩、软弱的片状变质岩。岩性多为泥岩、页岩、板岩、含碳酸盐类软弱岩层、泥化层、构造破碎岩层。这些软弱岩层经水的软化作用后，抗剪强度降低，容易出现软弱滑动面，形成崩滑体。形成崩塌的岩石多为坚硬的块状岩体，如石灰岩、厚层砂岩、花岗岩、玄武岩等。这些岩层和土体都是容易形成滑坡、崩塌的。它们的分布控制了滑坡、崩塌的分布。

3）断裂构造

产矿区多是断裂构造发育区，而构造条件是形成滑坡、崩塌的基本条件之一。断裂带岩体破碎，为地下水渗流创造了条件。此外，活动断裂带上易发生构造地震。因此，断裂带控制着滑坡、崩塌的发育地带的延伸方向、发育规模及分布密度。滑坡、崩塌体成群、成带、成线状分布的特点几乎都与断裂构造分布有关。

4）地下水活动

地下水活动也是形成滑坡、崩塌的重要因素之一。在土质边坡或岩质边坡（含泥质岩层，如页岩、凝灰岩、黏土岩等）受地下水作用时，泥质岩层往往会泥化、软化；另外，地下水使孔隙水压增高，产生浮托力、动水压力，这些都会使岩石抗剪强度降低，容易形成软弱面。很多滑坡、崩塌发生之后，地下水以泉水形式在滑床面出现或从滑坡破裂壁上渗出，就说明了这个问题。

2. 影响因素

形成滑坡、崩塌的各种因素十分复杂。它们为崩滑作用的发生提供了外动力条件或触发条件。主要的影响因素有暴雨、地震等自然因素和人为因素。

1）灾害性降雨：暴雨

暴雨对滑坡、崩塌形成的影响最大。降水量多寡决定了水动力作用的强弱。降雨下渗引起地下水活动状态的变化，它可成为滑坡、崩塌的直接诱发因素。因此，每到雨季，滑坡、崩塌频频发生。而且雨量丰富的南方，因灾害性降雨引起的滑坡、崩塌较北方明显增多。暴雨来势凶猛，积水不易排除，往往带来严重的地质灾害。

2)地震

地震是滑坡、崩塌的最主要的触发因素之一。往往在烈度为Ⅶ度(或震级为6级)以上地震活动地区，尤其在坡度大于25°的斜坡地带，地震诱发的滑坡、崩塌灾害特别严重。

3)矿产资源开发活动

矿产资源开发过程中对土地资源的占用和相关工程建设等活动，都与地质环境发生关系，改变了自然环境条件。因修建运输铁路、公路，人为开挖形成边坡加载于斜坡上，而造成崩塌、滑坡的现象不胜枚举。

(二)泥石流

泥石流的形成有其特定的内部和外部条件，内部条件包括特殊的地形和松散岩土物质积存状况，外部条件主要是能够激发堆积物运动的水动力条件。矿产开发活动诱发的泥石流，是人为在矿产开发过程中孕育了泥石流暴发所需的内部和外部条件。

1. 泥石流形成的内部条件

1)地形

研究泥石流形成过程时，通常从地形条件入手，将泥石流沟划分为3个区段，即形成区、流通区和堆积区。

形成区：大多为四周被陡崖或高角度坡地包围，只留有一狭窄出口的半封闭地形。周边山坡坡度一般为30°～60°，甚至更大。形成区的底面也具有较大比降，常在30°以上。因为坡面陡峭，坡体稳定性差，极易发生崩塌、滑坡等岩土物质快速堆积。形成区大比降的底面一方面有助于堆积物的集中，另一方面又为堆积物的运动提供了良好的启动条件。实地调查表明，形成区周边坡度越大，底面越陡，泥石流形成越快。

流通区：位于形成区的下方，多为切割较深的冲沟或狭窄陡峭的河谷，沟槽较顺直，纵坡比降大，在基岩出露地段多形成多个陡坎和跌水。因沟槽狭窄、纵坡陡，泥石流经过流通区时会具很大的流速，形成极为可观的垂直侵蚀和侧方侵蚀能力，而且常在沟壁坍塌瞬间堵塞通道时，出现泥位爬高的现象。由于泥石流具有强大的侵蚀能力，流通区可在较短时间里变宽，当沟谷宽度发育到一定程度或者沟谷与一些小型山间洼地串联时，泥石流的能量会减弱，甚至出现局部的停积。总之，流通区宽窄、曲直、长短与泥石流的冲击能力有直接的关系。纵坡陡、沟槽窄短且顺直，泥石流的冲击能力就大；反之，纵坡缓，沟槽宽长、弯曲，泥石流冲击力就小。

堆积区：泥石流进入堆积区意味着它已结束了运动过程。堆积区一般位于地形较为开阔的地段，可以是泥石流沟的出山口处，也可以是与宽阔河谷交汇的地段或小型山间盆地。泥石流一旦进入开阔地，就会形成面状散流，动能的下降会使固体物质逐渐停止运动，形成扇状或带状的堆积体。如果泥石流沟与大的江河交汇，泥石物质会被河水带走，成为河流的冲积物。

2)松散岩土物质的积累状况

松散岩土物质是构成泥石流的主要成分之一。形成区必须聚集足够数量的松散岩土物才能形成泥石流。形成区内松散岩土物质主要来自形成区周边的坡体，主要为崩塌、滑坡堆积物，少量为面蚀和沟蚀的搬运物。

由于不同地区岩性不同，形成区积累的物质成分也差异较大。在第四系分布区，物质的组成可以有漂砾、卵石、角砾、中粗砂等，也可以有粉土、黏土等细粒物质，具体的粒度组成与当初沉积环境有关。在基岩出露区，物质组成主要是风化或半风化的块石、碎石、岩屑以及遇水容易崩解的土状物，其母岩可以是沉积岩，也可以是变质岩或岩浆岩。一些软弱的岩层如片岩、千枚岩、板岩、页岩、凝灰岩等经过风化，极易形成分散的碎屑、碎块，成为泥石流的形成物质。

2. 泥石流形成的外部条件

1)气象水文条件

来自地质体之外的，长时间降水、暴雨、冰雪融水、地表水体溃决所形成的水流，不仅是泥石流物质形成必不可少的物质条件，而且也是泥石流获得初始动能，得以流动的能量提供者。所以，水流被视为一种外部条件。

对于广大泥石流活动区来说，降水及其形成的水文过程是各种外部条件中最为主要的因素。其中暴雨和特大暴雨常引发群发的泥石流，形成规模也较大。我国除西北、西藏北部和内蒙古西部为降水稀少的内陆气候区外，其余地区都受季风气候的控制，夏季和秋季为多雨季节。

除降水因素外，气温的升高，导致冰雪强烈消融也是引发某些特殊地区泥石流发生的主要原因。我国西北、西南一些高海拔地区，常年积雪或分布着大面积的冰川，当夏季气温升高，冰雪大量融化，时常会引发泥石流，我国西藏波密地区、新疆的天山地区就属这种情况。

研究表明，泥石流活动的频繁程度和规模与大气降水的时间分布、强度有着明显的统计关系。

年降雨量：年降雨量越大，泥石流活动越强，但不同地区的泥石流暴发的年降雨量阈值差异性很大。如云南东川地区，年降雨量在400mm左右就有泥石流活动；而四川华蓥山区则需在800mm以上的年降雨量泥石流才可能活动。在同一地区，降雨的年际变化对泥石流的活动也具很大的影响，如云南东川蒋家沟，多年丰水期泥石流活动频繁，达15次左右；而在多年枯水期，泥石流活动相对较弱，仅有数次。

季节性降雨：泥石流活动主要分布在雨季，如长江上游地区，由于季风的进退，控制了降雨的时段，季风来得早，则雨季时间提前，一般年降水量较大，泥石流暴发时间也早；反之，随雨季的推迟，年降水量偏少，泥石流发生得晚，且频数较小。

日降雨量：日降雨对泥石流发生的影响主要表现在一天之中总降水量对泥石流发生作用方面。由于雨季中多夜雨，致使同步发生的泥石流具规模大、危害重的特点。泥石流发生所需的日降雨量大小取决于流域的地质地貌条件。

雨强：泥石流发生的激发条件中，雨强是个不可忽略的因素。据四川泥石流的统计资料表明，泥石流发生的1小时雨强最低在15mm左右，绝大部分在20～60mm之间。

2)人为活动

矿产资源开发过程中，修筑公路等辅助设施以及开矿时岩土体的挖掘与弃置，因不合理堆放弃土、矿渣，易诱发矿山泥石流，冲出松散固体物质。

泥石流的规模和类型受许多种因素的制约，除上述主要因素外，地震、火山喷发等都有可能成为泥石流的触发因素。

(三)地裂缝

矿产资源开发过程中的采掘工程常引起地面塌陷和伴生的地裂缝，它是重力地裂缝的一种。地下开采形成采空区，是采矿地裂缝形成的主要原因，而地裂缝的规模、宽度及延深等几何特征，又取决于采空区深度、面积、地形地貌、地层岩性等地质和矿井开采条件。

1. 采动沉降盆地理论与采矿地裂缝

地下开采后，采空区主要依靠自身强度及保安煤柱支撑，其空间结构维持围岩稳定。当采空区面积较大且保安煤柱又被回采后，其上覆岩体在自重应力作用下将整体下沉，并自下而上呈现冒落带、裂隙带、下沉带。由于下沉速度和幅度不同，形成地表沉降盆地。根据沉降盆地的受力条件，可将其划分为3个区，各区特征分别如下。

1）中间区

地表均匀下沉，沉降速度及幅度最大，无明显地裂缝产生。

2）内边缘区

地表下沉不均匀，向盆地中心倾斜呈凹形，产生压缩变形，地表受挤压，也没有地裂缝产生的力学条件。

3）外边缘区

地表下沉不均匀，向盆地中心倾斜，但呈凸形产生张应力，形成张性地裂缝。

采空塌陷地裂缝，是地下采矿区又一种形式的地裂缝，它紧依采空区上方而发育，呈下宽上窄形式。其发育条件是矿床浅埋，采空区上覆岩体厚度小，冒裂带达到地表。

两种地裂缝的共同特征，均是岩体自重应力作用下形成的张性地裂缝。其不同之处一是形态特征，二是造成的危害。后者危害性主要表现于地质环境的变迁，而前者主要是表现在对地面建筑物的影响及破坏。

2. 地形地貌、岩性与地裂缝的关系

沉降盆地边缘的地裂缝在平面上以采空区为对称中心，周围均匀发育。这种发育特征主要见于平原区及地形起伏较小的地区。由于受地形地貌的影响，地裂缝往往不是对称出现的。例如在坡角下采矿，其地裂缝往往只在山坡上发育，而坡下平原区很少见地裂缝。在山坡一侧，二者共同作用，加剧了地裂隙发育的力学条件；而平原一侧，二者共同作用下，产生水平挤压的应力和垂直向下的应力，从而不能形成地裂缝。

岩性对地裂缝的形成具有影响，脆性岩石形成明显地裂缝，如碳酸盐岩、砂页岩出露区地裂缝极易被发现。而松散岩类覆盖区，裂缝易被充填而不易识别，形成隐伏地裂缝。

（四）地面塌陷

地下存在空洞是地面塌陷发生的先决条件，采矿形成的人工洞室如采矿形成的地下巷道系统是矿区地面塌陷发生的前提。目前，绝大多数的地面塌陷都发生在矿山采空区，其中煤矿开采造成的地面塌陷比例最大。

矿区的地面塌陷是岩土体快速变形、向下坠落的动力学过程，其过程的发生必须具备一定的内、外条件。内部条件即指地下采矿形成的井巷系统和围岩的稳定状况；外部条件包括自然和人为两方面，自然影响因素主要为大气降水和地震，人为激发矿山采空区地面塌陷的活动主要表现在地面施加荷载、人为爆破和车辆振动、水库蓄放水的人工调节等。

矿山开采一般是在疏干地下水之后，才进行地下的掘进、回采活动，所以，采空区地面塌陷的主要原因在于地下洞巷系统和围岩的结构变化，即岩土体内部条件的变化。

1. 地下洞巷系统

地面塌陷必须具备一定规模的地下无岩土的空间，即空洞。其一，它是洞体顶板、侧壁局部冒落物以及塌陷发生时坠落物的储容空间；其二，地下空洞为具有多个临空面的空腔，空洞的顶、底板和侧壁在周围岩压的作用下极易发生应力集中，而处于稳定性很差的状态，一旦受到外力干扰，容易失稳而发生覆岩的冒落，甚至发生波及地表的塌陷。

矿区的地下洞巷系统是服务于地下采矿而挖掘的，可以出现在不同的岩性地层中，规模可大可小、可深可浅。地下洞巷随施工进度或采矿计划不断扩大，也就是说在施工完成或闭矿之前，洞巷的面积和体积是随时间而变的，采掘区地应力的变化和调整一直在持续进行，使之处于宏观的不稳定状态。因此，地下洞巷尤其是长时间不间断采掘的矿山发生地面塌陷的几率也最大。

2. 洞巷围岩状况

地下洞巷的受力状况如同梁的受力，洞的顶板相当于承载上覆岩土体自重的梁，洞的两侧如同位于梁端的两个支点。若洞顶的直接顶板或间接顶板为坚硬完整的岩层，顶板和两侧壁均有足够的支撑力保证洞穴的稳固。若洞体围岩缺失坚硬完整的岩层，或洞的跨度过大，围岩的稳定性就会降低，即使不发生全部覆岩的变形、垮塌，也会形成局部的失稳。

一般而论，当地下洞巷深度与高度之比大于25∶1时，洞顶上部就会形成3个变形特点不同的带，即冒落带、裂隙带和弯曲带。冒落带常常位于洞顶和洞壁上方，是洞体形成过程中围岩受力变形破裂而局部垮落的部分，垮落物会堆积在洞底，成为洞穴堆积物。裂隙带又常被称为断裂带，位于冒落带之上一定高度，它是因洞顶冒落后，新的顶板所受的向下拉张力减小，而处于暂时的稳定状态，由于围岩的压力，顶板岩层仍以切层、离层的方式开裂，形成的众多相互嵌合的块石集合体，借助块石之间的咬合，裂隙带整体微微向下凸起，起着支撑洞顶覆岩自重的作用。裂隙带以上直至地表为弯曲带，该带裂隙发育程度不如裂隙带，主要表现为整体弯曲变形，其上表面即是下沉的地面。

（五）地面沉降

矿区的地面沉降主要由采矿抽排地下水、开采石油和天然气等引起。此外，矿山采空区塌陷、地震，也会造成地表高程降低、地面变形，这些地面沉降的形成机理不同于抽排地下水，而且沉陷的范围也较局限，一般只当作地面塌陷发生时的一种伴生现象来对待，其成因机理见地面塌陷的形成机制。

地面沉降多发生在新生代松散堆积物分布区，是因为这些地区堆积物形成的时间较短，往往处于未固结或欠固结阶段，松散的自然堆积结构一旦受到外部施加力，容易变形，体积变小。抽排地下水及开采石油、天然气等流体，会使原有流体与周围介质的压力平衡被破坏，等效于给介质施加新的应力，引起介质压密、体积缩小，从而导致地面下沉。

三、矿山环境污染

采矿形成的矿坑水、选矿废水等多就近向沟谷、河流排放，以及采矿废石、矸石、尾矿渣等堆放不当，构成了矿区水体和土壤的污染源。此外，含有有害化学元素的废渣，因降雨浸润，污染地表水、地下水和耕地。废石、尾砂及粉尘的长期堆放，在空气、水、温度等风化作用下，进行了风化分解，造成严重的大气污染。这些污染物质在风化作用和大气的搬运作用下，促使很多有害元素的化合物进入地表和地下水中，尤其尾矿渣经风化作用形成浓度较高的污染物，造成矿区周围水体和土壤的再次污染，形成恶性循环，影响巨大。

（一）水体污染

矿山污染物进入水体的途径主要有：矿坑水、选矿尾水、生活污水的排放；废石堆受大气降水补给后，又经化学作用产生有毒有害化合物并汇入水体；大气污染物随降水降落而污染水体等。

1. 地表水污染

地表水的污染主要由矿山废水引起。矿山废水常通过以下途径造成污染。

1)渗透污染

矿山废水池或选矿废水排入尾矿池以后,由于选矿时产生的废水能通过土壤及岩石层的裂隙渗透进入含水层,造成地下水源污染。同时还会渗过防水墙,污染地表水体。

2)渗流污染

含硫化物的废石堆及煤矸石石堆,直接暴露在空气中,不断进行氧化分解,生成硫酸盐类。当降雨侵入废石堆以后,在废石堆中所形成的酸性水就会大量渗流出来,污染地表水体。

3)径流污染

矿产资源开采会破坏地表或山区植被,使水土流失加剧,不但会造成河流、渠道或水库的堵塞,而且会导致更多的农业非点源污染物进入地表水体。

2. 地下水污染

在天然条件下,地下水系统中的地下水形成宏观稳定的渗流场、水化学场、温度场。矿产资源开发活动如矿坑抽排地下水、矿渣的随意堆置等都可能引起地下水化学场的改变,造成地下水污染。

矿山废渣、废水的排放是最有代表性的地下水人为污染源之一。废矿渣的露天堆放不仅占压土地,而且会因风化、降水淋溶使有害成分进入土壤和地下水,而矿坑水、尾矿渗出液、洗矿厂的废水会在排放后渗入地下水,给周边地下水资源的可利用性带来严重危害。

地下水污染过程包括污染物从污染源进入地下水的方式和溶质在含水层的迁移途径两个方面。污染过程与许多条件有关,主要包括污染物本身的化学特性、进入的方式、土壤包气带的自净能力、地下水的水动力条件等。

(二)土壤污染

矿山废水(包括矿坑废水,选矿、洗煤和冶炼废水)多具污染物含量高、酸度高、悬浮物浓度大等特点。废渣及尾矿在地表堆放,经雨水长期淋滤,渗沥出含污染物的酸性废水。这些酸性废水和各种矿山废水聚集在土壤中,降低了土壤的pH值并使有害物质大量富集,明显改变了土壤的理化性状,破坏农田质量。不仅破坏了农业生态环境,还会影响人体健康。

土壤一旦被污染后,其危害性远远大于大气和水体污染。被污染的土壤,虽然部分污染物质可以通过土壤的自净作用而降解,但大部分污染物质将长时间存在于土壤环境中,难以消除,特别是一些有毒有害化合物,残留时间长,危害作用大。土壤污染较之于大气和水体污染而言,一般污染暴露的时滞效应较长,易被人们所忽视,容易造成更大的危害。

四、矿山生态环境问题

(一)水土流失

从系统科学的角度来看,矿区的水土流失是指在水力和矿产资源开发活动(如植被破坏、坡地开挖、坡形改变等)等外界输入的共同作用下,坡地系统以渐变形式失稳演化的过程。在该过程中,土壤厚度、养分含量等持续减小,系统的状态变量处于异常涨落状态。

水土流失的实质是当外界施加的水动力超过地表岩土系统抵抗能力,系统稳定性遭到破坏的现象和过程。因此,水土流失的发生与否及其发育程度,一方面取决于来自系统外部的输入作用的强度及其方式,另一方面则取决于系统通过自组织来消除干扰和保持自身稳定的能力,即取决于岩土系统的结构特点。下面以分布最为广泛的坡面侵蚀为例,对动力因子和抗蚀因子的类型及其作用方式进行论述。

1. 外界作用

在自然条件下，影响坡面岩土系统的外部输入主要是降雨。与土壤侵蚀过程和侵蚀强度有密切关系的降雨要素包括雨滴大小、雨滴下落速度、降雨量、降雨强度、降雨历时、降雨类型等。

影响坡面侵蚀的因素很多，人类活动是导致坡面侵蚀加剧的主要原因。在矿山地质环境系统中，矿山的开发加速了地表侵蚀过程，扰乱地表状况，打破地表平衡，使流水更易搬运岩土体。矿产开发活动加速坡面侵蚀的方式多种多样，但其实质，却是通过改变坡面形态、表土性质，降低坡面岩土系统的抗蚀能力等 3 个方面，即改变内部结构的 3 个方面来实现的。

诱发矿区水土流失的矿产资源开发活动主要有以下几个方面。

(1)矿区建设过程中征用具有水土保持和滞留水土功能的农田、湿地、山地，在一定程度上削弱了区域内的水土保持能力。

(2)矿区的施工便道、大量工程取弃土等将占压部分土地和地表植被，不同程度地改变、损坏、扰动或压埋原有地貌，使局部地区降低或丧失水土保持功能，即使施工结束后实施再塑土壤和植被，在恢复过程中仍然对水土保持功能有一定负面影响。

(3)矿区新工程建设常常致使土壤暴露面增大，抗蚀能力减弱，在防护工程尚未形成前，将加剧水土流失。

(4)矿区采矿场、工业场地、铁路、道路、防洪堤、排土场(尾矿库)等建设将扰动现有地貌，破坏地面植被和土壤，产生新的水土流失。

(5)矿山露天开采在基建阶段产生大量的剥离物；矿区铁路、道路、工业场地、防洪堤建设中土石方工程量巨大，松散的弃方场稳定性极差，极易形成新的水土流失；裸露的取土场也可能成为新的水土流失点。

(6)矿区建设中可能会改变地表水系的水文特征，造成局部阻水、水工建筑物上游壅水、下游冲刷等不良水文现象，引起一定的水土流失。

(7)露天场边坡(矿坑壁)一般较陡，大量岩层暴露，可能形成软硬互层层组，在大规模爆破和大型机械作业振动下，易引起边坡崩塌，随矿坑排涌水一道外排，形成新的水土流失，并污染地表水体。

(8)井工开采可能会使地表形态和含水层发生变化，如地面塌陷和地下水水位下降，进而产生崩塌、滑坡、泥石流、地裂缝、地面沉降等灾害性问题，导致道路、桥梁、房屋建筑破坏，堤防下沉、河道泄洪能力降低，水土流失加剧等。

2. 内部结构

影响坡面岩土系统抗蚀力大小的因素有坡形、土壤及母岩的性质、植被覆盖等，这些因素又称为抗蚀因子。需要指出的是，坡面岩土系统的抗蚀力并不仅仅取决于这些要素本身的性状，而且很大程度上受这些要素的组织方式、配置形式及相互作用关系的影响。

1)地面坡形

在区域尺度的土壤侵蚀评价中，考虑的地形因素主要有沟壑密度、沟壑切割裂度、平均坡度、陡坡面积比、陡坡平均坡度、地势比等。在小尺度上，影响坡面侵蚀的地形要素主要有坡度、坡长、坡面和坡向等。

(1)坡度。

在其他条件相同时，土壤侵蚀量随坡度的增加而增加。坡面越陡，坡面水流的势能转化为动能越快，水流流速愈快，动能和冲刷力越大。当坡度较小时，水流与土壤之间的摩阻变大，能量损耗也大，流速较慢，土壤的抗蚀能力就会增强。地面径流流速与水面坡降的关系，可用下式表示：

$$v=Kh^{m}J^{n}$$

式中，v 为坡面径流速度；K 为系数；h 为径流水深；J 为水面坡度即地面坡度；m、n 为指数。

另外，坡面越陡，土壤受重力下滑作用也越大，更容易被水流推移。坡度对雨滴溅蚀也有影响，在地面坡度较大的情况下，土粒被溅起后向下坡方向飞溅的跨度较向上坡方向飞溅的距离大，而且这种现象随坡度的增加而增大。事实上，坡面侵蚀并不随坡度的增大无限增加，而是存在一个“侵蚀临界坡度”。在这个坡度以下，土壤侵蚀量与坡度成正相关，超过这个坡度，侵蚀量反而减小。

(2)坡长。

对于连续不断的降水过程而言，坡面越长，受雨的范围越大，可能产生的地面径流量就越大，其侵蚀力也越大。苏联学者通过实验得出了有关径流量与坡长的经验公式：

$$Q=0.0062LI$$

式中，Q 为径流量；L 为坡长；I 为降水强度。

然而有一些实验表明，坡面侵蚀与坡长在一定条件下正相关，在另一些条件下，两者会成负相关或无关，于是认为上式中的 I 不适合所有的雨强情况。研究表明对于雨量在 10～15mm/次以上、强度超过 0.5mm/min 的特大降水，坡长与径流量、冲刷量成正相关；若雨强较小，或雨强较大但历时很短的情况下，坡长与径流量成负相关，与冲刷量成正相关；若雨强很小(只有 3～5mm/次)、雨量也很小且历时较短的情况下，坡长与径流量及冲刷量均成负相关。

坡面侵蚀与坡长的不确定关系，主要是因为土壤侵蚀是多种因素协同作用的结果。坡面下部的径流不仅要搬运当地的物质，还要携带上方冲刷下来的物质，因此，冲刷量(侵蚀量)是一个传递、累加的过程，与降水历时和输运距离有关。例如，当降雨量和雨强较小时，由于降雨很快渗入土壤而不易形成坡面径流，即使能形成，当降雨停止后，径流沿坡面流动一定距离后就会全部渗入地下，土壤侵蚀不能一直顺坡发展，而是在水流变小或消失的局部地区转为堆积。

(3)坡面。

从地形剖面来看，坡地可分为直形坡、凹形坡、凸形坡和复合形坡。坡面形状对坡面水蚀的影响实际上是坡度和坡长的不同组合方式对水蚀的影响。直形坡与凸形坡的径流量和径流速度都是在坡的下部最大，土壤侵蚀也以坡的下部最为强烈，凸形坡表现得尤为突出。凹形坡则以中部侵蚀最为剧烈，坡地下部流量和流速最小，变为堆积为主；台地状复合坡面常在台阶前沿有侵蚀加剧现象，可出现细、浅沟侵蚀。

(4)坡向。

坡向是指斜坡的朝向，可分为阳坡和阴坡。坡向主要是因水分和热量不同而对坡面侵蚀产生影响。一般情况下，阳坡的气温、地温和土壤蒸发大于阴坡，而相对湿度、土壤含水量和植被覆盖度小于阴坡，岩石风化比较强烈，坡面侵蚀往往重于阴坡。另外，迎风坡和背风坡所遭受的降雨侵蚀力会有很大差别，迎风坡的侵蚀力大于背风坡。

2)土壤及母岩的性质

土壤、土壤母质及母岩的性质影响着其对侵蚀作用的抵抗能力，即抵抗雨滴打击和径流分散与悬浮泥沙的能力。土壤抗蚀能力的大小主要取决于土粒与水的亲和力。亲和力越大，土壤越易分散悬浮，土壤结构也越易受到破坏。另外，不同的土壤类型，其渗透性不同，会对地表产流过程产生影响，进而影响坡面侵蚀的强度。

(1)抗蚀能力。

衡量土壤抗蚀能力大小的常见定量指标是分散率和侵蚀率，此外还有抗冲力、抗剪强度、团聚体表面率等指标。

土壤分散率可作为衡量土壤易被雨滴或径流分散的指数。分散率越高，土壤越易流失。米维尔顿(Middleton，1930)将分散率为 5.2%～15%的土壤定为耐蚀性土壤；分散率为 15%～60%的土壤为易蚀性土壤；我国黄土的分散率为 23%～60%，显然属易蚀性土壤。

土壤侵蚀率是由土壤分散率转换而得出的综合性抗蚀指标，是根据土壤分散率与土壤胶体含量及水分当量的比值算出的。

土壤的抗冲力是指土壤抵抗径流对其机械破坏和推动下移的能力。土壤的抗冲力可以用土块在水中的崩解速度来判断，崩解速度愈快，抗冲能力越差；有良好植被的土壤，在植物根系的缠绕下，难于崩解，抗冲能力较强。

(2)渗透性。

在坡面侵蚀地区，土壤渗透性大小对每次降水形成的径流的分配有很大影响。渗透性强的土壤，可使普通雨强的降水全部入渗，而不形成地表径流，从而降低坡面侵蚀的强度。对土壤渗透性的评价，一般有土壤的颗粒级配、结构，有机质含量及土壤湿度等几个方面的指标。

(3)植被覆盖。

在坡面侵蚀过程中，植被可以改变降雨对坡面岩土系统的作用方式和作用强度，也是影响坡面侵蚀的内在要素之一。

植被抑制坡面侵蚀的方式有：①植物的枝叶对雨滴有阻滞和拦截作用，可降低雨滴溅蚀；②植物的树冠具有截留蓄水功能，其枯枝落叶具有吸收和调节土壤水分的作用，可减少地表径流量；③植物的枯枝落叶层可增加地面糙度，减小径流速度；④植物落叶分解形成的腐殖质及根系分泌物质有利于土壤发育和团粒结构的形成，增强土壤的蓄水和径流能力；⑤植物根系对土体起着穿插、缠绕、固定的作用，增强土壤的固结能力而减少侵蚀。

在各项植被参数中，植被覆盖度与土壤侵蚀的关系研究较多。实验数据表明，植被覆盖与侵蚀的关系是曲线型的。目前，土壤侵蚀量与植被覆盖度之间的指数关系被多数研究者所认可。

(二)荒漠化(沙漠化/石漠化)

荒漠化通常分布在降水稀少，蒸发力大，风力侵蚀、搬运、堆积作用十分活跃的干旱半干旱地区。我国矿区的荒漠化主要有沙漠化和石漠化两类。

矿区的荒漠化是矿产资源开发活动与自然条件耦合的双重结果。荒漠化的发展以土壤质量的下降为前提，围绕土壤和植被的生态学关系的失调展开。矿产资源开发过程中大量剥离表土，使矿区的天然植被遭到破坏，土壤的天然肥力减少，自然团粒破坏，渗水保水能力下降，导致了土壤遭受风力和流水的侵蚀，土壤中的细粒物质被风和流水搬运到其他地方。在成壤速度较缓慢或风力、水力侵蚀强烈的地区，土壤的流失使土层变薄、质地变粗肥力不断降低、土地的生产力急剧下降，导致荒漠化的发生。此外，矿山开发过量抽排地下水、拦截地表水还会引起矿区土壤水盐的失调和天然植被需水的不足，导致土地沙化、盐渍化的发生，进而加快矿区植被的退化和土壤的贫瘠化，最终演变为荒漠。

以矿区的风蚀荒漠化为例，风力侵蚀是其形成的内在机制。风力侵蚀的强度受动力因素、抗蚀因素和矿产资源开发3方面的影响。

1. 动力因素

风力侵蚀的动力来源是大气环流，目前通常将风速作为描述风蚀动力因子的主要参数。一般情况下，风速越大，其侵蚀力越强。

2. 抗蚀因素

1)地表物质的质地

地表物质是风力侵蚀的对象，质地不同的地表物质，其水稳性结构、碳酸钙含量、有机质、机械组成和团粒结构等不同，抗风蚀能力有较大差异。

2)地表物质的含水量

土壤水可以在土层颗粒表面形成水化膜，水化膜的静电作用使土壤颗粒产生黏着力，将土壤颗粒黏合在一起，从而提高土壤的抗风蚀能力。因此，随土壤含水量的增加，颗粒起动风速增高，风蚀率降低。

3)植被覆盖

当地表有植被发育时,相当于覆盖了一层保护层,可显著减弱气流对地表物质的破坏和分离,增加地表颗粒的起动风速,减少风蚀量。除影响侵蚀区地表的抗蚀能力外,植被在颗粒的沉积过程中也起着重要作用。植被可以直接"截留"近地表风沙流中所携带的颗粒,使其产生附着沉积。据风沙物理学理论,植被对悬移颗粒的沉降作用不仅与植被密度(疏透度)有关,而且与植被高度有关。植被密度越大和高度越高,沉降颗粒的作用越强。另外,植被的存在可增加粗糙度,影响近地表风场,使气流在运行时受到阻滞而发生涡旋减速,削弱其载荷能力,从而产生颗粒沉积。

3. 矿产资源开发

矿产资源开发对风力侵蚀的影响主要通过改变下垫面的状况和地表抗蚀因子而实现。矿产资源的开采不仅会破坏地表植被和原有岩体的结构,降低地表的抗风蚀能力,开采活动中产生的尾矿堆还会为风力侵蚀提供新的物质来源。此外,矿产资源的开发通过改变矿区土地利用类型和工程活动类型,直接影响着地表覆盖物的类型、植被覆盖度、植物群落结构和土壤结构等抗蚀因子;矿产开发中对水资源的开发利用可通过影响区域地下水位,进而影响土壤含水量、植被覆盖度和植物群落结构等抗蚀因子;矿产开发还可能造成干旱区河流、湖泊等地表水域萎缩,使大量松散沉积物暴露在风力作用下,加剧地区的风蚀强度。

五、矿山资源损毁

矿业活动对环境的改造非常剧烈,特别是对资源的损毁,影响极其严重。首当其冲的是土地占用和植被破坏,危害包括对土地的侵占、对地形地貌的破坏、对植被的破坏,进而引起的水土流失等。对水资源的浪费与破坏主要表现在区域水文地质条件的破坏、水均衡的破坏、水资源量的减少以及由地下水疏干引起的一系列问题等。值得一提的是,对植被的破坏带来的土地沙化以及对生物多样性的扰动和破坏现如今也是相当剧烈的,而且还有愈演愈烈的趋势。除此之外,矿山开采还对景观资源、文化地质遗迹和建筑交通等基础设施等破坏严重。

(一)土地资源占用与破坏

人类每年对矿产资源的开发多达上百亿吨,如把开采废石和剥离矿体盖层的土石方计算在内,数字更是惊人。这些数量巨大的开采废石和剥离矿体盖层土石方对土地的占用和地形地貌破坏也是相当严重的。

矿山采矿活动侵占和破坏大量的土地,其中包括采矿活动所占用的土地(如厂房、露天采场等),为采矿服务的交通设施所占用的土地,采矿生产过程中堆放大量固体废物所占用的土地。这些因素都可引起地面裂缝、变形及地表大面积的坍塌等。

据估算,全世界废弃矿山面积约 670 万 hm^2,其中露天破坏和抛荒地约占一半。据美国矿务局的调查,1930—1980 年的 50 年间,美国采矿占地 23 万 hm^2,平均每年占用土地 4500 多公顷,被占用土地中已有 47%的废弃地恢复了生态环境。据粗略估计,1993 年底我国尾砂累积堆放直接破坏和占用的土地达 170～230 万 hm^2,而且以每年 2～3 万 hm^2 的速度增加。1957—1990 年,我国因矿山占地而损失的耕地,占到全国总耕地损失的 49%。我国重点非金属金属矿山,大部分是露天开采,每年剥离岩土约 214 亿 t,露天矿坑及排土场侵占大量土地。

（二）水资源的浪费与破坏

在矿产资源开发过程中，深部矿层的大规模开采，降低了地下水的调蓄能力，改变了地下水的补给、径流和排泄条件。长期疏干地下水，导致矿区及相邻区地下水水位大幅度下降。矿区周围均形成以矿井为中心的大面积的疏干漏斗区，导致采矿影响范围内的浅层地下水枯竭、泉水断流、供水井报废等问题发生；矿山的不合理开发，特别是受矿区塌陷、裂缝对地下水含水系统的影响与破坏，矿区的地下水水位持续下降，地下水水源地供水水量减少、泉水流量减少甚至断流，较大程度地影响着人们的正常生活和工农业生产。

矿业活动对水资源的破坏包括水资源浪费、区域水均衡破坏、水环境变化等。地下开采对水资源、水环境影响最大，矿山在建设、采矿过程中的强制性抽排地下水，以及采空区上部塌陷开裂使地下水、地表水渗漏，严重破坏了水资源的均衡和补径排条件，导致矿区及周围地下水位下降、泉流量下降甚至干枯，地表水流量减少或断流。在某些地方地下水下降数十米甚至上百米，形成了大面积疏干漏斗，造成泉水干枯、水资源枯竭以及污水入渗等，破坏了矿区的生态平衡。引起矿区水源破坏、供水紧张、植被枯死和灌溉困难等一系列生态环境问题。

1. 地下水疏干

许多矿山的地质条件和水文地质条件极为复杂，矿床开采时必须进行疏干排水，甚至要强排水。由于疏干排水，形成大面积降水漏斗，导致水均衡遭受破坏，造成地下水位下降、泉水断流、地表水量锐减。浅层地下水长期得不到补充恢复，影响地表植被生长，土地沙化和水土流失严重，最终导致水资源枯竭，生态环境遭到严重破坏。

首先，地下水疏干会导致矿井突水事故不断发生。我国许多非金属矿床的下伏地层为含水丰富的石灰岩，这些矿床随着开采的延深，地下水经深降强排，产生了巨大的水头差，在一些构造破碎带和隔水薄层的地段易发生突水事收，严重地威胁着职工的安全。其次，由于疏干排水，在许多岩溶充水矿区，引起地面塌陷，严重影响地面建筑、交通运输以及农田耕作与灌溉。

在我国沿海地区的有些矿区，因疏干排水形成海水入侵，破坏了当地淡水资源，影响了植物生长。某些矿山由于排水，疏干了附近的地表水，浅层地下水长期得不到补充恢复，影响植物生长；有的矿区甚至出现土地石化和沙漠化现象，生态环境遭到破坏，因采矿造成缺水的地区也在不断地增加。

2. 区域水文地质条件的破坏

矿业开发过程中，为降低矿区地下水水位而采取的矿坑疏干地下水，采空区上覆岩石土体裂隙带、地面裂缝、塌陷使地下水、地表水下渗漏失等，破坏了地下水含水系统，改变了地下水的径流排泄方式，使矿区地下水系统的均衡受到严重影响与破坏，其危害是多方面的。由于矿井疏干排水，导致大面积区域性地下水位下降，造成大面积疏干漏斗、泉水干枯、水资源逐步枯竭、河水断流、地表水入渗或经塌陷灌入地下，造成了矿山水资源的浪费与破坏。

3. 水资源量减少

在地下水较丰富的地区开矿一般都要强制降抽排地下水保证采矿安全，抽排的地下水除少量综合利用外，其余就地排放，造成地下水资源的大量浪费。有资料显示，全国矿山矿坑水年产出量 42.9 亿 m^3，年排放量 36.8 亿 m^3。

另外，采矿活动与水密不可分，很多矿产都地下开采，免不了与地下水发生关系，甚至有些矿产直接就是利用水采工艺（如岩盐矿），另外还有很多其他矿选矿洗矿所需的水量也很大，抽取地下水以及废水的排放会对地下水会产生强烈的扰动，造成水资源的浪费，同时还会对水体造成污染。

（三）景观资源破坏

矿山开采还极易破坏长期形成的自然景观，造成美学方面的破坏。景观影响是指矿业活动导致的地表自然景观改变并对人们造成视觉污染。其影响程度主要从对自然景观的破坏程度和景观破坏区所处位置来确定。

矿产开发可能破坏的景观资源包括矿区附近的公路、铁路、厂矿（不包括采矿运输用公路、铁路和附属建筑本身）、桥、河、水库（坝）、河道、城镇、居民聚居地、名胜古迹、地质遗迹、自然保护区（含地质公园、风景名胜区等）、重要建设工程、设施和自然保护区等。例如，矿产的露天开采会破坏许多景观资源、地质遗迹等，尤其是沿路开采的许多小的建材矿山，对景观资源破坏非常严重；地下开采而引起的地面沉降等不但破坏了土地资源，而且还破坏了大量建筑和道路等基础设施，在平原地区尤为严重。有些矿区位于名胜古迹之下，地下的开采沉陷也会直接或间接威胁着名胜古迹。

第四章　青藏高原地质环境类型的区划

青藏高原幅员辽阔，气候恶劣多变，地貌类型众多，水系湖泊星罗棋布，植被覆盖稀少，且地质结构复杂，地壳运动频繁剧烈，这导致每个次级区域的地质环境特点迥异，差别极大。一般情况下，不同保护目标的区域对地质环境承载力的要求是不一样的，即不同的目标有不同的阈值。随着研究的深入，不论是调查还是评价，已经意识到将青藏高原只划分为两个区远满足不了现实的需求，这也与实际情况不符，精度不够。为了更好地突出针对性和代表性，应该根据地质环境背景多样、生态环境多样、保护对象及要求不同划分更细的区。

第一节　区划的准备工作

一、区划思路

地质环境受地形地貌、气候、水文、岩性和地质构造等自然地质地理条件和人类活动的控制和影响。就小比例尺图件的一级分区来说，区域自然地质地理条件是决定地质环境发展、变化的主要因素。人类活动的强度与广度总是在一定的地质环境区域内发展的。人类认识自然、认识环境，一方面是通过直接的方式，另一方面(或许是更深刻的一方面)则是通过反馈系统。人类活动的干扰作用于不同的地质环境，会表现出不同程度和不同形式的反应。所以第一级分区就是划分出不同的地质环境。自然地质地理条件是一级分区的主要依据。大地貌单元是一级分区的主要指标。

根据早期的认识和大致的区划结果——青藏高原可划分为东南部的地质环境敏感区和西北部的生态环境脆弱区两大地质环境类型区，再结合最新的资料，通过查阅文献、国内外调研和实地的野外调研，同时考虑地质环境对矿产资源开发响应方式的空间差异，对其进行全面细化，主要有两种思路：

(1)按功能，以问题为导向进行区划，即把青藏高原按不同的地质环境功能区进行拆分。

(2)分地区，以地域为导向进行区划，即把地质环境背景相似的一片区域连接起来对青藏高原进行切分。

二、区划步骤

(一)资料更新

在前人研究的和已有资料的基础上，继续收集、整理、分析与更新青藏高原地形、地貌、气候、水文(冰川)、地质、植被、土壤(冻土)、社会、经济以及各种地质环境问题、生态环境问题和矿产资源开发方面的资料，为地质环境类型区细化工作提供信息保障。

（二）综合分析

在资料全面收集到位的基础上，针对研究任务和目标，开展地质环境类型区细化的属性解剖和内容分析：

（1）分析地质环境类型区细化工作的必要性、目的和意义。

（2）明确地质环境类型区细化的工作对象和范围。

（3）考虑地质环境类型区细化研究最终成果表达内容和形式。

（4）分析各个地质环境类型区的生态功能及其特点。

（5）分析各个地质环境类型区环境系统运行的机理。

（6）通过矿产资源开发与地质环境间相互作用的机制研究，提出分区的依据并进行细化分区。

（三）野外调研

在野外调查工作的基础上，进一步遴选具有针对性、典型性和代表性的区域开展野外调研工作，调查区域地质环境背景、生态环境状况和矿山地质环境问题等，为地质环境类型区的细化工作提供一手的直观数据资料和真实的对比验证信息。

（四）遥感解译

开展更多区域、更大范围内的遥感调查和解译工作，与野外调研工作结合、互补。遥感调查和解译的主要内容为土地利用类型、地形地貌类型、植被覆盖度、生态环境问题发育和冰川水系分布等。运用遥感手段可以克服野外调研工作范围小、路线单一、视角局促的弊端，为地质环境类型区细化工作提供技术保障。

（五）动态监测

对已调查和已选定的工作区要进行长期的动态监测，监测对象包括栖息动物、植被、土壤、地表水、地下水以及各种生态环境问题（湿地/草场/森林退化、水土流失、荒漠化、盐渍化）和地质灾害（崩塌、滑坡、泥石流、地面塌陷、地裂缝）等。监测工作的持续开展将为地质环境类型区划工作的不断调整和优化提供依据。

（六）专家咨询

邀请和组织国内外生态环境、矿山地质环境、矿产资源规划方面的专家，以及了解实际情况的当地政府管理者及群众对青藏高原地质环境类型区划的工作进行研讨，广泛听取和吸收学术界、决策部门及人民大众的意见和建议。

（七）细化分区

在完成上述所有工作的基础上，结合最新的资料和认识，通过查阅文献、野外调研、遥感解译、动态监测及专家咨询，同时考虑地质环境对矿产资源开发的响应方式的空间差异，将青藏高原已经划分好的“东南部地质环境敏感区和西北部生态环境脆弱区”全面细化（图 4-1）。

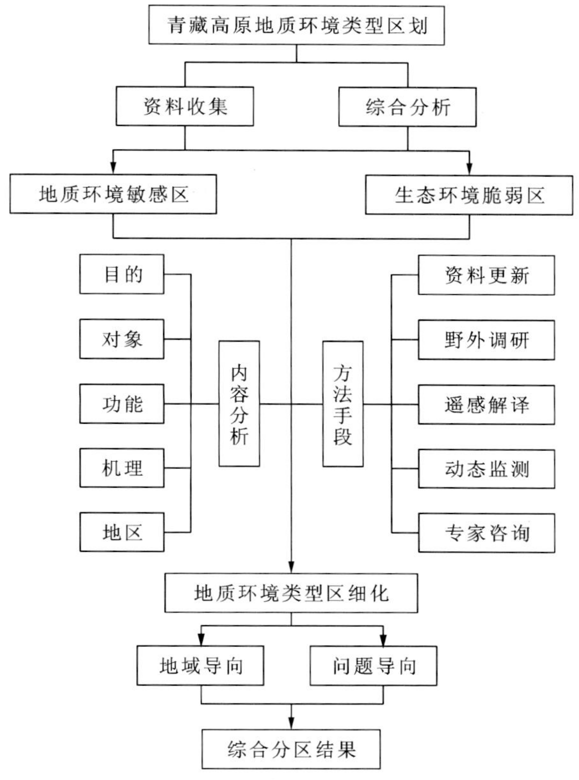

图 4-1　地质环境类型区细化技术路线图

三、区划原则

（一）自然地质条件与人类活动因素相结合的原则

地质环境是相对于人类而言的地质空间，是人类活动作用的重要客体。同一种地质环境对不同形式的人类活动的反应不同，所以在考虑自然地质条件，研究组成地质环境的各种主要组分特征的同时，必然考虑各种人类活动因素，研究其对地质环境的影响。

（二）综合因素与主导因素相结合的原则

由于组成地质环境的有利因素和不利因素很多，同时又要考虑人类活动因素，因此，必须在综合分析各要素后，抓住突出的主要矛盾加以概括。

（三）重视与地质环境问题有关要素的原则

与地质环境问题发生发展关系最密切的因素是地貌、岩性、构造、气候和人类活动，所以，分区时应以地貌、岩性、构造、气候和人类活动等的地区差异为主要分区依据。

（四）相似性与差异性的原则

按照不同级别的区域，从地质环境、人类活动和环境地质问题 3 个方面，概括地质环境单元的相似性和差异性。

（五）动态原则

地质环境是一个动态系统，特别是在人类活动因素的影响下，有时变化十分强烈和迅速。由于分区目的之一是为国民经济建设服务，所以表现未来可能的状况意义更大。因此，分区应具有一定的预测性。

第二节　区划结果

上文介绍了地质环境分区的 5 个基本原则，基本原则充分考虑了把“地域导向”与“问题导向”相结合，考虑其相关性。最终把地质环境背景相似、矿山地质环境问题相近的一片区域连接起来对青藏高原进行切分。

整合提炼已收集的青藏高原地质环境区域资料，典型矿区有关地质环境评价、报告等资料，以及相关研究文献，按基本原则，最终将青藏高原分为 8 个地质环境类型区——祁连山地区、三江源地区、羌塘高原、青海湖、可可西里、河湟谷地、藏南河谷、雅鲁藏布江地区（图 4-2）。

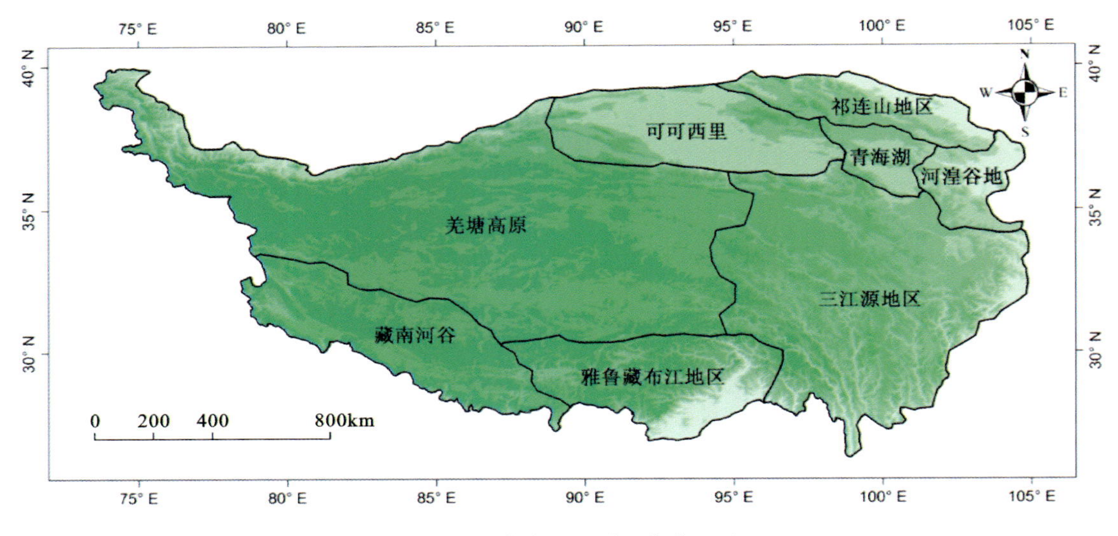

图 4-2　青藏高原地质环境分区图

一、祁连山地区

（一）区位

祁连山位于青藏高原东北部边缘，甘肃境内祁连山区域很大，东西长 800km，南北宽 200～400km，海拔 4000～6000m，为河西走廊地区人民的生活、畜牧业、农业以及工业等的发展提供了丰富的水源，可以说是西北甚至是全国重要的生态安全屏障。规划区主要以发源于祁连山地的各条河流的源头区、集流区为主要保护治理区域，南以甘青两省界为界，最南端为天祝县东坪乡；北以河西走廊区南界为界，最北端为肃北县与瓜州县交界；西以当金山口为界；东止于古浪县与景泰县交界处。其范围包括：苏干湖水系的大、小哈尔腾河源头区和集流区，疏勒河水系的 7 条河流源头区和集流区，黑河水系的 32 条河流源头区和集流区、石羊河水系的19条河流源头区和集流区以及黄河流域大通河、庄浪河集流区。

(二)祁连山地区的特点

一是生态类型的多样性，祁连山具有丰富多样的生态类型，包括冰川、草原、森林以及湿地等，此外，还有各种珍贵的动物、植物；二是水源的广泛性，祁连山山地广、水量多，涵养水源作用明显，孕育了黑河、托勒河以及大通河三大内陆河33条大小支流，为甘肃河西地区以及内蒙古西部的生产与生活贡献出了丰富的水源。

(三)主要生态环境问题

冰川退缩、储量减少、雪线上升；森林健康状况不良，生物多样性受到威胁，水源涵养能力下降；草地退化现象严重，生产能力下降；水资源总量不足，供需矛盾突出。

据调查，祁连山森林分布下限由1950年的1900m上升到目前的2300m；乔木林年平均生长率仅为2.87%，低于全国林木平均生长率3.98%的水平。由于全球气候变暖影响及历史战乱和垦荒、滥伐、滥牧等人为干扰，较之历史上森林茂密、水草肥美的祁连山看来，祁连山北坡森林资源面积减少了很多，现存林分处于林片破碎、林分稳定性差、生长缓慢的状态，森林面积变化处于长期剧减短期增加的状态。同时，由于20世纪80年代以来的绝对禁伐保护，部分云杉纯林缺乏森林健康抚育，林分密度大，林内灾害木累计达6万m^3，导致林内卫生状况恶化，森林火险等级高，可燃度大，生物多样性受到威胁。另一方面，在规划区森林面积中灌木林占比近75%，主要分布在乔木林外围农牧区，由于长期受到走廊区干旱气候的影响和农牧活动的侵扰，破坏和严重退化现象并存，这种状况将大大地影响祁连山林草植被涵蓄水资源的能力，最终降低其水源涵养功能的发挥。

由于祁连山区人口规模的不断增加，加剧了对自然资源的依赖和利用程度，养殖规模无序扩大，生产方式简单粗放，导致草地生态严重退化。据调查，本区退化草地面积达374.75万hm^2，占草地总面积的76.97%。其中轻度退化草地面积105.16万hm^2，占退化草地面积的28.06%；中度退化草地面积126.86万hm^2，占退化草地面积的33.85%；重度退化草地面积142.73万hm^2，占退化草地面积的38.09%。另据统计分析，与1950年相比，祁连山草地的牧草产量下降了30.4%，牧草盖度下降了11.11%，牧草高度下降41.09%，畜均草地占有量由50年代的2.25hm^2减少到现在的0.6hm^2。

(四)主要矿业活动

中国西部甘肃省河西走廊长千余千米，它的北侧是龙首山、合黎山，南侧是祁连山。这些北西-南东向展布的巨型山系内产有众多著名的大型—超大型矿床，如金川铜镍钴铂矿床、镜铁山铁铜矿床、白银厂铜矿床、小铁山铅锌矿床、塔尔沟钨矿床、小柳沟钨矿床、寒山金矿床等。这些矿山的勘查和开发，在国家经济建设中曾发挥过极其重要的作用。位于龙首山陆缘带中东段的金川铜镍矿床，地表仅1.34km^2，却赋存有近千万吨的镍和铜。本区已发现矿产地200余处，其中主要有镜铁山大型铁矿床，已进行大规模开发利用；有著名的大道尔基铬铁矿床、塔儿沟大型钨矿床和新发现的小柳沟大型钨钼矿床；铜矿众多，主要矿区为石居里、错沟、九个泉、天鹿铜矿等；铅锌矿主要有大东沟铅锌矿、掉石沟铅锌矿和吊达坂铅锌矿，其中吊达坂铅锌矿已经开采；金矿取得重要发现，代表矿床有寒山、鹰咀山、黑刺沟等金矿床，都已进行开发。

(五)矿业活动引发的地质环境问题

水土流失和土地沙漠化。青海省祁连山地区位于祁连山南麓，境内山脉高耸，地形多样，河流纵横，蕴藏着丰富的矿产资源，矿业生产已逐步成为青海省祁连山地区的重要产业，在20世纪八九十年代由于忽视了矿山地质环境保护，加之矿区多位于生态脆弱区，在不规范和不依法的采矿活动下，破坏了当地的生态环境，造成水源及土壤的污染，破坏了自然景观和植被。矿产资源主要有金属矿产、石棉矿及煤矿等，早期不完善的矿产资源管理制度及开采方式的影响，矿山开采一直受粗放式管理，地质环境破坏严重，矿区多处于高寒高海拔地区，矿产开发破坏了珍贵的草地资源，加剧了水土流失和土地沙漠化，引发了地面塌陷、地裂缝、泥石流、滑坡等次生地质灾害，对大气、水资源等环境破坏亦严重。

青海祁连山地区地处青藏高原边缘，其生态随青藏高原的形成而逐渐演变而成，大的趋势是生态环境受气候影响在不断退化，人类工程经济活动在短时间对其起到了加剧作用。这里的生态环境十分脆弱，一旦破坏，就很难自身恢复，并以破坏点段为中心迅速向四周漫延，所以必须要人为地进行科学治理，才能恢复其生态环境和生态功能。

祁连山地区分布着众多的砂金矿区，砂金矿自开采以来，基本吞噬整个沟谷谷底面积的65%～75%。由于矿区长期以来历经民间的群采群挖，致使砂金开采中大量废石压占草场，由于当时的采金技术及管理落后，砂金开采造成河谷的植被随地表黏土层和含金砂砾亚黏土被刮去1m余厚，排放的废石弃土堆随意堆弃在河谷底部。矿区多位于高寒高海拔地区，植被生态系统极其脆弱，在强烈的采金破坏干扰下，矿区河谷草场已退化到极限状态，超越了生态系统自身修复的能力范围，加之大面积大规模的破坏后，缺乏自身修复必要的植被物种，对生态环境破坏严重。

祁连山地区煤矿水土污染源主要是煤矸石淋滤水、矿井水及选煤水。一般煤矸石中含有较多有害化学组分，在雨季，矸石堆受降雨淋滤，其中的有毒、有害组分会被大气降水带出，迁移到附近水体和土壤中，造成水土环境的污染，而且煤矸石中含有一定的可燃物，在适宜的条件下发生自燃，排放二氧化硫、氮氧化物、碳氧化物和烟尘等有害气体污染大气环境，影响矿区周围居民的身体健康。祁连县的默勒煤矿经过多年开采，地形地貌破坏殆尽，煤矸石流出的污水，也对当地地表及地下水造成了污染，影响着当地居民及牲畜的饮水安全，扬尘成为当地空气污染的主要源头。祁连山地区矿山多位于干旱、半干旱区，水资源较匮乏，矿井毫无节制的排水不仅大大破坏了地下水资源，而且还导致地面塌陷、地下水资源流失、水质恶化。矿井水多属于酸性水，未加处理直接排放，加剧了干旱地区矿山用水危机，矿井水直接排放会破坏河流水生生物的生存环境，抑制矿区植被生长，对矿区的水土环境破坏严重。

矿区在河漫滩采金，破坏了河流堤岸的原始结构，使河岸坍塌、河流改道，导致河流区段性弯曲和位移，侵占了原有的草场。在河道不合理的采金及堆弃废石，造成汛期河床不畅、洪水漫溢，冲溃植被，废弃渣严重堵塞河道，加剧着矿区土壤的侵蚀，同时加大引发地质灾害发生的可能性。十余年的砂金开采，使矿山自然环境面貌全非，呈一片破落荒芜景象，与周围的绿色景观迥然不同。

煤矿的地下开采多形成地面塌陷、地裂缝，造成土地资源破坏、建筑物裂缝、公路塌陷等危害。在干旱地区由于地表水系受到破坏，导致矿区生产、生活用水困难。地面塌陷及地裂缝在大型地下开采的煤矿区最为普遍，灾害也最为严重。如祁连县的默勒煤矿，地面塌陷造成房屋变形开裂始于1998年春季，地面破坏方式也由初期的持续破裂演变为持续破裂伴突发塌陷。目前地面塌陷的范围北起盘大公路、南至旧镇政府以南200m处、西起旧镇政府西侧定居点、东至煤窑沟的约115km^{2}范围内，形成了约0.19km^{2}的地面塌陷区。截至2008年，旧默勒镇居民区房屋出现变形和裂缝的占总建筑面积的80%。目前，在镇政府的周围方圆115km^{2}的范围内分布有众多塌陷坑，以椭圆形、圆形为主，也有呈现中长条状或不规则状，塌陷坑的外围形成许多间距在5～10m的地裂缝，走向近东西或近南北向。默勒镇现已搬迁至新址，旧址仍有大量居民，面临着房屋开裂及地质灾害的威胁。刚察县曲古沟矿区开采引起的地面台阶状塌陷盆地和移动盆地较为明显，现已形成的地面塌陷长225m，宽55m，中心深约2.7m，并在塌陷盆地围壁发育有2级参差不齐的台阶陡坎，塌陷盆地外侧为移动盆地。加之矿区处于岛状多年冻土的融区，分布着季节性冻土，其最大冻结深度2.4m，井口建筑房屋、工业广场及道路均遭受季节性冻土的冻胀沉陷灾害，表现形式为墙体开裂、井架歪斜和道路翻浆等，而露天采坑边坡在冻融作用下多产生滑塌，对当地居民的生活影响很大。

祁连山所在的大通河流域及黑河流域水电站较多，由于砂金开采，洪水期水土流失加剧，河水携裹着泥沙顺流而下，致使大通河及黑河流域运营中的水电站库区内泥沙淤积，有效库容不断减少，运营年限缩短。

二、三江源地区

（一）区位

三江源地区是我国长江、黄河和国际河流澜沧江—湄公河发源地，位于青海省南部，地理位置介于东经89°24′—102°23′、北纬31°39′—36°16′，海拔3450～6621m。它位于青海省南部，行政区域包括玉树藏族自治州、果洛藏族自治州、海南藏族自治州和黄南藏族自治州的16个县和格尔木市的唐古拉乡，总面积为3.5×10^5 km²，占青海省总面积的42.0%。该地区是青藏高原的腹地和主体，以山地为主，峰岭绵连，到处是峡谷冰川，河流遍地，湖泊密布，沼泽众多，海拔在3335～6564m之间。区域内的主要山脉有唐古拉山、巴颜喀拉山、昆仑山及其支脉阿尼玛卿山等。该地区气候属典型的青藏高原大陆性气候，寒冷、日夜温差大、空气稀薄。

（二）主要生态环境问题

三江源地区是大批珍稀野生动物的栖息地，也是我国江河中下游和周边地区生态环境安全和区域可持续发展的生态屏障。其自然环境严酷，生态系统非常脆弱、敏感，一旦破坏很难恢复。草场退化、鼠害肆虐，畜牧业水平降低；水土流失、土地沙化、荒漠化面积逐年增多；冰川退缩、湖泊萎缩、地下水位下降、湿地退化，自然灾害逐年增多；生态系统由于过度放牧产生恶性循环。

三江源地区自然条件恶劣，生态环境脆弱。近年来，由于超载放牧、乱采滥挖等人类不合理活动的影响，三江源地区荒漠化、水土流失、鼠害面积不断扩大，生态环境日益恶化。目前区内的草地出现了不同程度的退化，中度退化的草场面积多达1.87亿亩（1亩＝0.0667hm²），占可利用草地面积的58%。中度以上水土流失面积9.62万km²，占土地总面积的26.5%。三江源地区冰川退缩、湖泊和湿地萎缩、地下水位下降等现象不断加重，源头产水量逐年减少，原始粗放的牧业生产方式与草地、水等资源环境的关系不断恶化，人地关系矛盾日益突出。三江源国家级自然保护区总面积约23万km²，总人口20万人左右，是我国面积最大的国家级自然保护区，占三江源地区总面积的4.2%，青海省土地总面积的21%。三江源自然保护区核心区面积312.18km²，占自然保护区总面积的20.5%，涉及人口4万多人，禁止一切开发利用活动；缓冲区面积39 242km²，占自然保护区总面积的25.8%，涉及人口5万多人，生产方式以限牧-轮牧为主；实验区面积81.882km²，占自然保护区总面积的53.7%，涉及人口12万多人，允许适度发展生态旅游等特色产业。

1. 湿地退化

在三江源地区，湿地的总面积为24 136km²；很健康的湿地几乎都位于东部和中部，其面积为3602km²，占湿地总面积的14.92%；健康的湿地多位于中西部，其面积为90.43km²，占湿地总面积的37.47%；亚健康的湿地多位于中东部，其面积为5930km²，占湿地总面积的24.57%；不健康和病态的湿地主要分布在西北部的治多县、曲麻莱县和唐古拉乡境内，其面积分别为4817km²和744km²，分别占湿地总面积的19.96%和3.08%，这与该区域受人类扰动较大、生态系统较脆弱和土地退化较严重有关，人类不合理的生产活动如超载放牧、疏干沼泽等破坏了湿地生态系统，导致湿地退化、水土流失和荒漠化程度严重，区域生态环境脆弱性较高，土壤冻融侵蚀剧烈，青藏铁路开通也对环境污染带来压力，使得该区域的湿地处于不健康和病态状态。另外，该区域降水相对变率波动较大，在少雨期，湿地的水源补给减少，导致地表径流量减少和地下水位下降，也使该区域的湿地生态系统更加脆弱。

2. 水土流失

据玉树州水土保持站提供的资料显示，玉树州水土流失的面积已达到 $1711hm^2$，占土地面积的64%，其中，长江流域侵蚀面积 $1001hm^2$，黄河流域水土流失面积 $195hm^2$，澜沧江流域 $277hm^2$。每年输入长江泥沙量约 950 万 t(直门达水温站测定)，输入黄河和澜沧江的泥沙量分别为 325 万 t 和 175 万 t，全州每年新增水土流失面积 $640hm^2$，土地侵蚀呈加剧趋势。另外，20 世纪 80 年代以后不规范的淘金、采药、挖沙以及对原始植被的滥伐滥垦，使本来就十分脆弱的生态环境日益恶化。如曲麻莱县就有 $33hm^2$ 的草场被开挖，草地严重沙化，随着人口的不断增加和社会经济的不断发展，各种基本建设项目逐渐增多，修建公路、水利水电工程和开发矿产资源等人为活动，也不同程度地破坏了部分优良草场和天然植被，造成了新的人为水土流失。

3. 草场退化、荒漠化严重

草场退化的主要成因有 3 个方面。一是自然因素，如气候干旱，降水减少，风沙侵蚀，草场生产力下降，草场植被结构发生变化，环境恶化等。牧草生长的好坏，主要受天气气候的影响，三江源地区低温、寒冷、干旱等气象灾害频繁发生，特别是干旱使牧草的生长受阻，严重时植株大部分青干，几乎无种子成熟现象。若灾害持续发生两年以上，其再生能力就会大幅度下降。二是草原鼠害不仅啃食牧草根茎叶花果，还到处打洞造穴，破坏植被。一组数字反映，全州鼠害面积 259.28 万 hm^2，占可利用草场面积的19.34%。据玉树州农牧局统计，全州因各种原因引起的草场退化面积呈上升趋势。三是受利益驱动引起的人为因素，如过度放牧，草场负载；无序开垦采挖，破坏草原植被，坡地灌木；河床采沙、采金，引发水土流失，河流改道。

(三)主要矿业活动

三江源砂金已采区分布于巴颜喀拉山、扎陵湖鄂陵湖等地区。通过覆坑平整、覆土、多草种混播、网围封育等措施，消除治理区内地质灾害隐患，遏制土地沙漠化进程，减少水土流失，人工重建草场牧草盖度较高，矿区生态系统基本得以恢复。矿山治理区主要分布在玉树、果洛、海北、海西、黄南州。矿山类型主要有砂金矿、煤矿、砂石黏土矿等。

近 4 年来，青海省共投资 1 亿元对矿山地质环境进行恢复治理，目前三江源等地区有 34 个矿区的地质环境得到有效治理和恢复。青海省于 2004 年开始实施以三江源地区为主的矿坑治理工作。国家投资 1 亿元先后对班玛县多卡吉卡金矿、红金台金矿，称多县扎朵金矿，曲麻莱县布曲金矿、德曲金矿等 34 个矿区的地质环境进行治理恢复。

三、羌塘高原

(一)区位

羌塘地区面积大于 $4\times10^5 km^2$，平均海拔高度大于 4800m，N34°以北是无人区，自然环境极端恶劣。是青藏高原地势最高、面积最大的高寒高原，平均海拔超过 5000m，气候干旱，降雨稀少，蒸发强烈，广泛的冰川是河水的重要来源。星罗棋布的大小湖泊不仅湿润着整个羌塘高原，它们也是羌塘最美丽的一道风景线。羌塘湖泊的面积总合超过25 000km²，是中国湖泊总面积的25%。这里是世界上湖泊数量最多、湖面最高的高原湖区。据统计，羌塘境内有近500个面积超过1km²的湖泊和300多个面积超过5km²的湖泊，其中比较大的湖泊有纳木错(1920km²)、色林错(1640km²)、扎日南木错(1023km²)等，这些湖的湖面均超过1000km²。

(二)主要生态环境问题

全新世以来气候干旱化，湖泊退缩现象十分明显。湖盆周围湖成平原广布，山麓堆积发达。湖泊大多为咸水湖和盐湖，淡水湖极少。南部多碳酸盐型咸水湖，往北盐化过程强烈，以硫酸盐型盐湖占优势。许多高原湖泊盛产食盐，并有硼砂、钾盐和许多稀有元素，有待进一步开发利用。

羌塘高原是世界上海拔最高的内流区，流域集水面积小，大部分地区地表径流匮乏，河网稀疏，且多季节性河流。高原上湖泊星罗棋布，是著名的高海拔湖群区。羌塘高原河流稀少，多为时令性河流，并均流入湖泊或消失在干涸的湖盆中。较大的常流河多集中在降水稍多、冰雪融水补给较丰的南部地区，如扎加藏布、波仓藏布、措勤藏布等，在夏季的流量均不超过60m³/s。故羌塘高原地表径流少，淡水资源匮乏。一些靠泉水补给的小溪为过往旅客与牧民的重要饮用水源，但在严寒的冬季经常冻结成冰，宛若冰川，为当地特殊景观之一。羌塘已经建立了自然保护区，如双湖自然保护区、美马错自然保护区等。

四、青海湖

(一)区位

青海湖地区是指东经99°02′—100°59′、北纬36°16′—37°20′之间的区域，包括海北、海南州的海晏、刚察县和共和县的部分地区。青海湖地区位于青海省东北部黄土高原与西部柴达木盆地之间，东临西宁市，西接柴达木盆地，北依祁连山，南连共和盆地，是我国面积最大的内陆咸水湖泊。青海湖巨大的水体和流域内的天然草场、林地共同构成了阻挡中亚荒漠风沙东侵南移的生态屏障。环湖区同时又是青海省社会经济发展的重点区域、国际重点保护湿地和青海省珍稀鸟类、鱼类和自然景观保护区。但长期以来，由于开垦农田、超载放牧、乱捕滥猎、乱砍滥伐等一系列人类活动，致使青海湖环湖地区的生态严重恶化，不仅严重影响流域的少数民族自治地区经济社会的可持续发展，而且影响青海省东部、黄河上游、河西走廊和柴达木地区的生态环境和经济发展。

湖水微咸带苦，比重低于海水，略高于淡水，含盐量为0.25%，pH值9.2，湖水温度较低。青海湖不仅盛产裸鲤(湟鱼)，而且青海湖鸟岛是我国八大鸟类重点保护区之一。

(二)气候、地理

环湖地区属内陆高原半干旱气候，夏秋季节温凉，冬春季节寒冷。年平均气温在－1.5～1.5℃之间；最高月平均气温16～20℃，极端最高气温26℃；最低月平均气温在－18～23℃之间，极端最低气温－35.8℃。境内多风，夏季以东南风为主，冬春季以西风为主，年平均风速在3.2～4.4m/s之间，瞬时大风速度可达30m/s，常造成灾害。年日照时数2800h，年总辐射量670kJ/cm²。年平均降雨300～400mm，5—9月占全年雨量的90%左右，年蒸发量1440mm左右。环湖区主要土壤类型有高山寒漠土、高山草甸土、高山草原土、灰褐土、黑钙土、栗钙土、沼泽土、风沙土等。环湖区主要植被类型有高寒草甸、高寒草原、高寒流石坡稀疏植被、沙生植被、盐生草甸、寒漠草原和沼泽草原。环湖区野生动物种类繁多，分布广阔，大部分属珍稀物种，主要有野牦牛、野驴、藏羚羊、岩羊、猞猁、狐狸、旱獭、棕熊、黄羊和鹿、麝等。鸟类189种、鱼类8种、两栖爬行动物5种，其中属于国家一、二类保护动物的35种。1994年，青海湖被列入国际重要湿地名录，1997年被国务院批准为国家级自然保护区。环湖周围被四座高山环抱：北面是大通山，东面是日月山，南面是青海南山，西面是橡皮山，流域面积2.966万km^2。环湖三州四县（海西州、海南州、海北州和天骏县、刚察县、海晏县、共和县）是青海省畜牧业发展水平较高的地区之一，也是渔业、旅游业的重要基地。流域内居住着藏、汉、蒙古、回、土、撒拉等10多个民族，约8.6万人，少数民族占主导地位，占总人口的74.9%。

（三）主要生态环境问题

1. 湖水位持续下降/水面萎缩/水质恶化

青海湖的主要补给水源是河水和降水，青海湖共有大小河流70余条，近年来，这些河流流量持续减少，常出现季节性断流。流入青海湖的水量目前每年只有15亿m^3左右，加上降水补给15.57亿m^3，地下水补给4亿m^3，总补给为34.57亿m^3，而湖区风大、蒸发快，每年蒸发量为39.3亿m^3，年均损失4.73亿m^3，严重入不敷出。从1908—2000年的92年间，青海湖水位由3205m下降至3193.3m，共下降了11.7m，平均每年下降12.7cm。同时，耕作灌溉等人为耗水，减少了入湖水量，加之青海湖流域草场超载放牧，草原退化，大面积开垦耕地等不合理的人类经济活动，破坏了青海湖水给养、保水条件，并增加了青海湖的输沙量（平均每年输沙量达987万t），造成湖底淤积，加剧了湖水水位下降的速度。据资料表明，1980年以来，湖面面积缩减了700多平方千米，亏水550多亿立方米。

随着水位的下降、湖面萎缩，湖水的矿化度增加，由1962年的12.49g/L增加到1986年的14.15g/L，有的年份甚至达到了16g/L。碱度比海水还要高，平均pH值已由过去的9.0上升到9.2以上，有的水域高达9.5。青海湖水的盐碱化对水生饵料生物和鱼类的生存及繁衍造成严重威胁。同时，湖水水面下降的直接后果是湖面退缩后湖底泥沙沉积暴露，成为湖区风沙的主要来源。

2. 土地沙漠化日趋严重

由于环湖地区气候干旱、多风以及人为不合理的开垦、过度放牧、樵采等活动，破坏了原有植被覆盖，造成地表裸露，使青海湖流域风沙活动日趋严重，沙漠化土地面积迅速扩大。目前，青海湖流域沙丘和风沙土地面积达765km^2，比1956年扩大了304km^2，且每年以10.12km^2的速度递增，土地沙化趋势非常严重。

3. 草场植被严重退化

由于区域内气候持续旱化，影响了植物的生长发育，使植物变得低矮、稀疏，甚至枯死。自20世纪70年代以来，由于过度放牧等原因，环湖区草地退化现象普遍，载畜量大大降低。湖区周围各类退化草地面积达到65.67万hm^2，占湖区草地总面积的34.90%，其中，中度退化草地43.25万hm^2，重度退化13.44万hm^2，极重度退化8.98万hm^2，平均年产草量减少6亿多千克。同时，灌丛植被也由于人为掠夺樵采，几近消亡。

4. 鸟岛生态环境遭到破坏

鸟岛曾因栖居着数以万计的鸟类而闻名天下，每年4—9月，鸟群由印度、孟加拉湾归来繁殖。但近年来由于布哈河输沙和风沙堆积等自然因素，鸟岛连陆、萎缩。鸟岛周围约8000hm^2草地，以角乌曲为中心的沙化地带呈扇形向四周推进，平均流沙厚度14cm，部分地区形成小型的新月形沙丘，厚度大都超过60cm，促使鸟岛连陆，加速了当地生态环境的变迁，导致候鸟迁徙，数量日益减少。据最近调查，来鸟岛筑巢繁殖的鸟类仅有3种，鱼鸥已经迁徙到湖东北人为干扰较小的沙岛栖息，举世闻名的青海湖鸟岛也面临着全面沙化的威胁。

5. 生物多样性减少

受区域生态环境退化影响，青海湖区生物多样性遭受严重破坏。目前野生植物资源有15%～20%濒临灭绝，高出全国平均水平5个百分点。普氏原羚是我国特有的珍稀物种，数量不足三百只，比大熊猫还要稀少，仅生存于青海湖流域。藏原羚、野牦牛以及鹰雕等动物，几经捕猎或草原灭鼠引发的二次中毒而大量死亡。青海湖盛产青海湖裸鲤，从20世纪50年代以来的无序滥捕，致使青海湖裸鲤资源锐减，可捕量下降，鱼体变小、性早熟、产卵量减少。目前青海湖湟鱼资源总量已下降到7500t左右，是40年前的10%。溯河产卵的亲鱼数量已不足60年代的5%，资源再生能力下降为1%，已经到了最低临界点。鸟岛已成为半岛，致使鸟类大量迁徙，数十万只鸟儿云集此地的壮观景象已不复存在，鸟岛连陆萎缩也使大量的鸟类迁徙。珍贵稀有的冬虫夏草、雪莲、红景天、藏茵陈等14类高原独有的珍稀植物被疯狂采挖，生物资源濒临灭绝。

6. 水土流失严重

由于超载放牧、人为破坏、干旱缺水等方面的原因，水土流失日益严重。目前，该区水土流失面积已超过全区土地总面积的15%，且呈加剧趋势。河流泥沙含量增加，布哈河的泥沙含量高达7.57kg/m^3，内陆河每年流入青海湖的沙量达987万t。同时，狂风沙暴时常发生，加速流动沙丘迁移，经常掩埋居民房屋，造成牲畜死亡。沙株玉乡卡力岗村百余户人家，近40年内被迫搬迁3次，1999年2月铁盖乡连续3次遭受强沙尘暴的袭击，造成3个村庄40余间牧民定居房被掩埋，500多头(只)牲畜在饥寒交迫中毙命于狂风沙暴之中。

7. 洪水、泥石流危害日趋严重

由于湖区周围山丘上的植被越来越稀，土壤裸露失去蓄水能力，一遇骤雨就形成山洪，威胁人畜的安全。环青海湖地区生态环境的恶化极其严重，急需引起全社会的重视。种种迹象表明，环青海湖地区生态恶化的主要原因是人为因素，气候变化固然重要，但相对缓慢。应该正视这一现实，遵循自然规律和经济规律，综合治理环青海湖地区的生态环境问题。

8. 湿地面积逐渐减少

青海湖区的湿地主要分布于湖滨三角洲及河流两侧的低洼带，面积较大的有卜加湾、甘子河、泉吉河等地。50年前有60多处、1200多平方千米，现仅有20余处、781.41km^2。如1956年沙柳河口的湿地面积有50km^2，至1986年缩至20km^2，年均减少1km^2，目前几乎全部干枯。

9. 沙尘暴灾害加剧

历史上，环湖几大河流域曾是森林茂密、郁郁葱葱的秀美山川，后因气候变化和人类活动，为沙尘暴肆虐提供了条件，使这里的植被覆盖率越来越低，其危害也越来越大。据统计，20世纪60年代湖区沙尘暴天气409次；70年代6级以上大风天气540次，强沙尘暴天气164次；80年代后其次数和强度逐年增加，受损加重。逐年堆积的风沙已对青藏铁路和刚察、海晏、湟源等县城构成威胁。

10. 水土污染

青海湖地区是以青海湖为中心的高寒草甸和草原生态系统。无论是系统的稳定性及可调节功能方面均较脆弱。其污染物来源有工矿企业、公共生活设施、城镇生活等废弃物及农牧业中使用的农药等。

据不完全统计，全区约有19家排放污染物的工矿企业，排放的污染物种类有污水、废气、废渣等。据不完全统计，年平均工业废水的排放量为1.12万t，加上医院排放的污水，总计年污水排放量达19.2万t。工业污染物排放多数未经任何处理。吉尔孟河、哈尔盖河、沙柳河等已受到轻微污染。就总体而言，河流污染物含量虽未超过标准，但对环境有潜在的威胁。

五、可可西里

青海省可可西里地区位于北纬33°20′—36°36′、东经89°30′—94°00′的青藏高原腹地。包括昆仑山以南，唐古拉山以北，青藏高原以西的青海西南部以可可西里山为主体的广大地区。

可可西里自然保护区承担着保护藏羚羊等珍稀濒危物种及其生存环境的重任，而广泛受到国内外的关注。可可西里保护区有着丰富的自然资源，但同时其高原生态环境也十分脆弱，一旦破坏便难以恢复。

在可可西里东部发现五道梁活动断裂，厘定出可可西里东部活动走滑裂系。这些断裂带将诱发地灾。

六、河湟谷地

（一）区位

河湟谷地指青藏高原大阪山与积石山之间，黄河与黄水流域肥沃的三角地带。

（二）主要生态环境问题

1. 水土流失

流域内人口密度过大，集中了青海省3/4的人口，开发加快，致使这条河的水量和水质每况愈下，开发利用率已达70%，大大超过国际40%的极限，水资源形势令人堪忧。生态环境持续恶化、水土流失、干旱沙化、湿地萎缩日益突出，森林植被覆盖率越来越低，整体退化的状况短期内难以改变，乱挖滥采愈演愈烈，珍稀动植物濒临灭绝。加之气候严寒干旱，致使水土流失面积达2万km^2，严重的水土流失已对当地经济发展造成危害。

2. 洪涝灾害

昆仑山东段、祁连地区以及噶喇昆仑山西段和高原东南边缘部分地区历史危险性指数最高，藏南谷底次之；藏北高原、川西高原和甘南高原大部分地区历史危险性指数最低。潜在危险性高的地区主要集中在祁连地区、甘南高原、河湟谷地、川西高原以及西藏中部和东南部地区。

3. 水污染加剧

由于体制和观念的束缚，长期造成的水源地不管供水，供水地不管排水，排水地不管治污的现象很难短时期改变，造成“水产为链”脱节，其后果自然是水污染难以遏制，尤其是湟水河的污染近10年来已到了极为严重的程度。

七、藏南河谷

（一）区位

藏南河谷地区位于西藏南部，地处冈底斯山脉和喜马拉雅山脉之间的河谷地带，有藏南谷底之称。

（二）主要生态环境问题

本区位于青藏高原南部，属藏南山地灌丛草原自然地带。本区沙漠化土地主要集中在人类活动频繁的河谷、湖盆和山前平原，总体而言，本区是青藏高原沙漠化程度高，并呈强烈发展态势的地区。

西藏是我国江河堵溃灾害多发区，主要分布在藏东和藏南的高山深谷地区。西藏江河堵溃灾害散见于滑坡、泥石流等山地灾害文献中，仅作为次生灾害有所提及，进一步的系统分析研究不够。

西藏江河堵溃灾害集中分布于藏东、藏南，与这里河谷深切、山高坡陡，新构造运动活跃、地震频繁，第四系冰碛等松散堆积物深厚，海洋性冰川发育、冰湖广布等成灾环境密切相关。

藏东、藏南地壳构造运动强烈，特别是340万年以来的新构造运动十分活跃。来自南部的印度板块以50～64mm/a的速度，向欧亚板块（即青藏高原）推进；同时，在拉萨河、羊八井—那曲一线以东，地块受到15mm/a速度的亚板块推挤作用。这种强大的持续地壳水平运动产生的力偶作用，形成了多组节理。其中一组是平行于河谷方向的卸荷节理，一组是垂直于地层走向的横节理，使坚硬的岩层破裂成豆腐块式的岩块。并在长期持续作用下发展成活动断层。豆腐块式的坡体是深切河谷大规模崩塌、滑坡的地质基础，沿断层破碎带发育的沟谷则是大规模泥石流发育的地质基础。受板块运动推挤，区内新构造运动上升强烈是高山深谷地貌形成的根本原因。

八、雅鲁藏布江地区

（一）区位

上游地区沙漠化土地在南部的马泉河宽谷和北部的冈底斯山山前平原广泛分布。区内以严重和中度沙漠化土地为主，成为沙漠化土地分布集中程度严重的地区。

中游地区范围是：东起藏东南高山峡谷区西部的加查县，西至冈底斯山东部的拉孜、谢通门县，南抵喜马拉雅山北坡的浪卡子县，北达念青唐古拉山南麓的林周县。峡谷发育断裂带，伴有大大小小的地震。洪水是区内主要灾害之一，每年洪水给河流两岸人民的生命和财产造成巨大损失。风沙灾害是本区第二大灾害。中游地区生态环境比较脆弱，存在水蚀、泥石流、滑坡、盐碱化等许多环境问题，但以沙漠化问题最为突出。

雅江中游是西藏自治区重点经济发展区和人口集中的地区，长期以来，由于人类活动频繁，过度的垦殖与樵牧，导致植被稀少，水土流失严重、土地质量下降，土壤沙漠化加剧，生态环境日趋恶化，已严重影响了本区的经济建设和发展。据统计，中游地区23个县现仅有森林面积5.96万 hm^2，灌木林24.49万 hm^2，森林覆盖率只有3.42%。有关资料指出，就生物气候带而言，中游地区山体下部与河谷地带，原有大面积的灌木林分布，但由于长期樵采，植被已退化为盖度很低的灌丛草坡。覆盖度的下降，导致山体物理分化和水土流失加剧，出现大面积的沙化和石砾现象。水土流失面积615万 hm^2，占中游地区土地总面积的69.1%；中度侵蚀258万 hm^2，占中游土地总面积的28.9%。水土流失程度沿雅江而下愈加严重，中游上部的拉孜水文站测定年输沙量 258 万 t，侵蚀模数 $52t/km^2$；中部仁布努各沙水文站年输沙量 1450 万 t，侵蚀模数 $141t/km^2$；下部桑日羊村水文站年输沙量达 1472 万 t，侵蚀模数 $96t/km^2$。造成大量沃土流失、使土地质量下降，直接影响到农业的稳产与高产。经侵蚀搬运的大量泥沙沉积于河谷盆地，在冬春枯水期露出水面，在强劲季风的吹扬下，成了土地沙化和山体沙丘的沙源。

（二）主要生态环境问题

1. 滑坡/错落

区内滑坡/错落主要有两大类，一类为堆积层滑坡/错落，由于河谷下切较快，将堆积层前缘切割，形成高陡临空面，在地下水的长期作用下，产生滑动或错动。另一类为断层破碎带产生的滑坡/错落，由于断裂构造发育，断层破碎带较宽且破碎，存在着各种软弱面，容易产生滑动或错动，在雅鲁藏布江河谷或两侧沟中多形成规模不等的滑坡和错落。线路走廊内的大型及巨型滑坡、错落共计 11 处。除个别滑坡、错落体基本稳定外，大多数稳定性较差。如国道 318 线 K4773＋340～K4773＋700 段在滑坡体前缘以挖方形式通过，引发滑坡复活，多次掩埋公路，现在公路右侧修建有高约 4.0m 的桩板墙。

2. 崩塌/岩堆/落石

区内多为燕山期闪长岩体，岩质坚硬、性脆，受地质构造影响严重，节理、裂隙发育，在地壳整体抬升，河谷强烈下切过程中，一方面由于应力调整，产生松弛，使原有构造节理张开，并产生新的卸荷节理。另一方面由于河流下切较快，形成多处高陡临空面，局部呈现凹槽状临空突出地形。在强烈物理风化作用下，表层岩体破碎，裂隙张开，边坡稳定性很差，多分布有危岩，在风化、降雨、地震及自重应力等作用下，危岩与母岩分离而产生崩塌、落石，在山体坡脚一带堆积形成岩堆。在 318 国道上时有因此类灾害而砸坏车辆，伤害行人的记录。线路走廊内的中型及大型崩塌、落石区段共计 8 处，大型及巨型岩堆 6 处。

3. 泥石流

由于区内经受过多次构造变动和后期的新构造运动，使得本区泥石流具有多期的特点。在雅鲁藏布江峡谷区两侧支沟沟口多有新、老洪积扇分布，形成众多洪积扇裙，说明该区历史时期至今泥石流现象十分严重，属于泥石流发育区。线路走廊内主要发育有沟谷型泥石流和山坡型泥石流共计 39 条。沿线泥石流灾害致灾程度严重，国道 318 线多设桥通过，部分设涵通过且在上游大多设导流堤和拦石坝。而公路涵通过处大都有病害产生，部分导拦设施已淤积满块石。

4. 地震

区内地震动峰值加速度为 0.29g（相当于地震基本烈度八度），属于高烈度地震区。可能发生的震害主要有两类：一是由地震造成地面破坏而导致铁路工程建筑物破坏，如斜坡失稳、山体变形及饱和砂土、粉土液化地基土失效等，这种震害是间接的；二是由地震的震动直接造成工程建筑物的破坏，这种震害是直接的。但受场地工程地质条件的影响，不同的场地土，地震惯性力不同，破坏程度也有所不同。本区地震可能造成的灾害主要是第一类，易发生上述地震灾害的地段，都属于抗震不利和较危险地段。

第五章　青藏高原矿产资源开发地质环境承载力评价方法体系

第一节　评价的基本属性

无论是环境科学还是其中任一分支，都是围绕“环境”这一中心概念展开的。什么是环境？什么是地质环境？通常意义上的环境与地质环境有何区别？这些是我们讨论具体环境问题之前，必须加以明确的。

地质环境承载力评价是一个较为抽象化的研究课题，国内外都还处于起步和探索阶段，针对于本研究，结合我国国情、总体目标任务以及学术研究的具体情况，在开展研究和实际的评价工作前，必须对一些属性和理论问题进行探讨和界定，进而指导研究和评价工作的开展。

通过对青藏高原矿产资源开发活动的野外综合调查（矿种类型、开采方式、开发强度，主要地质环境问题的种类、分布、发育程度、危害及其动态变化等），在深入分析矿产资源开发活动对地质环境的作用方式、过程和机制的基础上，明确了青藏高原矿产资源开发地质环境承载力评价的基本属性。

一、评价的对象

本研究的评价对象——地质环境承载力。

结合研究任务与要求，可以预想评价的结果是一个区域地质环境承载力的强弱高低。地质环境承载力的大小可以用具体的数值表示，也可以用诸如“强、中、弱”的级别形式表现。如何对地质环境承载力进行评价？如何根据本研究命题要求对在矿产资源开发影响下的地质环境承载力进行评价？首先需要对承载力的概念进行理解和分析。

（一）承载力的概念及演化

“承载力（Carrying Capacity）”概念最早起源于物理学、工程学，它指物体在不产生任何破坏时所能承受的最大负荷，具有物理量纲。但是，承载力的概念自引入生态学后发生了演化与发展，体现了人类社会对自然界的认识不断深化，在不同的发展阶段和不同的资源条件下，产生了不同的承载力概念和相应的承载力理论。

承载力概念的演化如图 5-1 所示。

发展至今，许多领域的承载力已由最初的“最大支持量”发展成为了对人类活动的“支持能力”。另外，承载力和容量是两个容易混淆的概念，但两者有较大的区别。容量（常称环境容量）一般侧重体现和

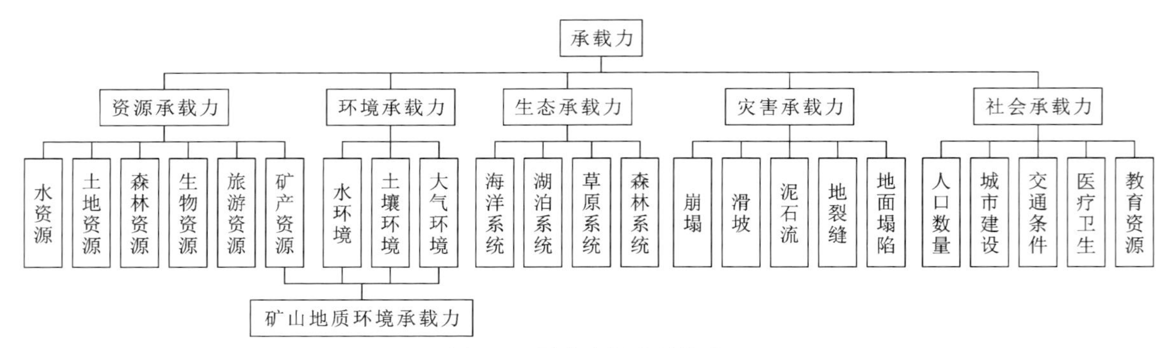

图 5-1　承载力概念的演化

反映环境系统的纯自然属性；而承载力则突出显示和说明环境系统的综合功能（自然和社会的复合），核心是考虑了人为活动的影响。

承载力概念的演化趋势：考虑因素越来越多，从单方面向综合发展，从以研究自然属性为主的简单系统到综合考虑"资源—环境—经济—人口"等复杂系统。

承载力的概念是不断被引用、不断演化的，这就要求在地质环境领域引用这个概念时，既要考虑其历史沿革，又要针对具体情况，不要拘束于原有理论框架。

（二）承载力的核心要素

承载力的概念是在不断演化的，同时也被不断赋予新的内涵，其涉及领域涵盖自然、社会、经济等多方面。然而，无论其如何演化、发展，只要沿用"承载力"这个概念时，有两点就必须要明确，即"承载体"和"承载对象"，这也是承载力的两个核心要素（图 5-2）。

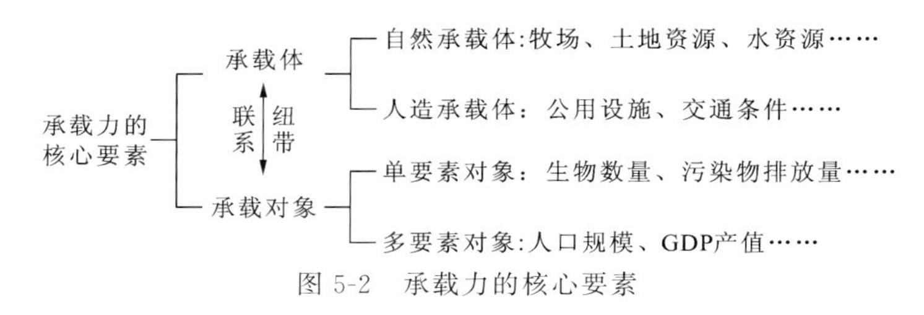

图 5-2　承载力的核心要素

在实际研究中，尤其是在开展应用研究时，如何找到承载力和承载对象之间的联系是表征承载力的关键所在。

（三）地质环境承载力的概念

因此，结合承载力的概念与地质环境的属性特点，本书试图给出地质环境承载力的定义：在一定时期和一定区域范围内，在维持区域地质环境系统结构不发生质的改变，区域地质环境功能不朝恶化方向发展的前提下，区域地质环境系统所能承受（或支持）的人类各种社会经济活动能力的相对大小。它可看作是区域地质环境系统结构与区域社会经济活动适宜程度的一种（定量/半定量）表示。

从定义可知，地质环境承载力的承载体是地质环境，相对比较具体；而地质环境承载力的承载对象是社会经济活动，不但综合，而且复杂。

地质环境承载力是一个多要素、复杂的综合承载力，其承载体具有自然属性，而承载对象具有很强的社会属性。那么如何量化承载力，如何找到承载体和承载对象之间的联系是难点，换言之，必须找到具体的量化约束目标。

(四)矿产资源开发地质环境承载力表述途径

地质环境承载力研究的难点有两个:第一,目前还没有找到一个适合的表征量,即地质环境承载力作为一个客观存在的确定的量,用什么特征量值来表征;第二,目前在承载力领域应用较多的是以人口数量、用地面积、经济效益等作为表述的量化指标,但这些指标都只能从一个侧面来表示承载力的大小,无法从整体上权衡地质环境承载力,而且这些指标都牵涉到许多地质环境自然属性以外的社会属性。

按照承载力的同类研究,可用承载对象的特征量(如人口规模、GDP总量)作为最终承载力评价结果的表征。但显然,这对于地质环境承载力而言,是难以做到的。在本研究中,拟采用另外一种思路来表征地质环境承载力,即:承载对象只是用来作为承载体的约束目标起作用,最终的承载力评价结果用承载体(地质环境)对相关功能(矿产资源开发)的承载能力相对大小来表征。

二、评价的范围

本研究评价的范围——青藏高原矿山地质环境。

(一)矿山地质环境

首先评价的范围是"矿山地质环境",而不是范畴更广的"地质环境"或侧重其他功能的某种局域环境(如"湿地环境"或"草原环境"),这是评价范围的特定属性,需要明确。

不是专门对某种局域环境或功能环境进行评价是明确的,但为了不使评价范围发生混淆或偏离,也为了更加明确研究工作的重心和方向,还有必要对"矿山地质环境"和"地质环境"进行区分和对比。

岩石圈的表层是与大气圈、生物圈、水圈相互作用最直接的部分,人类活动与岩石圈的表层关系最为密切。一般学术界将与大气圈、生物圈、水圈相互作用最直接,又与人类活动关系最密切的岩石圈接近地表的部分称为"地质环境"。而"矿山地质环境"是指人类采矿活动所影响到的矿山周围岩石、土壤、地下水、地质作用结果及其之间的相互联系、相互作用和相互影响的总称。

显然,"矿山地质环境"所包括的范围和内涵较之"地质环境"的概念和外延小许多,前者只关注受矿产资源开发活动所能影响到的岩、土、水、生、气等小环境。因此,矿产资源开发所影响的地质环境也就是"矿山地质环境"。

地质环境的范围如此之广,受矿产资源开发影响的环境部分不可能无限延伸,只能在有限范围内产生作用和发生反应,而这个范围就是"矿山地质环境"定义中的环境。另外,有限的精力和资金也不可能无限地投入到地质环境的每个角落,反过来讲,没有矿产资源和开发活动的区域,是无需进行评价的。最后,从研究的角度上分析,要想承载力的评价结果真实可靠、具有指导意义和参考价值,需要缩小概念和理论的外延,设置有限目标。否则考虑因素过多、选取指标过细、耦合过程过冗会造成:评价模型高度复杂,评价过程没有可行性;不确定性因素太多,评价结果不可信。所以明确"矿山地质环境"为评价范围也为评价过程的可控性和评价结果的可靠性提供了保障。

因此,无论是从本研究关注的重点出发,亦或是从概念的契合度分析,还是从科学研究的角度考虑,都把本研究的评价范围明确地指向了"矿山地质环境"。

(二)青藏高原

评价范围的属性之二,即是"青藏高原",这个属性明确了开展"矿山地质环境"的评价工作的地域。

青藏高原是世界上海拔最高、面积最大、地质结构最为复杂、气候类型最为多变的第一大高原，被誉为“世界屋脊”和“地球第三极”。

特殊的气候、地理及构造原因造就了青藏高原地质环境的特殊性和生态环境的脆弱性，这决定了评价工作的诸多属性与中国中、东部有所不同最主要的不同就在于，青藏高原地质环境系统中的水、土、岩、气、生诸要素中，“生”这个要素变得尤为突出，因此不再局限于内陆岩（土）力学（地质灾害）和水土化学（污染）方面的评价。

三、评价的性质

本研究的评价性质可从多方面分析：从评价阶段来说，属于预评价（规划评价）；从评价内容上来看，属于综合评价；从决策过程来分析，属于主观-客观耦合的评价。

（一）矿山地质环境评价的分类

地质环境评价工作中，评价对象和目的往往具有差异性，可将目前的矿山地质环境评价分为矿山地质环境影响评价、矿山地质环境功能评价和矿山地质环境问题评价 3 类（表 5-1）。

矿山地质环境影响评价的目的是确定矿产资源勘查与开采活动对矿山地质环境的影响，包括现状评价和预测评价。现状评价的主要依据是矿业活动已经造成的各种矿山地质环境问题；预测评价的依据则是矿山地质环境背景条件和矿业活动强度。

矿山地质环境功能评价的对象是整个矿山地质环境。矿山地质环境之所以被称为“环境”，是因为它不仅是矿业活动的场所，而且具有为人类生存生活提供环境保障的功能。矿山地质环境功能评价的目的就是确定其环境功能的大小，即判断其对人类居住和从事生活、生产活动的适宜程度。矿山地质环境的适宜性评价、承载力评价、容量评价等都属于矿山地质环境功能评价的范畴。

矿山地质环境问题评价的对象是矿山内潜在、正发生或已发生的各类地质环境问题，评价目的是揭示这些地质环境问题的发生和发展规律，确定它们的发生概率（风险性）、造成的破坏损失（危害性）、减灾防灾的经济投入及取得的经济效益和社会效益，评价结果反映了矿山地质环境的质量优劣。按评价时间可将其分为地质环境问题发生前的预评价、地质环境问题发生期间的现状评价和地质环境问题发生后的跟踪评价；根据评价范围或面积，可将其分为点评价、面评价和区域评价；根据评价内容和目的不同，又可分为危险性评价、风险性评价、易损性评价、稳定性评价、破坏损失评价和防治工程评价，其中危险性评价、风险性评价和易损性评价属预评价，稳定性评价属于现状评价，破坏损失评价和防治工程评价属跟踪评价（表 5-1）。

表 5-1 矿山地质环境评价的常见类型

评价类型	评价内容	性质	分类	评价目的	服务目标
影响评价	被破坏程度（响应）	综合	预测评价 现状评价 跟踪评价	矿业活动对地质环境的影响程度	矿山整顿 问责制度
功能评价	抗干扰能力（功能）	综合	承载力评价 适宜性评价 容量评价 潜力评价 效果评价	矿山地质环境作为人类环境的功能大小	矿产资源的 开发和规划

续表 5-1

评价类型	评价内容	性质	分类	评价目的	服务目标
问题评价	稳定性 （结构） 造成的危害 （输出）	单项 综合	危险性评价 风险性评价 易损性评价 稳定性评价 破坏损失评价 防治工程评价	地质环境问题的发生概率与危害，反映矿山地质环境质量优劣	矿山地质环境问题治理与预警

(二)矿产资源开发地质环境承载力评价属于预测评价中的规划评价

预测评价（预评价）和跟踪评价（后评价）的划分是针对矿山开采而言的：在开采前的评价是预评价，包括承载力评价、影响评价等；在开采过程中的评价是现状评价，包括环境质量和环境问题评价；在开采后的评价即后评价，如恢复潜力、恢复的适宜性评价等。有些评价比较特殊，它可能是在开采阶段，但带有预测性质，如风险性评价、危害性评价，这类评价可以归为预评价（但与承载力评价和影响评价明显不同），也可以归为现状评价，或者可以归为动态预评价（图 5-3）。

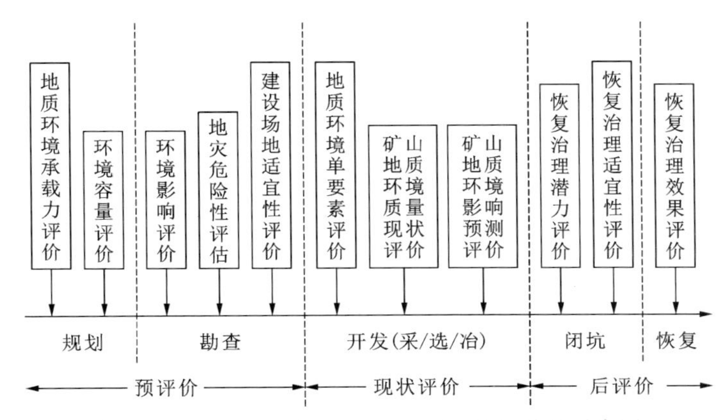

图 5-3　矿产资源开发过程中地质环境评价的时序图

如同环境影响评价分为规划环评和方案环评一样，矿山环境的预评价也分为两类：承载力评价和影响评价。承载力评价是在具体开采方案之前做的评价，是为勘查、开采规划服务的，属于宏观的了解背景、掌握情况的阶段，承载力评价结果可能有助于规划优先开发区、适宜开发区、限制开采区、禁止开发区等。而针对具体的开采方案所做的预测评价则是环境影响评价，它根据评价的时期分为两类：在开采方案之前的预测评价；在开采过程中或开采后，评估因为矿山开采而对环境（已经）产生的负面影响，其实是质量评价减去背景值，是查因或归因的过程。

对于矿产资源开发地质环境承载力的评价，暂不考虑（也没有能力考虑）未来地质环境被破坏的可恢复性，一方面是即使可恢复，肯定需要较长的时间，以多长时间作为承载力高低的评价界限，又是一个无法衡量和界定的问题，因此只考虑开采时可能造成的破坏大小；另一方面，这种恢复是否有人类辅助，人类辅助力度有多大？理论上来讲，矿山开采造成的地质环境问题，只要人类无限的投入，都是可以恢复的，从这个意义上，承载力是无穷力的。承载力评价暂不考虑开采过程中因环境要素改变而造成的承载力动态变化，它评价的参考起点永远是当前的环境现状，针对的是叠加在现状之上的可能的矿产活动。承载力评价属于规划环评，是为规划服务的，它不考虑具体的开采方案的影响，当然也不存在承载力的动态变化问题，因此属于预评价，矿山开采及开采后不属于评价范畴。

（三）矿产资源开发地质环境承载力评价属于综合评价

从承载力的两个核心要素分析，本研究的承载体是地质环境，而承载对象是矿产资源开发活动。而地质环境是一个庞大复杂的系统，由岩、土、水、生、气等多个子系统组成，要评价这个大系统对矿产资源开发的承载能力，不可能从某个侧面或通过单一指标来衡量。

因此，本研究是一个包含众多环境要素、考虑诸多环境系统、注重众多环境功能的一个综合评价过程。而整个地质环境系统包括若干个指标，评价过程中需要对这些指标进行信息汇集加工，从中构建一个综合性的指标体系，对评价对象作出整体性的评判。

（四）矿产资源开发地质环境承载力评价属于主观-客观耦合的评价

任何一种评价工作都希望评价的过程和结果能做到客观化，最好是完全不带有主观色彩。但事实上，任何一项评价工作都不可能实现客观的全面性，评价工作注定是数学方法、逻辑思维和人脑决策的耦合过程，地质环境的承载力评价更是如此。

这是因为，综合性评价是自下而上的过程，由低层次到高层次，从多样性到综合性，从诸多细节到简约集中，这中间不可避免地会带来信息的损失；评价的许多环节都有多个备选方案，需要人为选择，这就会带来主观性，如指标选择、定权方法的选择、评价单元剖分方案、模型选择等；评价指标的数据获取过程不可避免地存在误差，指标较多时还有多源数据精度不一致、度量方法不同等问题。

因此，矿产资源开发地质环境承载力评价不论从评价定位、评价属性，甚至细化到指标选取、模型选择等整个过程分析，主观性都是不可避免的。而本研究的一个重要内容就是在保证结果真实可信的基础上，尽量减小人为的主观性，满足决策要求。

四、评价的目的

青藏高原地处高寒地带，环境十分脆弱，对外界干扰的抵抗能力较差，且一旦破坏，恢复难度极大，矿产资源的大规模开发极易对原本脆弱的环境产生巨大影响，引发一系列的灾害和环境问题。另一方面，青藏高原是“世界第三极”，具有独特的气候、地质和水文条件，孕育了高原沼泽湿地、冰川、高寒草甸、珍稀动植物等珍贵的自然景观和生物资源，具有极高的生态价值。同时，又是我国主要大江大河的发源地，加之地处少数民族聚集区，如果矿产资源开发规划不当，势必会造成大量天然景观的破坏和稀有物种资源的损失甚至绝灭，并将对我国中东部地区的气候、水文等自然条件产生影响，也对民族团结和社会的稳定产生不利影响，进而威胁到人民的生存和国民经济的可持续发展。

因此，需要在对青藏高原地质环境资料全面系统收集、典型矿产资源开发规划区开展野外解剖调查的基础上，开展对青藏高原矿产资源开发与地质环境相互作用机制的研究，再进行“青藏高原矿产资源开发地质环境承载力评价”，并依据评价结果，为青藏高原矿产资源开发相关政策的制定提供环境方面的依据，实现在环境保护的前提下进行资源的有序开发。

五、评价的服务对象

通过上述评价性质的分析，矿产资源开发地质环境承载力评价属于预测评价中的规划评价，服务于矿产资源的开发规划，这决定了它的特点为宏观评价和预测评价的早期阶段，精度不可能太高。

第二节 评价的结构体系

一、地质环境系统的结构分析

(一)地质环境系统的组成要素

地质环境系统位于大气圈、水圈、生物圈与岩石圈相互叠置的地球浅表,其内部有空气、水、生物、岩石和土壤,它们代表了地质环境组成的基本要素。在系统内部,这些物质不是彼此游离各占自据独立的空间,而是你中有我,我中有你,相互穿插的。相互之间存在着物理学、化学和生物学的联系,于是有了水岩(土)作用、水生作用、水气作用等一系列的现象和过程。另一方面,这些物质有质的区别,它们的存在又有各自的条件,运动规律也不完全一样,表现出一定的独立性和各成体系的特点,如地下水渗流场,应力场,化学场等。

(二)地质环境系统的结构

地质环境系统内部物质能量的分布格局、组织形式以及组成要素(部分)之间相互作用、相互联系的方式与秩序称为地质环境系统的结构。地质环境系统是时间与空间的统一体,具四维的性质。为了便于分析有时又将地质环境系统的时空结构人为地划分为空间结构和时间结构。

1. 空间结构

地质环境系统按其组成可以划分为地质背景(或地质体)子系统和人工子系统。有关它们的实体形态、组构方面的空间特征,包括组分在空间的排列和配置,都是地质环境系统空间结构的组成部分。例如,在地质背景子系统中,其基本骨架由岩石组成,岩石组成地层,地层有产状、层序;地层以单斜、褶皱的形态展布;而岩浆岩则以岩基、岩株、岩墙等形态产出;在断裂发育的地段,两盘的错动位移破坏了原地层的连续性,可呈现不同时代地层对接或叠置的关系等。这些在地质学中被称为结构或构造的地质形态,均属于地质环境系统空间结构的范畴。由于这类空间结构是在漫长的地质历史时期形成的,除非经受突发性的地质作用,一般在中小时间尺度上变化十分缓慢,肉眼很难识别,似乎是固化的,所以,可以把岩土体的这类内在结构形象地称为硬结构。除硬结构外,地质背景子系统内部还有水、气等流体以及能量的传递,并以物理场的方式展布,如地下水渗流场、水化学场、应力场、温度场等。这些物理场反映了该子系统内部流体物质、能量的分布格局以及从源到汇的物能交换情况,所以,也是地质背景子系统空间结构的组成部分。与硬结构相比,这些物理场对外界作用反应更敏感,易发生结构性调整,显得较“软”,所以,可将物理场形象地称为软结构。

对空间结构的软硬分类也同样适用于人工子系统的结构分析中,例如人工建造的用于地质资源开发利用的各种构筑物在空间上的分布格局,包括地面上的和地下的分布格局都可称为人工子系统的硬结构;指挥、控制人工构筑物运转发挥作用的计划、流程、法规等可视为人工子系统的软结构。

2. 时间结构

时间结构是指系统组成要素(部分)的状态、相互关系在时间流程中的关联方式和变化规律。如物质运动过程出现的某些振荡周期，生命系统中存在的生物钟，都是物质系统的时间结构。在环境地质学中，地质环境系统各组分状态的变化、变幅以及多种周期成分叠加而成的频率都是对系统时间结构的描述。时间结构既存在于软结构中，如各种物理场的动态变化，也存在于硬结构中，如地层沉积韵律的变化、岩土体变形的时间过程的表达。

（三）地质环境系统空间结构的分析

如上述所言，地质环境系统的结构可分为空间结构和时间结构；空间结构又可划分为硬结构和软结构。硬结构和软结构其实是从系统结构的属性出发，更多考虑的是原理和技术层面上的问题。而地质环境系统结构更好理解的一种空间分析则把其空间结构划分为垂直结构和水平结构，这更多考虑的是层次方面的内容，属于空间结构的空间分析（图 5-4）。

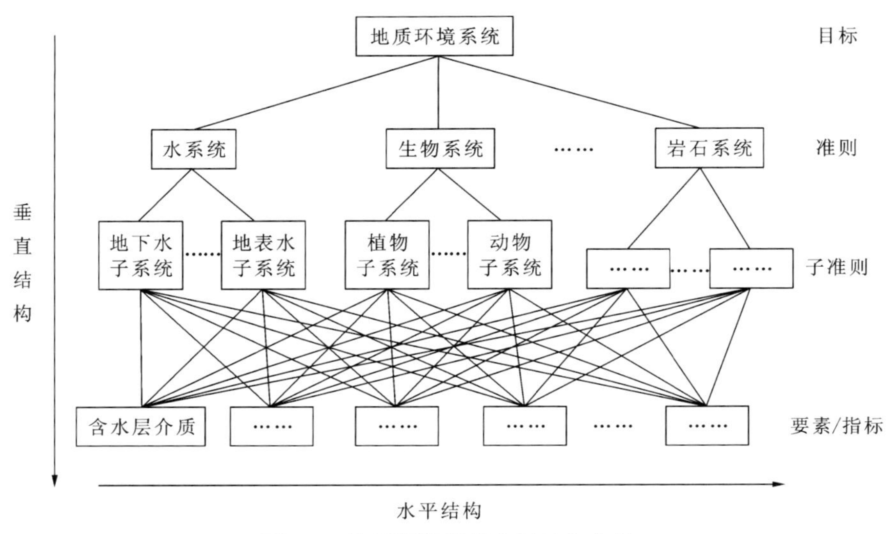

图 5-4 地质环境系统空间结构分析

1. 垂直结构

一个系统是由诸多构成要素共同组成，正如上述地质环境系统由空气、水、生物、岩石和土壤等要素组成。这其中的每一个要素都可组成大系统的子系统，如地质环境系统由大气系统、水系统、生物系统、岩石系统和土壤系统等组成。而这些子系统还可以进一步细化为各个次级子系统，如水系统可划分地表水系统、地下水系统；生物系统可划分为植物系统、动物系统。这些次级子系统又由诸多基本要素组成，如地下水系统是由地下水埋深、净补给量、含水层介质、包气带介质、水力传导系数等共同影响和决定的。

这样一来，从最上面的地质环境大系统到最下层的地下水埋深，形成了一个自上而下的垂直结构。这是地质环境系统空间结构的一个显著特点。

2. 水平结构

地质环境系统既有空间上的垂直性，同样有水平性。有了上述垂直结构的介绍，水平结构就不难理解。如空气、水、生物、岩石和土壤相互之间是出于同等的水平位置，而地下水埋深、净补给量、含水层介质、包气带介质、水力传导系数也是位于水平结构中的等要素因素。

（四）地质环境系统的功能

一个系统对外的功能体现在不同方面和不同层次上，如人体系统对外展现的功能可具体表现在思考、运动、绘画、唱歌、跳舞、领导等多方面，也可体现为能否胜任“新闻发言官”这一职位。地质环境系统对外展现的功能可以是“系统独立运行、系统自己生产、自己消费、自给自足”，也可以表现为河流湖泊能自净、植物可以通过光合作用生产氧气的同时生产食物等。

系统对外展现的功能标准不一样，这是因为对功能的理解、定义和层次划分不同。但不论对外展现的是哪种功能，都是由其内部的子系统或结构所决定的。如人体系统的思考功能是由大脑的神经系统进行判断和决策，消化系统提供能量，呼吸系统提供氧气等综合运行的结果；同样的，地质环境系统要展现可承载矿产资源开发干扰能力（即承载力）这个功能，需要其内部各个子系统共同运作和协调。

因此地质环境系统会有很多功能，从这个角度考虑，本研究关注的青藏高原地质环境系统的功能就是其抗拒矿产资源开发扰动与影响的自稳定性能力，即青藏高原地质环境系统的承载力。其承载程度的高低，承载能力的大小，都是其内部子系统和结构所决定的。换言之，关注的地质环境承载力就是地质环境系统基本要素相互间、要素与子系统之间、子系统相互间、子系统与系统功能关系的表征。

二、评价的层次结构

（一）基于系统结构和层次分析的矿产资源开发地质环境承载力评价思路

地质环境承载力的大小是评价研究的目标，它衡量的是地质环境系统的稳定性（抗外界干扰的能力），稳定性是系统功能的体现，而系统功能又由系统结构决定，所谓的系统结构是指各构成要素及其相互关系，不同的组合关系其稳定性不同，在不同地区（评价单元内），要素特性及其组合关系不同，导致系统的功能也存在差异，这是评价的理论基础。其中，要素对应着指标，要素特性对应着指标等级或量值，要素对功能的贡献对应着权重。但在实际操作中，无法直接构建要素与稳定性间的关系，因为对矿山进行可干预的扰动行为无法实现、影响程度也无法确定，进而无法观察干扰达到何种程度时稳定性丧失。因此，采用分解的方法（先还原再综合的系统分析方法），将系统的稳定性拆解为几个侧面（或按功能划分的子系统，如人体划分为消化子系统和呼吸子系统等），分别是狭义地质环境的抗干扰能力（力学方法）、生态环境的抗干扰能力（生物学方法）、水土环境的抗干扰能力（化学方法）和社会环境的抗干扰能力（社会学方法），先分别衡量它们的功能特性，再进行综合。

同样，直接衡量以上四种功能相对比较困难，所以需对外界干扰超过抗干扰能力时的现象进行考虑。狭义的地质环境超过抗干扰能力表现为受力失稳，会产生地质灾害；生态环境超过抗干扰能力会产生各种生态环境问题，生态平衡受损；水土环境超过抗干扰能力会出现自净作用消失，造成水土污染；而社会环境超过抗干扰能力则直接无法在该区域内开展矿产的开发活动，体现出极高的敏感性。

这是一个逆向化的过程，需要由（典型的）输出反推响应与输入，即将抗干扰能力转化为出现各类问题的可能性大小，在同等干扰作用下，出现问题的可能较高，则抗干扰能力越弱。因此将评价的任务分解为评价地质灾害的易发性、生态环境的易损性、水土环境的易污性和社会环境的敏感性。利用所得出的抗干扰能力的特征量，反推研究对象的承载力，至此完成了系统分解、逆向化两个过程。

接下来的过程相对容易操作，根据青藏高原已有问题的资料收集、整理、分析，可将上面 4 个侧面细化为更易衡量与评价的具体问题类型，这些问题是可以利用专业知识进行观测、判断与衡量的，基于已有专业知识，通常也可以构建出它们的发生概念与系统要素间的关系。

总结起来，承载力是系统的功能（抗干扰）——目标；从该功能角度来看，系统能由 4 个功能子系统构成(物理、化学、生物、社会4方面的抗干扰能力)——4个准则;每个功能子系统(逆向化后)又由多个次级子系统构成——子准则;每个次级子系统由多个要素构成——指标。结构决定功能——要素对子准则的贡献(权重)、子准则对准则(或直接对目标)的贡献(权重)、准则对目标的贡献(权重)直接影响地质环境承载力的强弱大小。

(二)矿产资源开发地质环境承载力评价的层次性分析

基于前面的地质环境系统空间结构的分析,系统由子系统组成,次级系统由次级子系统组成,次级子系统由诸多环境要素组成,这种自上而下的垂直结构具有很强的层次性。通过分析也知道,系统的结构决定了系统的功能,而视整个地质环境系统抗外界干扰的能力(即自稳定性——承载力)为关注的功能,那么这样承载力即与系统的结构直接挂钩。

因此,对于衡量整个地质环境系统的承载力而言,也可按照上述层级的思路,把地质环境系统划分为几个功能子系统,转化成衡量承载力大小的几个准则;再把这些功能子系统细化为各个次级子系统,即组成各个准则的子准则;然后再在这些子准则中挑选对承载力大小影响和贡献显著的基本要素,即指标,这也是典型的层级结构。

通过类比,地质环境系统具有层次性,度量承载力大小的各项准则也具有层次性,类似的,对于承载力的评价研究也可按照这种层次性的思路进行。把系统的层次结构转换为承载力评价的层次结构,分别开展单项评价、专题评价和综合评价,不同的是前者的层次性是自上而下的,而评价的层次性是自下而上的逐级评价。

这样一来,在最低层次上是数据的获取与指标赋值问题;低层次上可能有单项评价(子准则对要素的综合,即指标对各子准则的影响);在中间层次上做专题评价(准则对子准则的综合,即各子准则对准则的贡献);在最高层次上是综合评价(目标对各准则的综合),即承载力评价(图5-5)。

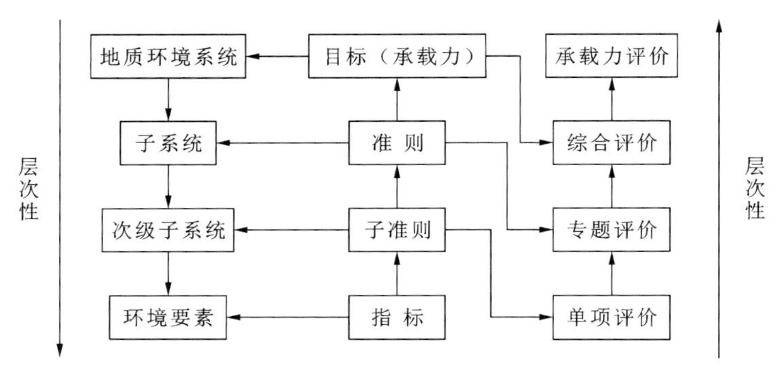

图5-5　地质环境承载力系统与评价的层次结构示意图

而各层次评价的服务目标分别是,单项评价是准入前的防治方案,为下一步的环境影响评价作准备;专题评价为后续的规划和防治方案提供依据和支撑;而综合评价则为整个区域的矿产资源开发规划以及决策服务。

三、评价的流程/步骤

(一)构建评价指标体系

根据青藏高原地质环境的特点,构建不同环境背景区内矿产资源开发地质环境承载力评价的指标库,考虑不同区域的承载力评价可以选取不同的评价指标,即从指标库中遴选评价指标,按照“目标层—

准则层—子准层—指标层"的框架构建评价指标体系。

(二)评价指标数据的获取及量化

在选定的示范评价区内,对数据资料收集、地质环境综合调查、样品测试分析及动态监测的成果进行统一整理和矢量化,编制评价所需的单要素图件。

(三)评价指标的分级与赋值

利用已构建的评价指标体系,确定评价单元的划分方法或网格单元的大小,并根据指标分级标准对各评价指标的单要素图进行等级划分,编制各指标的分级图。

(四)定权及评价方法的优选

采用层次分析法对评价指标体系内的各个评价指标进行权重的确定,相同的评价指标在不同的地质环境类型区内的权重可能有所差异,用以反映地质环境特点的不同;综合对比各种成熟评价方法与模型的优缺点,确定适用条件。

(五)示范评价

基于定权方法和评价模型的研究成果,利用各评价指标的分级图件,对示范区矿产资源开发地质环境承载力分层次进行评价。根据评价结果进行示范区矿产资源开发的地质环境承载力分级,编制相应的分区图。

(六)评价结果分析

调研示范区矿产资源开发和地质环境保护的规划方案,以地质环境保护规划为约束,基于示范评价结果,对矿产资源开发的现有规划方案提出建议,对未来的规划方案提出地质环境保护方面的要求,供规划单位参考,对矿产开发过程中可能出现的地质环境问题,提出治理建议。

(七)评价方法的检验和改善

对示范评价的过程与结果进行分析,对评级方法的质量进行评估,据此调整矿产资源开发地质环境承载力评价的指标及分级标准、定权方法、评价单元大小等,对评价方法进行改进和完善。

第三节　总体评价思路

青藏高原矿产资源开发地质环境承载力评价是一项涉及评价范围广阔、评价内容繁杂、评价对象迥异、评价方法众多、评价精度不等的综合性研究课题。任务的艰难与庞大注定了要完成就必须要以科学的思维方法为指导,疏清脉络、认清矛盾、抓住问题、有的放矢,切忌眉毛胡子一把抓。

基于此,本研究制定了3个基本原则来指导整个承载力评价研究工作的开展和实施:要站在整个青藏高原的高度，具有开阔的视野；考虑推广应用，即将建立的评价方法能够应用到青藏高原各个重要矿区乃至其他地域类似矿山的承载力评价中去；要考虑其简便性、可操作性和意义的明确性，指标要求比较方便获取，且不追求太过高深的数学方法，能被大多数实践人员接受。基于此，对于评价的总体思路和设计有 3 方面的考虑，分别从评价内容、对象和精度上分解研究目标和任务。

一、以内容为主导的评价思路

不论是在对评价指标体系建立时，抑或是对青藏高原矿产资源开发地质环境承载力进行评价时，准则层的建立都会对整个评价目标的实现起到至关重要的作用。对不同准则的确立，实质上是对整个评价内容、指标属性的归类和总结。将整个青藏高原受矿产资源开发影响的因素划分为 4 个大的方面，即地质环境背景条件、地质环境问题(地质灾害)、矿业开发强度和社会人文环境，部分内容可能会有重叠，但在广义的理解和不同的侧重点下，基本能囊括所要评价的内容。

各个准则层的侧重点不一样，因此评价的内容和方法也不尽相同。地质环境背景条件包含生态环境和水土环境，对生态环境主要是进行易损性评价，对水土环境主要是进行易污性评价；对地质环境问题主要是进行地质灾害易发性评价，对矿业开发强度主要进行矿业开发可持续性评价，而对社会人文环境则是进行敏感性评价。对于地质环境条件和地质环境问题，是青藏高原受矿产资源开发影响地质环境评价的主要内容，选取组成其各个要素的重要指标和因子进行单要素和综合评价。对于社会环境及人类活动影响这一外力而言，不仅对矿业开发活动强度进行评价，还对自然环境和人文环境里面的敏感指标(因子)进行评价，并采取一票否决制，即评价区里一旦出现敏感因子，承载力即为零，禁止进行矿产资源的开发(图 5-6)。

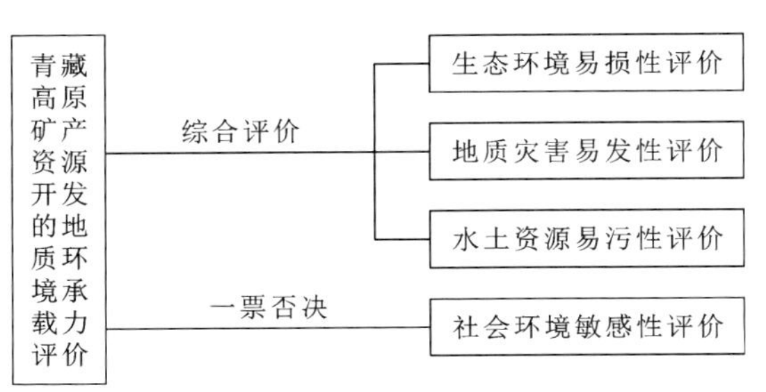

图 5-6　评价内容关系图

二、以区域为主导的评价思路

根据已收集到的青藏高原地形、地貌、气候、水文(冰川)、地质、植被、土壤(冻土)、社会、经济以及各种地质环境问题、生态环境问题和矿产资源开发方面的资料，同时考虑地质环境对矿产资源开发的响应方式的空间差异，将青藏高原划分为 8 个地质环境类型区(图 4-2)，并根据各自特点部署了相应地调查工作。

为了更好地突出针对性和代表性，可以根据地质环境背景多样、生态环境多样、保护对象及要求将不同的地域分区整合为功能分区。因为不同保护目标的区域对地质环境承载力的要求是不一样的，即不同的目标有不同的阈值，如水源涵养区、生态保护区、永久冻土区、荒漠区、沙漠区、高山草甸区、放牧草原区、高山峡谷区、河湖草原区等。

划分内容更细、精度更高的评价区是基于地质环境背景、功能和特点不同的考虑，那么评价时也必须符合这一原则，最直接的表现在于评价指标的选取不同。每一类地质环境亚区(功能区)起作用的主导因素、控制因子与一般要素的集合可以汇总成为一个评价指标库，根据不同区域的地质环境特点和评价目标可以选取不同的评价指标，基本思路如图 5-7 所示。

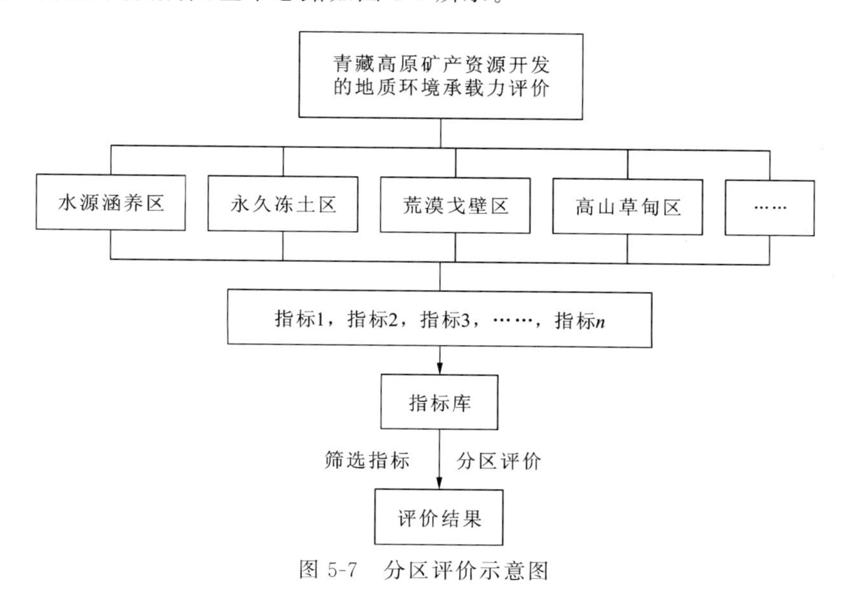

图 5-7　分区评价示意图

三、以层次为主导的评价思路

之前内容分析了承载力评价的层次结构，不同层次所对应的承载力评价服务对象和作用应有所区别。为了有效指导矿产资源的开发规划和开发活动，又可以将研究工作按不同空间层次进行划分和肢解。为了适应不同空间尺度上矿产资源开发的环境承载力评价需要，本研究拟将整个评价工作分成如下 3 个层次进行。

（一）单项评价（低层次）

对单个地质环境问题进行评价，如对土地荒漠化进行单项评价。单项评价是子准则对指标的综合，体现的是环境要素对各子准则（次级子系统）的影响。

（二）专题评价（中层次）

对某一类属性相同的地质环境问题进行评价，如对地质灾害进行专题评价，那么就涉及崩塌、滑坡、泥石流、地面塌陷和地裂缝等多种问题。专题评价是准则对子准则的综合，体现的是环境次级子系统对子系统的影响和贡献。

（三）综合评价（高层次）

对矿山地质环境系统抗干扰能力的整体评价，即矿产资源开发作用下地质环境承载力的评价，包括 4 个准则的全部内容，是目标对各准则的全面综合。

3 个不同层次评价的侧重点不同，但 3 个层次之间具有很强的连续性，专题评价应该基于单项评价开展，综合评价应该基于专题评价开展。而各层次评价的服务目标分别是，单项评价是准入前的防治方案，为下一步的环境影响评价作准备；专题评价为后续的规划和防治方案提供依据和支撑；而综合评价则为整个区域的矿产资源开发规划以及决策服务。

四、以应用为主导的评价思路

从项目主管单位中国地质调查局的职能和专业领域出发，本研究定义的环境承载力评价主要针对“矿山地质环境”而言。

不同应用需求所对应的承载力研究重点应有所区别，不同使用目的和需求的承载力研究也应反映适合当前信息层面的内容和结果。为了有效指导矿产资源的开发规划活动，将示范评价研究工作按点和面进行划分和肢解，从而实现了不同精度、不同层次和不同目的的评价结合。

（一）单体矿山矿产资源开发地质环境承载力评价（点）

对于已经开发的矿山而言，关心的是某一矿山的矿业开发活动强度是否已经超出了地质环境可承载的阈值，或者是矿山地质环境系统还有多少承载的潜力，同时也想了解矿业开发活动与地质环境系统之间的适应和协调程度如何。如果可能，还可以与周边或区域范围内的矿山进行综合对比以判断区域的矿山地质环境承载力如何。这就需要对单体矿山矿产资源开发的地质环境承载力作评价。

（二）区域矿产资源开发地质环境承载力评价（面）

相对于幅员辽阔的青藏高原而言，已经开发的矿山毕竟是少数，造成地质灾害、生态问题以及环境污染的矿山并不能很好地代表区域的矿山地质环境承载力。因此，除了对已经开采的矿山点进行控制以外，更重要的是对区域和宏观的把握，这就需要对区域矿产资源开发的地质环境承载力做面上的综合评价。评价的主要目的是从系统科学的角度，评价相关区域对矿产资源开发活动的适应能力和开发潜力。

第四节　评价指标体系

在对野外工作的整理汇总及近年来项目组收集的资料、前期工作取得的认识等一系列基础上，在对青藏高原开展矿产资源开发与地质环境相互作用机制研究的前提下，结合上述对系统、功能和评价层次性的分析和思考，对“青藏高原矿产资源开发地质环境承载力评价”的指标体系进行初步构建。

一、构建原则

（一）系统性和层次性

通过地质环境系统及承载力评价的结构分析可知，承载力评价和系统结构一样本身必然具有系统性和层次性，因此可以构建具有层次结构的评价指标体系。因此在构建评价指标体系时首先要考虑的原则便是遵循系统性和层次性，在系统论思想的指导下才能构建出一套缜密而又符合逻辑的评价指标体系。

（二）全面性和普遍性原则

青藏高原地处印度板块与欧亚板块的交汇部位，北起昆仑山、阿尔金山与祁连山，东到龙门山、锦屏山，西南界为帕米尔-喜马拉雅山，面积约 280 万 km^2。由于它海拔高、面积巨大、地质年代年轻，又具有独特的自然环境，使其在全球环境变化中占有重要地位，被各国地理学家和探险家称为地球的“第三极”。对这样一套复杂的地质环境条件，评价指标体系的构建应尽可能考虑全面性、普遍性，也就是说能尽量满足不同地区开展地质环境承载力评价的需要。而在针对具体地区的应用时，又有根据具体情况进行指标优化和筛选的余地。

（三）规范性和可比性原则

虽然青藏高原地质环境条件具有显著的区域性，但在建立评价指标体系时，应尽量考虑避免这种区域差异，而相对规范和通用，包括术语表达、指标内容界定和具体的描述标准等，使指标具有区域可比性、时序可比性。实际上，建立这样一种行业的通用标准是很困难的，这需要经过长时期的努力和众多项目的支持，并在此过程中不断优化。

（四）阶段性和精度适应性原则

对于地质环境承载力评价，针对不同的评价对象或工作阶段，研究工作的精度和研究深度是不一样的，显然，对地质环境条件的把握程度也是不一样的。指标体系的确定在一定程度上，应该能够满足不同精度和不同阶段工作的需要。对于初期阶段的评价，资料信息有限，指标体系应该具有描述宏观的能力。随着工作程度的提高和资料的积累，对地质环境条件的认识和指标的内容有了进一步深化，此时，指标体系又应该具有一定描述细观的能力。

（五）简明性和可操作性原则

强调指标的简明性和可操作性对青藏高原矿产资源开发地质环境承载力评价这类复杂系统尤其重要。简明性是指评价指标应尽可能的简单、明确，具有代表性；可操作性是指评价指标的内容是可以通过实际工作比较方便地获取或实现的。

评价指标体系的选择和确定过程中，如何把握好简明性和可操作性是实际工作的难点之一，其矛盾就在于地质环境系统的复杂性。通常人们为了追求对地质环境全面系统的描述，往往选择了较多的评价指标。多指标的情况下，不但指标之间可能在内涵上存在重叠、交叉，而且，往往可操作性较差，对问题的研究解决无大裨益。因此，建议在针对具体问题选择评价指标体系时，应考虑问题的阶段性、针对性，选择有代表性的指标和避免指标之间的重叠交叉。

二、构建方法

通过对系统结构和评价层次的分析，主要基于“层次分析法”构建了矿产资源开发地质环境承载力的评价指标体系。层次分析法（The Analyti Hierarchy Process，缩写 AHP）是美国运筹学家 T. L. Satty 教授于 20 世纪 70 年代初提出的一种简便、灵活而又实用的多准则决策方法。它把一个复杂问题分解成组成因素，并按支配关系形成层次结构，然后用两两比较方法确定决策方案的相对重要性。层次分析法的整个过程体现了人的决策思维的基本特征，即分解、判断和综合，通过一定模式使决策思维过程规范化。它将定性判断与定量分析相结合，用数量形式表达和处理人的主观偏好，从而为科学决策提供了依据。

青藏高原矿产资源开发地质环境承载力评价是一项涉及评价范围广阔、评价内容繁杂、评价对象迥异、评价方法众多、评价精度不等的综合性研究课题。再加上评价区域地质环境特点千差万别、错综复杂，地质环境问题盘根错节，评价指标相互渗透、相互作用和影响，数据性质、量纲量级相去甚远，运用传统或单一的方法根本无法准确刻画和描述如此庞大的系统，也无法处理如此浩大的工程。但是层次分析法能较好地处理诸如此类的复杂问题，特别适用于系统中某些因素缺乏定量数据或难以用完全定量分析方法处理的政策性较强或带有个人偏好的决策问题。

就科学发展的规律和本质来说，一般而言，越深刻的科学理论有着越简单的表现形式，层次分析法似乎正是如此。一方面，层次分析法有着通俗易懂的原理方法和简单的操作过程，另一方面却有着深刻的数学背景。运用层次分析法的思想来构建青藏高原矿产资源开发地质环境承载力的评价指标体系，或利用层次分析法对青藏高原矿产资源开发的地质环境承载力进行评价，主要是考虑到以下几点原因。

（一）基本原理清晰，物理意义明确，数据处理得力

层次分析法如上述所言，具有基本概念简洁、方法原理清晰、物理意义明确、操作过程便捷等特点，且能处理定性判断与定量分析相互渗透交叉的复杂问题实现定性与定量相结合。层次分析法要求把任务和目标分解成层次结构，逐级分析，这对于本研究如此庞大的研究对象和目标来说非常适用。

（二）与系统理论的思想结合紧密

系统理论中所谓的系统是指由两个或两个以上的元素（要素）相互作用而形成的整体，而任何系统要素本身也同样是一个系统，那么这个要素就作为系统构成原系统的子系统，子系统又必然由次子系统构成。那么，系统→次子系统→子系统→系统之间就构成一种层次递进关系。因此，系统的层次结构是系统结构和系统理论的一个重要内容，系统的结构特性可称之为等级层次原理，这与层析分析法的思路是极其吻合的。而青藏高原的地质环境正好可以分解为多个子环境系统，这些子系统可视为目标的准则；每个准则下还可以继续分解成各种子准则或要素。对于本研究来讲，不管是对于系统理论而言还是对于实际的青藏高原地质环境系统而言，恰好都符合层次分析法的特点，实用性强。

（三）与研究目标和思路相吻合

层次分析法要求两两比较确定决策方案的相对重要性，特别是在定权过程中，优势明显。层次分析法的层级系统结构明显，对于除目标层以外的每一层中的构成要素都可以两两对比，进而构建判断矩阵，再经过计算矩阵的特征值和一致性检验后得到权重。然而青藏高原幅员辽阔，地貌类型众多，且地质结构复杂，地壳运动频繁剧烈，这导致每个区域的地质环境特点迥异，差别极大。一般情况下，不同保护目标的区域对地质环境承载力的要求是不一样的。因此对于某一指标，它的权重要随不同的地质环境区域而变化；另一方面，为目标服务的各项准则也可能因为地质环境类型的不同而贡献比例不一致，这些问题都可以运用层次分析法中两两对比的模块解决。这与本研究思路是吻合的，比如需要对整个青藏高原进行地质环境类型的区划，对不同的区域构建不同的权重系数，开展不同的评价。

(四)人为主观因素得以削弱,客观性和科学性强

传统的评价方法中,评价指标的分级和定权往往需要靠专家定夺,评价结果的真实可靠性饱受质疑,体现出的主观性太强,而科学性不够。而层次分析法将决策者的选择与判断与数学方法相结合,既体现了人的决策思维的基本特征,又保证了方法的严谨,因此较好地规避了这个问题,降低了主观意识支配结果的风险,提高了方法的客观性和科学性。

(五)承载力研究的逆序思维符合层次分析法的特点

承载力其实本身就是个较为抽象化和模糊的概念,在某些领域要做到完全定量计算比较困难,而现在研究的矿产资源开发下地质环境的承载力更是缺少理论研究和实际检验。而从问题导向的逆向思维来考虑似乎可以找到研究的突破口和受力点,因为从承载力的表达结果和体现形式来看,承载力高的地区地质环境问题发育程度较低;相反,承载力低的区域则更容易产生各种地质环境问题,这也与机制研究的成果相一致。

(六)方法和软件成熟

层次分析法自 20 世纪 70 年代提出以来,理论研究不断深入,方法交叉不断涌现,现已经成为一种理论较成熟、应用广泛、效果良好的分析评价方法。专门针对此方法以及各种改进的方法都有大量的理论研究和文献资料可供参考,市场上还有很多成熟的软件及模块可供使用,这将极大地方便研究。

三、层次结构

通过对评价思路的梳理和总结,根据承载力评价层次性、指标体系层次性的分析及地质环境评价的要求,首先需要通过对问题理解和初步分析,把复杂问题按特定的目标、准则和约束条件等分解成被称为因素的各个组成部分,再把这些因素属性按不同分层排列。同一层次的因素对下一层的某些因素起支配作用,同时它又受上一层次因素的支配,形成了一个自上而下的递阶层次。

最简单的递阶层次分为 3 层,最上面的层次一般只有一个因素,它是系统的目标,被称为目标层;中间的层次是准则,其中排列了衡量是否达到目标的各项准则;最底层是指标,表示所选取的具体指标等。

本研究需要对青藏高原矿产资源开发地质环境承载力进行评价,考虑到地域的广阔性和系统的复杂性,经过问题分析和条件分解,将青藏高原矿产资源开发地质环境承载力评价指标体系分为 4 个层次(图 5-8)。

1. 目标层(A)

研究的总体任务和工作目标,即青藏高原矿产资源开发的地质环境承载力。

2. 准则层(B)

衡量是否能达到此目标的各项准则,考虑的是影响、制约矿山地质环境的基本条件和准则。

3. 子准则层(C)

各准则层的次级准则,即子准则,是组成准则的基本要素集合。

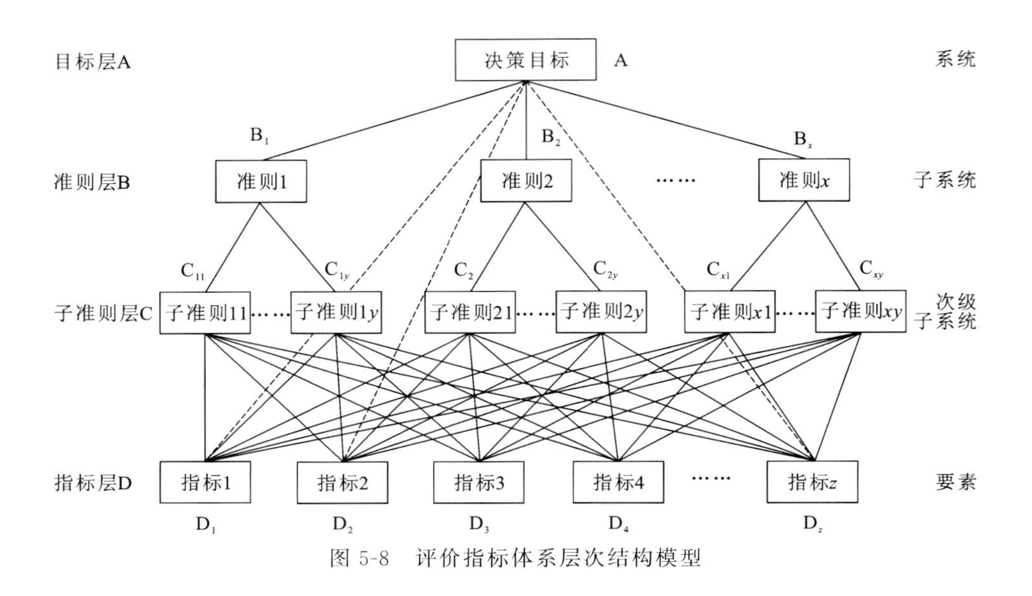

图 5-8　评价指标体系层次结构模型

4. 指标层(D)

即每一个子准则中包含的若干环境要素。根据指标选取原则，将子准则层中的各个要素进一步细分为若干具体评价指标。

四、准则层的建立

构建评价指标体系的层次结构是自上而下的过程，目标层确定后的首要和最重要的工作就是建立准则层。准则层构建的好坏直接影响评价结果的客观性和准确性。经过全面调研、缜密分析、充分讨论和慎重考虑，暂将能充分反映和影响受矿产资源开发活动干扰的地质环境承载力大小的准则划分为4个方面：地质环境条件、矿山地质环境问题、矿业开发强度和社会人文环境(一票否决)。

准则层包含4个方面的内容，可以理解为青藏高原地质环境受矿产资源开发影响的4个特点和表征，分别体现在地质环境的易损性和防污性、地质灾害的易发性、矿业开发的可持续性和社会环境的敏感性。之所以将青藏高原矿产资源开发地质环境承载力的评价分解为这4个方面，是因为这四者从不同的角度体现出矿产资源开发活动对地质环境的影响，以及这些影响反作用于开发活动自身时对其可能的危害程度，四者的结合能够反映出评价区的原生环境条件对矿产资源开发的适宜程度。

(一)地质环境条件(易损性和防污性评价)

地质环境条件具体包括生态环境和水土环境。易损性评价是针对生态环境，防污性评价是针对水土环境。

生态环境易损性是指生态系统对人类活动所产生干扰的抵御能力，用来反映产生生态失衡与生态环境问题的可能性大小。应用到本研究具体说就是，在同样强度的矿产资源开发活动影响作用下，青藏高原地质系统出现区域生态环境问题(如水土流失、土体荒漠化、生物多样性受损等)的概率大小。在自然状态下，各种生态过程维持着一种相对稳定的耦合关系，保持着生态系统的相对平衡，当矿产资源开发活动超过一定限度时，这种耦合关系将被打破，导致严重的生态环境问题。

生态环境易损性评价的实质就是评价具体的生态过程在自然状况下潜在变化能力的大小，用来表征外界干扰可能造成的后果。对青藏高原的生态环境问题来讲，本底的生态环境非常脆弱，矿产资源开发活动必定会加速生态环境退化。目前人们普遍认为中国西北诸如青藏高原等地出现的主要生态环境问题如水土流失和荒漠化与全球气候变化特别是变暖变干有着密切的联系。但实际上，青藏高原生态环境问题的出现与人为因素干扰，如人口过多和过度利用自然资源等有直接关系。因此，在青藏高原进行不恰当的资源开发活动只会加速生态环境恶化的进程。对评价结果而言，易损性高的区域易产生生态环境问题，在此区域内进行矿产开发活动会加剧青藏高原生态环境恶化，是生态环境建设与保护的重点。因此，评价对于分析规划区生态系统的稳定性，资源接续基地的规划和可开采矿区的选择具有重要作用。

水是生命之源，土是生存之本。水和土是人类赖以生存和发展的基本条件，是不可替代的基础资源。随着社会经济的迅速发展，不合理开发利用以及水土污染的现象日益严重。水土环境一旦发生劣变，特别是水土质量恶化，对其进行治理和恢复的难度和代价都是十分巨大的，甚至在一定时期内完全恢复是不可能的。因此，防治保护水土资源就显得十分重要。

水土资源的易污性就是指水土环境对自然条件变化和人类活动破坏带来的一系列问题（污染为主）的防护能力。水土资源易污性评价是在保护水土环境工作的基础上，通过评价和区划，进而区别不同地区水土的防污能力，评价水土潜在的易污染性，圈定易污染的水土范围，从而可以警示人们在开采利用资源的同时，采取有效的防治保护措施。

受矿产资源开发活动的影响，在青藏高原，关注的并不只是水土“量”的问题，更重要的是“质”，即矿业活动对水土环境的污染问题。在本研究中，水土环境外界的扰动力就是矿产资源的开发，受体对象即为水环境和土壤环境。青藏高原水土环境的易污性需要反映的是水环境和土壤环境受矿产资源开发影响进而被污染的程度，或将要受到污染危害的程度，以及水土环境自身净化抵抗的能力。

采矿活动对环境的污染非常剧烈，如采矿形成的矿坑水、选矿废水等多就近向沟谷、河流排放，以及采矿废石、矸石、尾科渣等堆放不当，都会直接造成矿区水体和土壤污染。此外，含有害化学元素的废渣，因降雨浸润，污染地表水、地下水和耕地，容易形成地方病源，危害人体健康。因此，对矿业活动周边的水土环境进行易污性分析和评价，对实现整个地质环境承载力的评价至关重要。

（二）矿山地质环境问题（易发性评价）

本研究中狭义的地质环境是指地质背景，如果其抗干扰能力失衡会产生一些由于力学原因造成的地质环境问题，如岩土体失稳或地表变形等问题，这其实就是地质灾害。地质灾害易发性是表征地质灾害活动程度的标志，其分析可以是对一个特定灾害点（或灾害事件）的评价，也可以是对一个地区（或区域）地质灾害活动水平的综合评价。灾害点易发性分析具有非常现实的意义：认识灾害活动的发展阶段，预测未来灾害活动程度，为决策是否需要防治以及采取什么措施进行防治提供直接依据。区域地质灾害易发性分析是开展灾害保险、部署区域减灾工程的依据，因此具有更加重要的地位。

（三）矿业开发强度（可持续性评价）

地质环境条件和矿山地质环境问题基本能囊括矿山地质环境的各项背景条件，即原生环境的优劣好坏，这在一定程度上决定了其地质环境承载力的大小，这是地质环境系统本身固有的特性和功能，属于内在能力。而矿业开发强度对地质环境的影响，属于外界压力。

本研究矿业开发可持续发展的核心思想是指矿业开发强度（包括已开发和正在开发的矿区）不能超越区域地质环境承载力，强调发展需要节制，要将资源的保护与利用合理地结合起来，保证以可持续的方式合理开发，在开发的同时须保护、改善甚至提高青藏高原的资源生产能力和环境自净能力。这里需要强调的是，本研究仅关注研究区各区域内矿业开发强度能否保持在合理的范围内（即不超过该区域的地质环境承载力），使矿业开发活动可持续性进行，而非对矿产资源本身的可持续性进行研究，对资源储量与经济学、社会学相关因素不做过多考虑，仅从资源开发角度评价地质环境承载力。

矿业开发强度与环境破坏程度有密切关系，与地质灾害发育程度具有明显的关系，这直接影响区域矿产开发的可持续性。对于青藏高原，较高强度的矿业开发，除了可能引起地面塌陷、地裂缝、地面沉降、矿坑突水等地质灾害，并诱发崩塌、滑坡等边坡失稳问题（例如甲玛—驱龙铜多金属矿），还可能引起地形地貌景观以及土地资源的占用和破坏，以及由此引发的水土流失、沙漠化、石漠化等土地退化问题（例如木里煤田聚乎更矿区）。影响矿业开发可持续性的指标，与开采方式、开采深度、开采年限等较多因素均相关。

（四）社会环境（敏感性评价）

社会环境的敏感性实际上关注的是上述3个方面都未能完全接纳的，但又非常重要的一些问题，包含了一些自然属性和社会属性的内容。在青藏高原范围内进行矿产资源开发地质环境承载力评价，必须要符合国家相关政策和尊重当地文化。比如评价区内有自然保护区或宗教场所，它们受到《自然保护区条例》《矿产资源法》以及《宗教事务条例》等一系列法律法规保护，即体现了该区域社会环境的敏感性。那么这些敏感的自然/人文条件转化成评价指标就是敏感因子，筛选和评价时就需要极为慎重。

五、评价指标体系的构建

（一）地质环境条件评价指标

地质环境条件包括生态环境和水土环境，由于在构建生态环境和水土环境指标体系时，思路和方法各有不同，因此分开论述。

1. 生态环境指标

生态系统是一个结构形态复杂的庞大系统，影响易损性的因子多而庞杂，如海拔、植被、土壤、地质等，而且不确定因素作用显著。不同区域影响因子不同，作用于不同生态过程的生态因子亦不同。对于每一个区域系统，总有一系列可被观测到的属性（指标），一组指标往往只能反映系统某个方面的性质，为能反映和评价所研究的整个系统的性质就需要若干组指标，并归纳出一些综合性的生态指标，这样就构成了生态环境易损性评价指标的基本体系。

1）目的性分析

不同生态系统都有其特定的结构和功能，生态环境易损性评价就是预测和评价外部胁迫（自然的和人文的）对系统可能造成的影响，以及评价系统自身对外部胁迫的抵抗力以及从不利影响中恢复的能力，其目的是为维持系统的持续发展，减轻外部胁迫对系统的不利影响和为退化系统的综合整治提供策略依据。

2）整体性分析

系统是由多个要素或者多个子系统构成的，各个要素或各个子系统间相互作用、相互影响、相互制约，共同决定着系统的结构和功能。另外，影响系统的外部因子也是多方面的。因此，对生态环境易损性进行评价不仅要明确系统内部各要素或子系统的效应，还要弄清各个要素或子系统之间的综合效应；既要搞清外界各个胁迫因子对系统的影响，也要对它们的综合作用进行研究。依据整体大于各部分之和的原理，进行生态环境易损性研究时，应该从系统的整体出发进行相关的评价。

3）主导性分析

生态环境受地质、地貌、水文、土壤、植被、气候及人为活动等多种因素的制约，在众多的因子中，各种因子的作用过程及作用方式是不同的。在众多的影响因子中，必然有一个或者几个因子居于主导地位，这些主导因子的变化会直接影响生态环境这一系统的结构和功能。因此抓住影响生态环境易损性的主要问题，可以为脆弱生态环境的整治提供更直接的手段。

4）动态性分析

生态系统时刻处于发展变化的过程中，外部因子对系统的胁迫也是处于不断的发展和变化中，而且对于不同的时空尺度，其发展变化的动态也是不同的。因此在生态环境易损性评价过程中，应从动态变化的角度来分析生态系统本身及外部胁迫的发展和变化，从而最终实现对系统易损性的科学评价，合理地进行生态系统的恢复和重建，实现生态系统的持续发展。

5）相关性分析

生态系统中各因子之间有着密切的联系，当系统中某一因子发生变化时会对其他因子产生影响，使之也发生相应的变化。因此在进行生态环境易损性评价时，应注意研究生态系统中各因子间的相互关系，研究各因子间的关联性质、关联密切程度等。此外还应考虑外部胁迫因子同系统内各因子之间的关系，从而判断外部胁迫因子对系统的影响。

6）评价指标的选取

青藏高原地理位置和地质环境背景特殊，水土流失问题也较突出。青藏高原是长江、黄河、澜沧江、黑河、怒江和雅鲁藏布江等众多河流的发源地，特殊地貌发育、地形切割明显、地面高差变化极大，由此产生的水力梯度和造成的水力侵蚀规模巨大。此外，高原上主要是现代冰缘地貌，以气候因素占主导地位，主要属高寒的亚大陆性气候，寒冷而干旱，气候多变，四季不明。这种气候决定了高原的土壤侵蚀还主要表现在冻融侵蚀。冻融侵蚀是多年冻土在冻融交替作用下发生的土壤侵蚀现象，发生在多年冻土区的坡面、沟壁、河床、渠坡等处。冻融侵蚀对耕地、草地以及公路、堤坝等造成了严重危害。冻融侵蚀易损性评价是为了识别容易形成冻融侵蚀的区域，评价冻融侵蚀对外界作用力的脆弱程度。

青藏高原是全球土地荒漠化广为发生、发展的重要区域，由于各自然地域系统和社会经济地域系统差异较大，受自然环境、气候变异、人为活动等多种因素影响，高原土地荒漠化区域分异明显，并且处于正在强烈发展的态势。荒漠化成为了青藏高原发展区域经济和维护生态平衡的巨大环境压力和障碍因素。“荒漠化易损性”是指由于人类活动引起土地荒漠化的可能性大小。研究青藏高原土地荒漠化脆弱程度和空间分布为改善区域生态环境，实现青藏高原生态、经济和社会的可持续发展提供科学依据。

生物多样性及生境脆弱性是指重要物种的栖息地对人类活动的脆弱程度。重要物种通常指被国家或地方列为重点保护的野生动、植物。这些动、植物受自然原因或人为因素的影响，成为繁殖力低下种群，数量稀少，分布区狭窄，而且又多具有较高的经济利用价值或科学文化意义，因此在自然界中显得特别珍贵稀有。一个地区，国家和地方的重点保护物种越多，分布越普遍，其生境（栖息地）受人为活动的影响就越大，即生境对人类活动就越脆弱。

青藏高原是世界珍稀野生动物、植物生存繁衍栖息地和生物物种多样的起源地，然而，由于高原气候变化特别是人类近乎失控的对野生动植物的猎杀和滥采行为，严重影响到野生动植物的安全生存与繁衍，生物多样性所依赖的生态系统越来越不稳定。目前，许多珍稀野生动植物处于濒危或绝迹，种群资源量急剧下降。据估计，青藏高原每年至少有20多个物种灭绝。生物多样性与生态系统的关系面临严峻挑战。因此，对矿产资源开发活动中青藏高原生物多样性和生境脆弱性的研究对生物多样性和高原生态系统的保护具有重要意义。

2. 水土环境指标

针对本研究，对青藏高原水土环境防污性能的刻画主要是水土自身的结构特性和属性指标，这些指标基本能够反映水土在受到相同外界干扰下自身受影响（污染）的难易程度。

1）气候条件

水土环境受污染的程度跟气候关系密切，如海拔高的地区温度低、含氧量以及生物量低，一旦受到污染,将难以自净,因此抵抗力相对较低。相反,在低海拔地区,温度较高,动物(含微生物)代谢较快、活动频繁,如遇降雨较多则植被生长茂盛,这将为抵御外来扰动创造有利条件。

因此,不管是水环境还是土壤环境,气候条件将决定其防污能力的强弱,评价指标可考虑选择年平均气温、年平均降雨量和年平均蒸发量。但年平均蒸发量和年平均气温、年平均降雨量均有一定的相关性,因此最后选定的指标为年平均气温和年平均降雨量。

2)介质条件

本研究提及的地下水易污性能是指在一定的地质与水文地质条件下,矿业活动产生的所有污染物进入地下水的难易程度,它与含水层所处的地质与水文地质条件(即介质条件)有关,与污染物性质无关。

水文地质条件不同,地下水易污性能也不同,影响的因子很多,选择的原则是对地下水易污性能影响大且资料容易取得的因子。参照DRASTIC模型,本研究选取3个因子作为评价指标:土壤类型,地形坡度和地层岩性。

3)外部条件

对于土地而言,自身的自然条件和社会经济特性从土地利用类型反映;外界的环境从植被覆盖度反映。

地质环境条件综合生态环境和水土环境构建的指标体系,汇总后见表5-2所示。

表5-2　地质环境条件评价指标汇总

<table>
<tr><th>准则层</th><th colspan="2">子准则层</th><th>指标层</th></tr>
<tr><td rowspan="6">地质环境条件</td><td rowspan="2">水土流失</td><td>水力侵蚀</td><td>气候:年平均降雨量
地形:地形坡度
地理:土地利用类型
植被:植被覆盖度</td></tr>
<tr><td>冻融侵蚀</td><td>气候:年平均温度、年平均降雨量
地形:地形坡度
植被:植被覆盖度
土壤:土壤类型</td></tr>
<tr><td colspan="2">土地荒漠化</td><td>气候:年平均降雨量
土壤:土壤类型
植被:植被覆盖度
地理:土地利用类型</td></tr>
<tr><td colspan="2">物种多样性及生境</td><td>气候:年平均温度、年平均降雨量
植被:植被覆盖度
土壤:土壤类型</td></tr>
<tr><td colspan="2">水体环境</td><td>气候条件:年平均气温、年平均降雨量
介质条件:土壤类型,地形坡度和地层岩性
外部条件:植被覆盖度</td></tr>
<tr><td colspan="2">土壤环境</td><td>气候条件:年平均气温、年平均降雨量
地形条件:地形坡度
土地条件:土壤类型、土地利用类型
植被条件:植被覆盖度
地质条件:地层岩性</td></tr>
</table>

（二）地质灾害易发性评价指标

评价一个地区地质灾害的易发性，主要是从这个地区的自然气候条件和地质环境条件的背景分析开始。本研究的这种易发性分析，并不是在对区域内斜坡稳定性等进行详细勘查评价的基础上做出的，而是基于类比和影响因素与这些地质现象之间并不十分明晰的相关关系而做出的一种宏观评价。

从总体上来说，地质灾害的形成机制复杂，所涉及的内容非常广泛。一般来讲，地质条件、地形地貌条件、气候条件、水文条件、植被条件是控制地质灾害活动的基本条件，但这些条件在不同地区、不同类型的地质灾害中的主次地位和作用方式是不尽相同的。在这种情况下，不可能也没必要将反映地质灾害形成的所有要素纳入地质灾害易发性评价中。为了使评价指标适应地质灾害易发性评价的需要，首先需进行以下分析。

1. 主导性分析

将对地质灾害易发性具有重要作用的要素指标纳入危险性评价中，舍去次要的、间接性要素指标。分清主次关系，合理确定评价指标，可以使地质灾害易发性评价更加科学，更加明了。

2. 层次性分析

地质灾害易发性评价的目的是评价地质灾害的发生概率、可能形成的规模和破坏范围，这也是地质灾害易发性评价的终极目标。根据地质灾害的发生条件，地质灾害易发性指标的层次系统可分为：背景指标—分析指标—目标指标。

3. 差异性分析

地质灾害易发性评价涉及的灾种不同，评估类型（点评估、面评估、区域评估）不同，它们既有共同点，也有差异。因此，在建立地质灾害易发性评价指标时，既要反映它们的共同特性，又要反映它们的个性差异。

4. 评价指标的选取

从青藏高原地质灾害的形成与演化来看，由于连续而快速的喜马拉雅新构造运动和复杂而强烈的各种动力地质作用，使青藏高原地质灾害类型齐全，发育强度最高，破坏最大，地质灾害最为发育，随着青藏高原的矿产资源开发活动的不断加剧，青藏高原内的地质灾害不仅不能减弱，反而会进一步加剧，危害会更大。根据《矿山地质环境保护与恢复治理方案编制规范》（DZ/T 0223—2011），关注的矿山地质灾害有崩塌、滑坡、泥石流、地面塌陷和地裂缝。

地质灾害易发性分析的影响因子，主要是对影响致灾地质作用发育的各种孕育条件的分析。影响致灾地质作用发育的孕育条件很多，考虑研究区特殊的环境条件，通过对研究区地质灾害环境的调查分析，对研究区崩塌、滑坡、泥石流、地面塌陷和地裂缝等灾害，选定的影响因子主要有气候气象、地形地貌、地层岩性、土壤植被和反映地壳稳定性的一些指标。需要说明的是，土层厚度作为可表征土壤肥力、质量、侵蚀等级的物理指标，也是一项有意义的指标，但目前对于土层厚度划定暂无统一标准，更重要的是整个青藏高原的土层厚度这一指标暂无法准确获取，因此此次评价指标未选取土层厚度（表 5-3）。

表 5-3 矿山地质灾害问题指标汇总

准则层	子准则层	指标层
地质灾害问题	崩塌	年平均降雨量、地形坡度、地层岩性
	滑坡	年平均降雨量、地形坡度、地层岩性、植被覆盖度
	泥石流	年平均降雨量、地形坡度、地层岩性、植被覆盖度、土壤类型
	地面塌陷	植被覆盖度、地层岩性
	地裂缝	

(三)矿业开发可持续性评价指标

青藏高原矿业开发可持续性评价指标应具备以下 3 个方面的功能:①它应该能描述和表现任一时刻矿区地质环境承载力持续发展的水平或现状;②它应该能描述和表征任一时刻矿区地质环境承载力的发展变化趋势;③它还应能描述和体现出矿区开发强度与区域地质环境承载力发展的协调程度。

矿业开发活动对地质环境承载力的影响主要表现在对环境的破坏。例如,青藏高原露天开采导致的环境问题包括地形地貌景观以及土地资源的占用和破坏,以及由此引发的水土流失、沙漠化、石漠化等土地退化问题,那么是否可以直接从地质环境条件和矿山地质环境问题中,根据相对应的子准则层挑选指标呢? 这个方式是不太可行的。主要考虑如下:矿业开发活动对表生环境影响深重,但其机制十分复杂,既取决于矿产资源种类、开采方法、采掘机械的选用等,也决定于矿区所在的自然地理环境和社会特征等。例如不同类型矿业活动对地形地貌破坏方式具有差异性,不同地理环境下的矿业活动对土壤环境影响也不同。此外矿业开发活动还会带来环境后效应,即矿山开发过程及停止后对周边环境的影响和破坏,影响范围远远大于开采活动范围,具有放大效应;持续影响时间远远超过开采时期,具有滞后延时性。因此选定的子准则层包含的范围和要素太多,而各子准则层也很难用几个指标较为准确地描述。

由前文分析得知,青藏高原地质环境问题与矿业开发强度是密切相关的。矿山开发强度,主要反映了矿山地质环境的发展趋势。从上述指标选取应具备的功能出发,结合青藏高原区域地质环境背景特点及调查统计情况,综合考虑后,从以下 3 个方面选取指标进行评价:一是矿层采深采厚,采深采厚不仅直接关系到矿区开发的安全,也是判断矿区开发可持续性的内容之一。采深采厚比是指开采深度与开采厚度的比例。一般认为,此比值越高,开采的安全性越好。但在采深采厚比值足够小时,可选用露天开采,露采时,比值则是越小越好。可见采深采厚主要的影响因子包括开采方式和开采深度。二是矿山开发状况,广义矿山开发状况包含的范围较广,包括矿山开发种类、位置、规模,矿山所处的地理、地貌、地质环境、采矿方式,尾矿和固体废料的分布特点、占地情况以及对生态环境的影响程度等情况。这里从矿业开发可持续性角度出发,考虑与矿业开发强度直接相关的因素,因此矿山开发状况主要的影响因子包括:开采规模、开采年限、开采方式、开采面积和开采深度。三是矿山分布密度,也可近似理解为面积开采强度,可直观地评价矿业开发强度。矿山分布密度主要的影响因子包括开采面积、开采规模(表 5-4)。

表 5-4 矿业开发强度指标汇总

准则层	子准则层	指标层
矿业开发强度	矿层采深采厚	开采方式、开采深度
	矿山开发状况	开采规模、开采年限、开采方式、开采面积、开采深度
	矿山分布密度	开采面积、开采规模

(四)社会环境敏感性评价指标

从生态环境、地质等角度系统分析青藏高原的自然属性,从宗教文化、人类经济活动等角度分析青藏高原的社会属性。在此基础上,筛选出自然环境和人文环境里面的敏感指标(因子),评价区里一旦出现这些敏感因子,承载力即为零,禁止进行矿产资源的开发。

将这些敏感因子归一化为一个敏感性指标,具体包括以下内容:国家和省级自然保护区,重点保护的历史文物和名胜古迹区,国家地质公园,国家矿山公园;重要湖泊,河流,水库,水源地,地下水;基本农田;铁路、高速公路、重要公路两侧一定范围内,以及机场等重要基础设施、重大工程设施、重大工程建设项目、军事禁区、宗教场所和人员居住密集区(表5-5)。

表5-5　社会人文环境评价指标汇总

准则层	子准则层	指标层
社会人文环境	自然环境	自然保护区、水源地、特殊湖泊、重要河流、历史文物古迹/风景名胜保护区、国家地质公园、国家森林公园、国家湿地公园
	人文环境	基本农田、军事禁区、宗教场所、人员居住密集区、国家矿山公园、堤坝、水库、机场、铁路、高速公路、重要公路、重大工程建设项目

(五)评价指标库

以上构建的4个准则层基本能囊括矿山地质环境的各项背景条件以及与之相关的人类活动影响。

评价指标体系是以“青藏高原矿产资源开发的地质环境承载力”为研究目标的层次结构体系,体现的是地质环境系统的内环境和内稳定性;要衡量青藏高原某区域上能否承载某矿产资源开发活动的影响,还需考虑矿业活动本身的一些属性,这是外压力或外动力。将两者结合到一起便能构建出整个青藏高原矿产资源开发地质环境承载力的评价指标库(表5-6)。

表5-6　评价指标库

指标属性	评价指标	指标个数
气候气象	年平均气温、年平均降雨量	2
地形地貌	地形坡度、土地利用类型	2
生物生境	植被覆盖度	1
地质构造	地层岩性	1
土层土壤	土壤类型	1
矿业活动	开采规模、开采年限、开采方式、开采面积、开采深度	5
敏感指标	自然保护区、水源地、特殊湖泊、重要河流、历史文物古迹/风景名胜保护区、国家地质公园、国家森林公园、国家湿地公园	1 (一票否决)
	基本农田、军事禁区、宗教场所、人员居住密集区、国家矿山公园、堤坝、水库、机场、铁路、高速公路、重要公路、重大工程建设项目	
合计		7+5+1

第五节　评价指标信息获取

获取的评价指标的相关性状数据，是定量评价的数据来源和基础。当前，获取评价因子性状数据的方法主要有3种：资料收集、遥感解译和野外调查。本节重点论述遥感解译和野外调查两种方法。

与此同时，评价因子信息获取都是基于评价单元来进行的，因此，在获取信息之前，首先要对评价区域进行单元划分。

一、评价单元划分

按照中国地质调查局工作标准《区域环境地质调查总则(试行)》(DD 2004—02)中有关地质环境评价单元划分的若干规定，评价单元的选择一般有两种方式：一是按照自然地理单元、行政区划单元或经济开发(土地利用)单元等一定的标准将整个评价区划分成有限数量的自然评价单元；二是抛开自然边界，将之划分成数量众多但形状和大小都相同的网格单元，网格单元大小的确定应该综合考虑各个评价因素在区域上分布的复杂程度和计算速度、存储容量等多方面的因素。

常用的单元划分方法有3种，即：三角形剖分法、正方形网格划分法和不规则多边形网格划分法。其中，三角形剖分法和不规则多边形网格剖分法对小范围地质环境评价的区域划分较为合适。基于遥感的区域地质环境评价则大多采用网格单元划分的方法。

(一)正方形网格划分法

正方形网格划分法是以地理坐标来控制，采用正方形网格进行划分的。

考虑到网格太大将无法反映区域地质环境细节，网格太小又会导致工作量显著增加且影响评价效果，此外，对基础数据的获取要求也较为苛刻，所以在实际应用中，可根据具体情况确定网格大小，大小由10m×10m至2km×2km不等。

(二)三角形剖分法

三角形剖分法是以三角形为基本规则进行评价单元区域划分。总体来说，该方法对评价区域所进行的单元划分较为任意，但应该遵循以下3个原则：

(1)三角形的任意一角不得大于90°，三条边的长度尽可能接近。

(2)三角形顶点不能落在另外某个三角形边上。

(3)每个评价单元的性状因子尽可能均一。

三角形剖分大多与有限元或数值模拟相关联，对小范围地质环境评价的区域划分比较合适。

(三)不规则多边形单元划分法

不规则多边形单元划分以矿山地质环境条件突变的界线作为边界，如：

(1)以地形地貌相对突变界线(如山脊、山谷)为边界。

(2)以岩性突变界线作为边界。

不规则单元法则是目前应用较广且相对合理的一种单元划分法，主要考虑到地质环境自身条件差异性而设定。

该方法比较适用于区域地质环境评价。

二、遥感解译方法

（一）解译标志建立

遥感解译标志是遥感图像上能具体反映和判别地物、现象的图像特征。遥感解译标志的建立是进行遥感解译的关键。解译标志随不同地区、不同时段等因素而变化，它的建立要有针对性。所以，针对特定研究区现有遥感图像构建判读标志是目视判读遥感技术的基础。首先，建立的各类地物的解译标志要能基本反映出影像的8个要素；其次，要综合考虑“同谱异物、异物同谱”的现象，尽量考虑对各类地物建立多种解译标志；最后，建立解译标志时要以卫星图像、地形图等资料为主，再整理和分析现有资料。在进行野外调查中针对不同调查类型进行多区域、多类型、重复采点，力求建立正确的解译标志。

在不同影像图上，不同地物影像特征各有差异，这些影像特征是判读时识别各类地物的主要依据。解译标志有直接解译标志和间接解译标志两种，前者包括形状、大小、色调或颜色、结构、饱和度及纹理；后者则包括地物的位置、分布特征及地物之间的相互关系。在图像判读前，首先要对研究区域进行调查，建立起各类土地利用类型的判断标志。

建立正确的解译标志对后续工作极为重要，它直接影响着图斑属性值的可信度。在建立解译标志时应遵循以下方法和步骤。

（1）影像上没有明显解译标志的地类不能成为分类中独立的图斑类型，除非是一些重要地类，并且通过其他辅助数据能够精确地界定每一图斑的轮廓。

（2）根据假彩色合成影像的波谱特征、空间分辨率以及研究区的物候资料、现有相近时期的土地利用图，并结合影像色调、亮度、饱和度、形状、纹理和结构等特征，制定初步解译标志。

（3）在此基础上选取典型地段进行预判，并且参考野外调查数据展开验证。

（4）最后建立该研究区域的解译标志。

（二）指标信息分类提取

指标信息提取首选遥感解译途径，无法提取时可通过资料收集方式获得。

评价指标可分为定性指标和定量指标两类，其中，定量指标信息提取时不需进行分级；定性指标的信息分类方法可借鉴相关国家、行业标准等，并结合研究区实际情况进行分类。下面给出矿山地质环境一些主要指标的分类方法，可供参考（表5-7）。

1. 矿区环境要素指标信息提取

1）地形坡度

地形坡度的信息可利用DEM数据在ArcGIS中获取。

通过含有高程信息的数字模型，计算单位水平增量与高程增量的百分比，得到研究区的坡度。含有高程信息的数字模型，可以是现有的DEM数据，也可以由地形图或雷达干涉测量生成。

表 5-7　部分矿山地质环境要素分类和分级

<table>
<tr><td>分类</td><td colspan="72">分　级</td></tr>
<tr><td>地貌类型</td><td colspan="8">丘陵山地</td><td colspan="8">风积地貌</td><td colspan="8">黄土</td><td colspan="8">台地</td><td colspan="8">河漫滩</td><td colspan="8">冲积扇</td><td colspan="8">平原</td><td colspan="8">冰川</td><td colspan="8">湖泊</td></tr>
<tr><td>断裂构造密度</td><td colspan="18">浅层断裂稀少、无深断裂</td><td colspan="18">浅层断裂较少、有浅断裂切割地</td><td colspan="18">浅层断裂较多、深断裂带状分布</td><td colspan="18">浅层断裂密集、深断裂带交汇区</td></tr>
<tr><td>植被类型</td><td colspan="18">阔叶林、针叶林、草甸、灌丛和萌生矮林</td><td colspan="18">稀疏灌木草原、一年二熟粮作、一年水旱两熟</td><td colspan="18">荒漠、一年一熟粮作</td><td colspan="18">无植被</td></tr>
<tr><td>土地利用类型</td><td colspan="9">耕地</td><td colspan="9">林地</td><td colspan="9">草地</td><td colspan="9">裸地</td><td colspan="9">荒漠</td><td colspan="9">水域</td><td colspan="9">城镇居民用地</td><td colspan="9">工矿</td></tr>
<tr><td>土壤质地</td><td colspan="18">黏质</td><td colspan="18">砾质</td><td colspan="18">壤质</td><td colspan="18">沙质</td></tr>
<tr><td>近地表岩性</td><td colspan="18">岩石坚硬，结构完整</td><td colspan="18">岩石较坚硬，结构较完整</td><td colspan="18">岩石破碎，结构不完整</td><td colspan="18">岩石破碎，软弱结构面发育，岩土体不完整</td></tr>
</table>

2）地貌类型

地貌类型信息可通过 DEM 和 TM 等数据提取。

以中国地貌图上的分类为基础，考虑到固体矿产的开采都分布在陆地上，因此对海洋地貌类型不予考虑，只考虑陆地地貌类型。我国陆地地貌分类较为复杂，根据实际需要对原有分类进行合并，分为九大类：丘陵山地、风积地貌、黄土、台地、河漫滩、冲积扇、平原、冰川和湖泊。

地貌类型提取以高程信息为基础，结合其不同地形起伏度、纹理、波段组合，按类别进行获取。

3）土地利用类型

土地利用类型可通过遥感影像信息提取或资料收集方式获取。

以中国土地利用图分类为基础，在原有土地利用现状分类的基础上划分为八大类，分别是：耕地、林地、草地、裸地、荒漠、水域、城镇居民用地、工矿用地。

提取土地利用类型采用的方法如下。

监督分类法：该方法建立在先验知识的基础上，以野外调查方式获取，在室内选取训练样本，建立分类准则进行分类。

逐级分层分类法：对欲分类地物的光谱特征，选择不同的特征参数和分类方法，逐层提取信息，并制作相应的模板，将已经提取的信息从图像上掩抹掉，以消除它对其他地物类型提取的影响，使图像上的剩余类型越来越少，下一层地物的分类也越来越容易，最后将逐层分类的结果叠加成最后分类结果。

4）植被覆盖率

利用遥感数据估算植被覆盖度的方法大致可归纳为两种。

混合光谱模型法：由不同物质形成的混合光谱可以表达成每种单物质光谱的线性组合。

植被指数转换法：在对光谱信号进行分析的基础上，通过建立植被指数和植被覆盖度的转换关系来直接估算植被覆盖度。

5）年平均降雨量

中国每平方千米年平均降雨数据库以覆盖全中国的 700 多个地面气象观测站（剔除一些数据记录不全的站点，一般为 680 个站）记录的降雨量数据及观测站经纬度为计算基本数据，采用澳洲国立大学堪培拉资源环境研究中心发布的软件 ANUSPLIN 4.3 计算。

ANUSPLIN 软件的主要功能是插值运算。

应用 ANUSPLIN 软件对站点观测数据空间化大致包括以下两大步骤：

第一步，应用其软件模块 SPLINA 或 SPLINB 建立降雨空间分布与台站经度、纬度及高程的统计关系。

第二步，基于第一步中所建立的统计关系，ANUSPLIN 模块 LAPGRD 计算目标网格点的降雨值。

6)其他定性指标

近地表岩性、断裂构造密度、土壤质地、植被类型等指标信息主要通过资料收集方式获得。

近地表岩性、断裂构造密度可根据地质图和环境地质图等，对研究区近地表岩性进行分类。主要从工程地质方面对其进行分析，可参照《地质环境评价》(周爱国等，2008)中的分类方法；土壤质地、植被类型可参照《地质环境评价》(周爱国等，2008)和《我国矿山地质环境调查研究》(张进德等，2009)中的分类方法，并结合研究区实际情况进行分类，矢量化后生成单因子图。

2. 矿山地质环境问题指标信息提取

1)矿山地质灾害

矿山地质灾害(崩塌、滑坡、泥石流、地裂缝、地面塌陷、地面沉降)利用遥感图像解译调查，可以直接根据影像识别地质灾害点，勾绘出灾害范围，并确定其类别和性质，查明其产生原因、规模大小、危害程度、分布规律和发展趋势。由于某些不良地质现象的发展过程一般比较快，可以利用不同时期的卫星遥感图像进行对比研究，往往能对其发展趋势和灾害程度作出较准确的判断。

地质灾害和地质环境问题的评价单元量化分级可采用缓冲区方法。例如，以地质灾害本体为中心，以规定的距离标准为基础，并结合其影响范围，向其影响方向依次划分一级缓存区、二级缓存区、三级缓冲区、缓冲区之外 4 个等级，所对应的灾害程度依次从大到小。

(1)崩塌、滑坡、泥石流。

在遥感影像上识别滑坡点，先要建立滑坡的遥感解译标志。从滑坡在遥感图像上的形态、色调、阴影、纹理等进行遥感解译标志的建立。除上述对滑坡体本身图像进行解译外，还应从大范围的地貌形态进行判断。

建立解译标志后，用遥感软件对影像进行预处理、波段选择、图像融合和影像增强等，使滑坡在影像上更容易识别。如果可以同时得到正射校正的影像图和相应比例尺的数字高程(DEM)，则可以制作三维遥感仿真图像，使图像解译和分析更加直观、准确。

泥石流和崩塌除了解译标志不一样外，提取方法一样。

(2)地裂缝。

在没有植被覆盖的裸地，利用空间分辨率较高的影像，对影像预处理，进行方向滤波，它可以增强图像指定方向的地面形迹，使地裂缝在影像上更清晰。

在草地或灌木中，利用 NDVI(植被归一化指数)对影像进行分析，NDVI 对土壤背景的变化较为敏感；它是单位像元内的植被类型、覆盖形态、生长状况等的综合反映，其大小取决于植被覆盖度和叶面积指数等要素，NDVI 对植被盖度的检测幅度较宽，有较好的时相和空间适应性。

NDVI 指数值介于－1～1 之间。0 代表该区域基本没有植被生长；负值代表非植被覆盖的区域；取值 0～1 之间，数值越大代表植被的覆盖面积越大、植被的量越多。云、水体和冰雪在红色及近红外波段均有较大反射率，其 NDVI 值为负值；土壤和岩石在这两个波段的反射率基本相同，因此其 NDVI 值接近 0。

地裂缝形成后会裸露出土壤或岩石，并将影响周围植被的生长。它的 NDVI 值在 0～0.3 之间，与周围植被的 NDVI 有较大差异，在影像上表现的灰度值不同。据此，能利用光谱特征提取地裂缝的相关信息。

在林地等植被覆盖度高的地方，地裂缝信息会被遮盖。对这部分地裂缝的提取，必须结合相应的资料。

(3)地面沉降。

利用差分雷达干涉(D-InSAR)测量技术,来监测地面沉降。差分雷达干涉是合成孔径雷达(SAR)卫星应用的一个拓展。雷达图像的差分干涉图可以监测厘米级或更微小的地面形变,具有全天候、大面积监测地面沉降和矿山沉陷的优势。

2)水土环境污染问题

(1)水体污染。

水污染的遥感信息提取基于污染水体的光谱效应开展。由于溶解或悬浮于水中的污染成分、浓度不同,使水体颜色、密度、透明度和温度等产生差异,导致水体反射能量的变化,在遥感图像上反映为色调、灰阶、形态、纹理等特征的差别,根据这些影像显示,可以识别污染源、污染范围、面积和浓度等信息。

悬浮物浓度、叶绿素(藻类)、DOM(腐殖质)、油可以作为水质指示器。在矿山遥感检测中主要对悬浮浓度和叶绿素进行提取。悬浮泥沙浓度测量是通过与影像波段合成的辐射率或反射率之间的曲线,建立对应关系和物理反射模型。

藻类浓度可以通过收集样本,提取叶绿素和在实验室用光度测定技术提取浓度来检测,也可以用遥感测量叶绿素的浓度和形态。与悬浮泥沙的测量方法相同,大多数水中叶绿素的遥感研究是以窄波段或波段比的辐射率/反射率与叶绿素之间的经验关系为基础进行的。

(2)土壤污染。

对矿山土壤污染物的提取,先要检测矿山污染地物的光谱特征,总结出可利用于直接识别和提取这些污染物的特征光谱,再利用矿区的高光谱数据,并以矿物识别谱系技术为主有效地识别出矿区的污染类型及其分布。

另外,植被的光谱特征(对光的吸收、透射和反射的变化)是由植物的生理特征决定的,植物的生理特征又相应反映着它的长势情况。因此,可以根据光谱的差异监测植被的生长状况。通过污染物的植物光谱效应,建立污染物质及其之间的相应关系,进而通过植物光谱特征的变化来监测土壤污染现状。

3)生态环境问题

(1)荒漠化。

在基于遥感技术的荒漠化信息提取中,植被指数与分类方法应用比较普遍。植被指数(VI)是由多光谱数据经线性和非线性组合构成的,对植被有一定指示意义的各种数值,被认为是获取大范围植被信息最有效的方法,应用最广泛。NDVI(植被归一化指数)是VI的一种。植被指数表示每一像元植被信息的相对量,在一定程度上解决了像元异质性的问题。然而,植被指数却有着定量程度不高、对土壤背景反应敏感、对稀疏植被探测能力不高的缺点,因而在荒漠化信息的提取中也受到一定的限制。

(2)水土流失。

水土流失是一个综合指标,它受多种因素的影响。水土流失的影响因素可归结为5个方面:降雨、地质地貌、土壤与母质、植被和人为影响。

4)土地资源占用与破坏

矿产资源开发过程中的土地资源占用与破坏分为4类:露天采矿的采场挖损;矿渣、尾矿等固废的压占;地下开采造成的采空区,使地面产生塌陷、地裂缝等地质灾害损毁土地;矿山建设、交通设施和民用设施等对土地的占用。4类中除了地下采空区外,其他都可以利用高分辨影像,通过建立解译标志,目视解译方法提取。地下采空区的提取需要利用相关的矿山资料。

矿山开采导致的地形地貌破坏,不仅影响环境质量,还极易破坏长期形成的自然景观,造成美学方面的破坏。景观影响是指矿业活动导致的地表自然景观改变并对人们造成视觉污染的影响。其影响程度主要从对自然景观的破坏程度和景观破坏区所处位置两个方面来确定。因此,应提取出评价区内的以下信息:公路(不包括本矿山用路)、铁路、厂矿、桥、河、水库(坝)、河道、城镇、居民聚居地、名胜古迹、地质遗迹、自然保护区(含地质公园、风景名胜区等)重要建设工程、设施和自然保护区。这部分信息可以根据遥感影像或地形图等资料提取(表5-8)。

表 5-8　地形地貌景观破坏程度等级划分表

依　　据	分级
(1)遥感影像图中地形地貌景观影响和破坏程度明显、范围较大； (2)各类自然、人文景观、风景旅游区、城镇周围、主要交通干线两侧可视范围内对视觉景观影响极为明显、差异性较大	严重
(1)遥感影像图中地形地貌景观影响和破坏程度较明显； (2)遥感影像图中各类自然、人文景观、风景旅游区、城镇周围、主要交通干线两侧可视范围内采矿对视觉景观影响较明显	较严重
(1)遥感影像图中地形地貌景观影响和破坏程度小； (2)对各类自然、人文景观、风景旅游区、城镇周围、主要交通干线两侧可视范围内地形地貌景观影响较轻	较轻
(1)遥感影像图中地形地貌景观影响和破坏程度基本不存在； (2)对各类自然、人文景观、风景旅游区、城镇周围、主要交通干线两侧可视范围内地形地貌景观影响较轻微，可忽略	轻

三、野外调查方法

(一)调查目的

为典型地物的遥感解译提供地面标志；验证遥感解译结果的可靠性与准确性；提供通过遥感解译无法获取的其他数据。

(二)调查内容

1. 地质环境背景调查

气象、水文、地形地貌、地层岩性、地质构造、水文地质、工程地质。

2. 生态环境背景调查

植被、动物、土壤、土地利用、特殊景观类型。

3. 地质环境问题调查

了解工作区内水土流失、荒漠化、石漠化、盐渍化、沼泽化、水土污染等主要地质环境问题的分布范围、发育程度、危害。

4. 地质灾害调查

调查工作区内重大地质灾害体的分布范围、形态特征、构成要素和稳定性等；调查和判断工作区地质环境的稳定性，划分不同区域的稳定性级别。

5. 生态环境问题调查

调查工作区内湿地退化、草地退化、林地退化等生态环境问题的分布范围、发育程度和危害等。

(三)调查方法

采取点、线、面结合的方法进行调查,解译效果较好的地段以点验证为主,解译效果中等的地段布置一定代表性路线追踪验证,解译效果较差的地段以地面验证为主。

第六节 定权方法

在地质环境评价中,往往要选择多个环境要素和环境因子一起参与评价,在这些评价因素综合时,对各个变量具有权衡轻重作用的数值,即称为权重。权重要反映不同评价因子间重要性程度的差异。

在进行矿产资源开发的环境承载力评价时,所选定的评价因子既有定量因素,也有非定量因素,并且评价因子数目往往较大,这就给确定权重带来了很大困难。为了适应不同的定权场合,有必要在进行权重内涵分析的基础上建立较完整的定权方法体系,以供具体评价时计算权重参考。

以下所述的定权方法各有利弊,但不管采用何种方法来计算权重,都必须对计算结果进行仔细分析和推敲,必要时请相关专家对给定的权重仔细分析,看是否有不符合实际的异常情况出现,必要时采用多种定权方法相互验证,找到最合理的权重进行评价。

一、层次分析法

权重的确定有很多种方法,目前应用较为成熟且易于推广的是层次分析法。该方法原理较为简单,目前应用较为广泛。大体可分为以下 3 个步骤:

1. 建立问题的递阶层次结构

首先,根据对问题的了解和初步分析,把复杂问题按特定的目标、准则和约束条件等分解成被称为因素的各个组成部分,把这些因素按属性的不同分层排列。同一层次的因素对下一层的某些因素起支配作用,同时它又受上一层次因素的支配,形成了一个自上而下的递阶层次。最简单的递阶层次分为 3 层。最上面的层次一般只有一个因素,它是系统的目标,被称为目标层;中间的层次是准则,其中排列了衡量是否达到目标的各项准则;最底层是指标层,表示所选取的具体指标等(图 5-9):

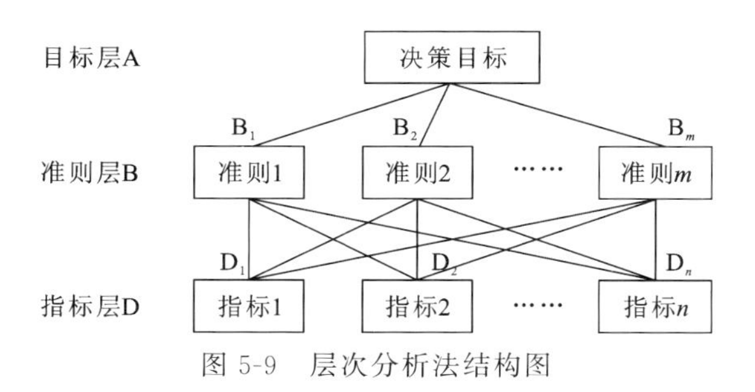

图 5-9 层次分析法结构图

2. 确定判断矩阵

按 T. L. Satty 1—9 标度，每位专家独立地两两比较所有的评价因子后得出各自的判断矩阵，接着将每个成员构造的判断矩阵集中得到综合判断矩阵，并经全体专家讨论修改直至所有专家对综合判断矩阵没有意见为止(表 5-9)。

表 5-9 层次分析定权法的判断矩阵标度及其含义

标度	含 义
1	表示两个因素相比，具有同等重要性
3	表示两个因素相比，一个因素比另一个因素稍微重要
5	表示两个因素相比，一个因素比另一个因素明显重要
7	表示两个因素相比，一个因素比另一个因素更为重要
9	表示两个因素相比，一个因素比另一个因素极端重要
2,4,6,8	上述两相邻判断的中值，表示重要性判断之间的过渡性
倒数	因素 i 与 j 比较得到判断 b_{ij}，则因素 j 与 i 比较的判断 $b_{ji}=1/b_{ij}$

3. 根据构造的判断矩阵，计算指标权重(即求解判断矩阵的最大特征向量)

1)计算矩阵各行各元素乘积

$$M_i=\prod_{j=1}^{n}b_{ij}$$

2)计算 n 次方根

$$X_i=\sqrt[n]{M_i}$$

3)对向量进行规范量化

将上述 n 次方根所得的 n 个向量组成矩阵，并对向量进行归一化处理：

$$W_i=X_i\Big/\sum_{i=1}^{n}X_i$$

得到：$\vec{w}=(W_1,W_2,\cdots,W_n)$

W 为所求得的特征向量的近似值，即为各指标的权重。

4)计算矩阵的特征值 λ_{max}

$$\lambda_{max}=\frac{1}{n}\sum_{i=1}^{n}\frac{[A\vec{w}^{T}]_i}{\vec{w}_i}$$

其中：$[A\vec{w}^{T}]_i$ 为向量 $A\vec{w}^{T}$ 的第 i 个元素。

5)一致性检验

由于客观事物的复杂性及对事物认识的片面性，构造的判断矩阵不一定是一致性矩阵，但当偏离一致性过大时，会导致一些自相矛盾问题的产生。因此，得到 λ_{max} 后，还需进行随机一致性检验，检验公式为：

$$C.I=(\lambda_{max}-n)/(n-1)$$

$$C.R=C.I/R.I$$

式中，$C.I$ 为一致性指标；λ_{max} 为最大特征根；n 为矩阵阶数。$R.I$ 为平均随机一致性指标，取值如表 5-10 所示，$C.R$ 为随机一致性比率。只有当 $C.R<0.10$ 时，判断矩阵才具有满意的一致性，才认为所获取的权值是合理的。

表 5-10　层次分析法的平均随机一致性指标值

矩阵阶数(n)	1	2	3	4	5	6	7	8	9
平均随机一致性指标值($R.I$)	0.00	0.00	0.58	0.90	1.12	1.24	1.32	1.41	1.45

如果在第一次专家打分后，打分结果不能通过一致性检验，则返回重新进行打分，直到通过检验为止。

二、专家打分法

专家打分法即是由少数专家直接根据经验并考虑反映某评价观点后定出权重，实际上是经验估计法与意义推求法的综合。经验估计法是指不说明任何定权的理由和根据而直接给出权值的一类方法，其特点是无任何说明而直接定权；意义推求法是讲明定权时考虑问题的具体根据、依据的意义等再直接给出权值的方法，其特征是有抽象说明而无具体定权过程的方法。专家打分法基本步骤如下：

(1)选择定权组的成员，并对他们详细说明权重的概念、顺序和定权的方法。

(2)列表。列出对应于每个评价因子的权值范围，可用评分法表示。例如，若有 5 个值，那么就有 5 列。行列对应于权重值，按重要性排列。

(3)发给每个参与评价者一份上述表格，反复核对、填写，直至没有成员进行变动为止。

(4)要求每个成员对每列的每种权值填上记号，得到每种因子的权值分数。

(5)要求所有的成员对作了记号的列逐项比较，看看所评的分数是否能代表他们的意见，如果发现有不妥之处，应重新划记号评分，直至满意为止。

(6)要求每个成员把每个评价因子(或变量)的重要性的评分值相加，得出总数。

(7)每个成员用第 6 步求得的总数去除分数，即得到每个评价因子的权重。

(8)把每个成员的表格集中起来，求得各种评价因子的平均权重，即为“组平均权重”。

(9)列出每种的平均数，并要求评价者把每组的平均数与自己在第 7 步得到的权值进行比较。

三、序列综合法

序列综合法的定权因子就是评价因子的某些定量的性状指标，其思路是根据这些定量数据的大小排序后给对应分数，再综合这些分数定权值。

(一)单定权因子排序法

即当定权因子只有一个时的序列综合法，其步骤为：

(1)明确定权因子的物理含义，统一度量单位，排序。

(2)根据数值大小范围和排序结果对应分数或级别。

(3)根据以上分级结果定权。

例如，在某地表水环境质量评价中，以其质量标准的倒数(或倒数的对数)为基础，每相差一个数量级，序列值相差 0.06，分重权、中权和轻权，而且归一化后得到其权值。

（二）多定权因子排序法

即当定权因子有两个以上时的序列综合法，其步骤为：

（1）明确 $k(k\geqslant 2)$定权因子的物理意义，在分别统一度量单位后，按大小分别排序。

（2）根据排序结果，给定对应序列值并列表。

（3）计算每一评价因子所有序列值的和。

（4）归一化后得 N 个评价因子的权值。

例如在某地下水环境质量评价中，选择了 3 个定权因子，即评价因子的监测数、检出率、超标率来综合考虑定权。

四、数理统计法

数理统计法即有明确定权公式（函数形式）和自变量含义的定权方法。自变量即为定权因子，其计算结果为权值。一般每个评价因子计算一次，N 个评价因子分别计算得到权值，而后所有评价因子归一化后得最后结果。一般常见的有下列公式。

（一）三元函数法

选择 3 个定权因子，即超标率 X、评价标准 Y 和明显危害浓度 Z，故该定权公式称为三元函数式，第 i 个评价因子的权重为：

$$w_i=\frac{X_iY_i}{Z_i}\quad i=1,2,\cdots,N$$

（二）概率法

已知某评价因子实测数据的平均值为 $\overline{x}_i$，标准差为 σ_i，评价标准为 s_i，则：

$$w_i=\frac{\sigma_i}{\ln(s_i-\overline{x}_i)}$$

（三）相关系数法

该方法计算权值考虑不同评价因子间的相关作用，引入相关系数定权，其公式为：

$$w_i=\sum_{j=1}^{m}r_{ij}\Big/\sum_{i=1}^{n}\sum_{j=1}^{m}r_{ij}$$

$$L_{ij}=\sum C_iC_j\ \frac{(\sum C_i)(\sum C_j)}{m}\qquad i=1,2,\cdots,m$$

$$r_{ij}=L_{ij}/\sqrt{L_{ii}L_{jj}}\qquad j=1,2,\cdots,n$$

式中，r_{ij} 为评价因子 i 与 j 的相关系数；C_i、C_j 分别为两评价因子的实测数据。

（四）信息量法

考虑各评价因子对环境质量提供的信息量，其公式为：

$$w_i = \log_{10} P_i \text{ 或 } w_i = \log_2 P_i$$

式中，P_i 为 i 评价因子的概率，目前有 3 种计算方法，即：

$$P_i = C_i \Big/ \sum_{i=1}^{n} C_i \text{ 或 } P_i = C_{bi} \Big/ \sum_{i=1}^{n} C_{bi} \text{ 或 } P_i = C_{0i} \Big/ \sum_{i=1}^{n} C_{0i}$$

式中，C_i 为 i 评价因子的实测数据；C_{0i} 为 i 评价因子的环境背景值；C_{bi} 为 i 评价因子的评价标准。

经过此过程计算出的权值是相对权，还需作归一化处理。

（五）隶属函数法

权值可以理解为对于“重要”模糊子集的隶属度。故模糊数学的一套隶属函数中，只要意义相符，就可作为定权公式；但有些由于定义域差异需经过一些变换方可应用。例如，用正弦隶属函数作权函数时，可经如下处理：记 i 评价因子的实际权值为 w_i，因子数据中的两个极值分别为 $X_{i\max}$ 和 $X_{i\min}$，则：

$$w_i = \sin\left(\frac{X_i - X_{i\min}}{X_{i\max} - X_{i\min}}\right)$$

（六）复杂度分析法

复杂度分析法的基本思想是：如果某评价因子愈复杂、变化愈大，则它对总体质量的影响就愈大。故可据诸评价因子的复杂程度，引入复杂度的概念，并由复杂度分布归一化后，求得它的权分布。

复杂度的计算式为：

$$C_j = \frac{2(G_{jm2} - G_{j1} - G_{j2})(G_{j2} - G_{j1})}{(G_{jm2} - G_{jm1})}$$

式中，C_j 为 j 评价因子的复杂度；G_{jm2}、G_{jm1} 分别为该评价因子地区性的最大值、最小值（包括评价区外）；G_{j2}、G_{j1} 分别为评价区内该评价因子的大小实测数据，可取统计曲线上概率为 5%时的数值。

C_j 值介于 0～1 之间，此值愈大愈复杂，反之愈简单。

五、熵值法

熵值法是近几年在社会科学领域应用较多的一种定权方法，主要过程如下。

1. 数据的标准化处理

根据选取的指标进行有关数据的提取，形成原始数据矩阵，进行指标的标准化处理，其处理公式为：

$$x_{ij}' = (x_{ij} - x_j)/s_j$$

式中，x_{ij}' 为标准化后的指标值；x_{ij} 为指标原始值；x_j 为第 j 指标的均值；S_j 为第 j 指标的标准差。

2. 数据的归一化处理

根据各指标对地质环境影响的作用方向，可以将其划分为正效指标和负效指标。正效指标的值越大，地质环境质量越好；负效指标的绝对值越大，地质环境质量越差。为了统一，分别对指标采用以下两种方法进行归一化处理。

当 x_{ij} 为正效指标时：

$$X_{ij} = \frac{x_{ij}' - x_{\min j}'}{x_{\max j}' - x_{\min j}'}$$

当 x_{ij} 为负效指标时：

$$X_{ij}=\frac{x_{\max j}{}'-x_{ij}{}'}{x_{\max j}{}'-x_{\min j}{}'}$$

3. 信息熵处理

(1)将各指标同度量化，计算第 j 项指标下第 i 方案指标值的比重 p_{ij}：

$$p_{ij}=X_{ij}\Big/\sum_{i=1}^{m}X_{ij}$$

(2)计算第 j 项指标的熵值 e_j：

$$e_j=-k\sum_{i=1}^{m}p_{ij}\ln p_{ij}$$

其中：$k>0$，ln 为自然对数，$e_j\geqslant 0$。如果 X_{ij} 对于给定的 j 全部相等，那么：

$$p_{ij}=X_{ij}\Big/\sum_{i=1}^{m}X_{ij}=1/m$$

此时 e_j 取极大值，即：

$$e_j=-k\sum_{i=1}^{m}\frac{1}{m}\left(\ln\frac{1}{m}\right)=k\ln m$$

若设 $k=1/\ln m$，则 $0\leqslant e_j\leqslant 1$。

4. 差异性系数计算

对于给定的 j，x_{ij} 的差异性越小，则 e_j 越大，指标就越重要；当 x_{ij} 全部相等时，$e_j=1$，此时对于方案的比较，指标 x_{ij} 毫无作用；当各方案的指标值相差越大时，e_j 越小，该项指标对于方案比较所起的作用越大。定义差异性系数为：

$$g_j=1-e_j$$

则当 g_j 越大时，指标越重要。

5. 指标定权

第 j 项指标的权重 a_j 为：

$$a_j=g_j\Big/\sum_{j=1}^{n}g_j$$

第七节　评价数学模型

地质环境评价工作是建立在系统的环境地质研究、地质环境调查、监测和变化趋势研究等工作基础上，并按一定的要求、目的和方法进行的。其中，比较关键的是地质环境评价的方法学，就是研究如何用一个区域的各种地质环境要素的各种质量参数和定量化指标，反映区域的地质环境要素和总体地质环境质量的客观属性，并将这些量化的指标利用数学手段构建起相应的数学模型，从而定量评价环境质量的优劣以及预测人类活动对地质环境的影响。

本研究中的地质环境承载力评价也属于地质环境评价的一种，目前常用的评价数学模型，大致可以分为4类：指数模型、数理统计模型、模糊数学模型和灰色系统模型。这4类方法相互有所区别，但没有明确的界线，可以综合使用。

一、指数模型

将大量的监测、调查数据和资料经过整理、分析、归纳成几个地质环境指数，用它来表征地质环境状况比较容易被人们理解和应用。

截至目前，指数模型方法仍是地质环境评价的主要方法。

（一）指数模型的建立

将大量的地质环境监测数据及资料转化为少数有规律的地质环境指数是一个信息流动过程，也是一项复杂的系统工程，地质环境指数的获取有多个层次。

（1）系统研究整个地质环境。

（2）进行地质环境要素的筛选，确定参与地质环境评价的环境要素。

（3）对参与评价的各地质环境要素中的环境因子进一步筛选，确定参与各地质环境要素的评价因子，若这些评价因子需进一步分解，则还要作筛选，直至最低层次的地质环境因子为止。

（4）将监测数据、资料变为单因子指数。

（5）将单因子指数按一定模式叠加转化为单要素指数，即分指数。

（6）将分指数综合为地质环境总指数，并对此进行分析、说明。

（二）地质环境指数模型的一般结构形式

地质环境指数是由单因子指数→单要素指数→综合指数逐层综合得到的。

1. 单因子指数模型

单因子指数模型的通式为：

$$I_{ij}=f_{ij}(C_{ij})$$

式中，I_{ij} 为第 i 个地质环境要素中第 j 个评价因子的指数；C_{ij} 为该评价因子的理化指标，即反映其物理结构和状态的性状数据或实测值。一般有两种形式：

$I_{ij}=C_{ij}$，直接用环境因子的理化指标来表示其质量状况。

$I_{ij}=C_{ij}/S_{ij}$

式中，S_{ij} 为第 i 个地质环境要素中第 j 个评价因子的评价标准。

这种形式是用环境因子的理化指标超过评价标准的倍数表示其质量状况，即超标倍数。I_{ij} 值为 1 则表示当时该评价因子的环境质量处于临界状态。一般多用该形式表示单因子质量。

由于 I_{ij} 的值是相对于某一评价标准而言，评价标准值的确定又涉及到多种因素，而且对于不同的区域和不同要求、目的可以确定不同的标准。因此，在有国家标准时，应统一选用国家标准。在进行地质环境的横向比较时，更应使用相同的评价标准。

单因子地质环境指数只能代表一个评价因子或一种理化指标的环境状况，不能反映地质环境的全貌，但它是其他各种地质环境指数、地质环境分级和综合评价的基础。

2. 分指数模型

分指数模型的通式为：

$$I_i=g_i(I_{i1},I_{i2},\cdots,I_{im})$$

式中，I_i 为第 i 个地质环境要素的分指数；m 为地质环境要素中的评价因子数。

一般有以下几种常用形式。

1)线性函数

$$I_i = \alpha I_{ij} + \beta \qquad (\alpha、\beta 为常数)$$

2)分段线性函数

$$I_i = \alpha I_{ij} + \beta$$

式中的 α、β 在 I_{ij} 或 C_{ij} 的不同定义域上有不同的值。

3)非线性函数

常见的有两种：

$$I_i = \alpha I_{ij}^{\beta} \text{ 或 } I_i = \alpha \beta^{I_{ij}}$$

3. 综合指数模型

在进行环境指数综合时，可以只考虑实际值，也可以考虑平均值或最大值或最小值模型，也可以全部加以考虑。因此，考虑的角度不同就有不同的综合指数，这就使得分指数综合的形式多种多样。常用的环境综合指数法及其主要特点见表 5-11。

表 5-11　常用的综合指数模型

类型	公式	特　点
简单叠加法	$PI = \sum_{i=1}^{n} P_i$ ①	地质环境是各种要素共同作用的结果，因而多种要素作用和影响必然大于其中任一种要素的作用和影响。用所有评价参数的相对值的总和，可反映环境要素的综合质量
算术平均值法	$PI = \frac{1}{n}\sum_{i=1}^{n} P_i$	为了消除选用评价参数的项数对结果的影响，便于在用不同项数计算的情况下进行比较要素之间的好坏程度
均方根法	$I = \sqrt{\frac{1}{n}\sum_{i=1}^{n} I_i^2}$	平方后的分指数，大于 1 时其平方越大，小于 1 时平方越小，故不仅突出最高的分指数，也顾及到其余各个大于 1 的分指数的影响
加权平均法	$PI = \sum_{i=1}^{n} W_i p_i$	权值 W_i 的引入可以反映出不同环境要素对环境影响的不同作用
计权平均幂函数型	$I = \left(\alpha \times \frac{1}{n}\sum_{i=1}^{n} W_i \times I_i^{q_i}\right)^{\frac{1}{p}}$	式中，α、p、q 均为常数，是上述均方根模型的一般化模型
最大值法	$PI = \sqrt{p_{\max}^2 + p_{\text{ave}}^2}$	突出影响最大的要素对地质环境的影响和作用
积分值法	$M = \sum_{i=1}^{n} a_i$	M 为某评价单元的总评分值；a_i 为 i 评价因子的评分值；n 为评价因子数
W 值法	$SN_{10}^{n_1} N_8^{n_2} N_6^{n_3} N_4^{n_4} N_2^{n_5}$ ②	充分考虑了影响地质环境的主要因子的作用

说明：①式中 P_i 代表评价因子的评分值(或称分指数)；②式中，S 为参与评价的因子的数目；n_1，n_2，n_3，n_4，n_5 分别为取 10 分、8 分、6 分、4 分和 2 分的因子数目。W 值法以最低两项得分值之和来进行环境质量评价。

二、数理统计模型

随着计算机技术的发展，一些比较复杂的数学模型逐渐被引入并应用在地质环境评价的分级分类中。应用于地质环境评价的数理统计模型主要有 3 类：①定性判别分析模型；②聚类分析模型；③主成分分析和因子分析模型。

（一）定性判别分析模型

在判别分析中，自变量（判别对象）是数量指标，因变量（判别标准）是定性的已知类别。如果评价的单元数为 n 个，选取的评价因子数为 p 个，则对于 j 评价单元，可以获取的性状数据（指标值或变量）记为：

$$x_j = \begin{bmatrix} x_{j_1} \\ x_{j_2} \\ \vdots \\ x_{j_p} \end{bmatrix} \quad j=1,2,\cdots,n$$

已知评价标准可分为 k 个类别，记为：$T_1, T_2, \cdots, T_k$。从属于 T_i 类别的评价单元中抽取 n_i 个单元，每个单元的所有评价因子的性状数据为：

$$x_\alpha^{(i)} = \begin{bmatrix} x_{\alpha_1}^{(i)} \\ x_{\alpha_2}^{(i)} \\ \vdots \\ x_{\alpha_p}^{(i)} \end{bmatrix} \quad i=1,2,\cdots,R$$

判别分析就是根据已有评价标准类别信息确定评价单元 j 应属于哪个类别。

（二）聚类分析模型

系统聚类分析是目前使用较为广泛的一种方法，其基本原理是：假设要评价的地质环境 n 有个评价单元，每个单元测得 p 个指标评价值（变量），首先将 n 个单元（或指标）各自看成一类，然后根据单元（或指标）间的相似程度，每次将最相似的两类加以合并；然后计算新类与其他类之间的相似程度，再选择最相似者并类，这样每合并一次就减少一类，继续这一过程，直至将所有单元（或指标）合并为一类为止。

系统聚类按照类的形成过程可分为一次形成法和逐次形成法，一般多采用逐次形成法。这里举例简单介绍其进行过程。

设 $n=5, p=1$，实测数据为$(x_1, x_2, x_3, x_4, x_5)=(1,4,5,7,11)$进行分类。

评价单元间的相似程度采用欧氏距离来刻画，则距离为：

$$D^{(0)} = \begin{bmatrix} 0 & 3 & 4 & 6 & 10 \\ & 0 & 1 & 3 & 7 \\ & & 0 & 2 & 6 \\ & & & 0 & 4 \\ & & & & 0 \end{bmatrix}$$

第一步：记下 $D^{(0)}$ 中非对角元素中的最小值 $d_{23}^{(0)}=1$，划掉第三行第三列，此时第二、第三个评价单元合成一类；在实测数据中用 $x_2^{(1)}=(x_2+x_3)/2=4.5$ 代替第二个评价单元的数据 x_2；重新计算第二个评价单元与第 $j(j)$ 个评价单元的欧氏距离，得：

$$D^{(1)}=\begin{bmatrix} 0 & 3.5 & 6 & 10 \\ & 0 & 2.5 & 6.5 \\ & & 0 & 4 \\ & & & 0 \end{bmatrix}$$

第二步：记下 $D^{(1)}$ 中非对角元素中的最小值 $d_{24}^{(1)}=2.5$，划去第四行第四列，此时第二、第三和第四个样品合并一类；在实测数据中用 $x_2^{(2)}=\dfrac{(2x_2^{(1)}+x_4)}{3}=5\dfrac{1}{3}$ 代替 $x_2^{(1)}$；重新计算第二个评价单元与第 $j(j\neq 3,4)$ 个评价单元的欧氏距离。得：

$$D^{(2)}=\begin{bmatrix} 0 & 4\frac{1}{3} & 10 \\ & 0 & 5\frac{2}{3} \\ & & 0 \end{bmatrix}$$

第三步：记下 $D^{(2)}$ 中非对角元素中的最小值 $d_2^{(2)}=4\dfrac{1}{3}$，划去第二行第二列，此时第二、第三、第四和第一个评价单元合并为一类；在实测数据中用 $x_1^{(3)}=\dfrac{(3x_2^{(2)}+x_1)}{4}=4\dfrac{1}{4}$ 代替 x_1；重新计算第一个评价单元与 x_5 的距离。得：

$$D^{(3)}=\begin{bmatrix} 0 & 6\frac{3}{4} \\ & 0 \end{bmatrix}$$

第四步：记下 $D^{(3)}$ 中非对角元素中的最小值 $d_{15}^{(2)}=6\dfrac{3}{4}$，划去第五行第五列，此时第一、第二、第三和第五个评价单元合为一类。至此，就逐次将所有评价单元聚成一类。聚类过程到此结束。

（三）主成分分析和因子分析模型

1. 主成分分析模型

主成分分析是把描述地质环境的多个要素化为少数几个综合指标的一种统计方法。设有 n 个评价单元，有 p 个评价指标，则可实测 n 个 p 维性状数据：

$$x_i=\begin{bmatrix} x_{1i} \\ x_{2i} \\ \vdots \\ x_{pi} \end{bmatrix} \quad i=1,2,\cdots,n$$

要求将这 n 个单元分类。用主分量分析法，首先计算样本（单元）均值 $\overline{X}$ 与样本（单元）协方差阵 $\hat{\Sigma}$。再求方程 $O=|\hat{\Sigma}_{p\times p}-\lambda I_{p\times p}|$ 的最大根 λ_1 与次大根 λ_2，即矩阵 $\hat{\Sigma}$ 的最大特征根与次大特征根。再解方程：

$$\begin{cases}(\hat{\Sigma}_{p\times p}-\lambda_1 I_{p\times p})Y=0 \\ (\Sigma_{p\times p}-\lambda_2 I_{p\times p})Y=0\end{cases}$$

将解得的 Y 标准化，即

$$a^{(1)}=\frac{Y}{\sqrt{Y'Y}}=\begin{bmatrix}a_1^{(1)}\\a_2^{(1)}\\\vdots\\a_p^{(1)}\end{bmatrix};a^{(2)}=\frac{Y}{\sqrt{Y'Y}}=\begin{bmatrix}a_1^{(2)}\\a_2^{(2)}\\\vdots\\a_p^{(2)}\end{bmatrix}$$

以上 $a^{(1)}$ 与 $a^{(2)}$ 即 $\hat{\sum}$ 的最大特征根与次大特征根所对应的特征向量。

再计算 n 个单元(样本)p 维指标的第一、第二主分量,得到:

$$\begin{aligned}Z_{1t}&=a^{(1)'}x_t=\sum_{k=1}^{p}a_k^{(1)}x_{kt}\\Z_{2t}&=a^{(2)'}x_t=\sum_{k=1}^{p}a_k^{(2)}x_{kt}\end{aligned}\qquad t=1,2,\cdots,n$$

由此得到每个评价单元中所有指标的第一、第二主分量,将 n 个二维点 $(Z_{1t},Z_{2t})(t=1,2,\cdots,n)$ 点在平面直角坐标系中,一般以 Z_1 为横坐标,Z_2 为纵坐标。到此数学计算已完成,下一步是依据具体的地质环境条件,结合专业知识进行分析,将直角坐标系中距离近者归为一类,其聚多少类视具体情况而定,这样便把 n 个评价单元进行了分类。

如此分类的合理之处在于:原来是由 n 个评价单元、p 个评价指标构成的 $n\times p$ 维空间的点 $X_t(t=1,2,\cdots,n)$,经坐标轴的刚性旋转之后在新坐标系中坐标变为 Z_t。刚性旋转并不改变点与点之间的绝对距离,实质上只是改变记号而已,结构并未大变。但是此刚性旋转使得 Z_t 中后几个指标(分量)差异不大,当然这些指标对分类也就不起主要作用了,故可舍去,从而压缩维数,使得难以作图的多维空间的点变为易于作图的二维或三维空间的点。在许多实际的环境评价中,往往取前两个主分量,就已经提取了主要信息。当然有时仅取二维是不够的,取多少个分量才合适,主要看各特征根的大小,如果 λ_3 也较大,则取三维,维数再高就难以分类了。

对所有的评价单元进行了分类后,还要能够结合实际的地质环境,对保留的主分量与分类情况予以解释,这才是用主分量分析法进行地质环境评价的全部意义。

2. 因子分析模型

因子分析属于多元统计分析,其基本思想是将实测的多指标(多维向量),用少数几个潜在指标的线性组合表示。例如,对地下水水质,通常是检测其中的化学组分来说明,如分析 SO_4^{2-}、Cl^-、Ca^{2+}、Mg^{2+}、Cr^{6+} 等的浓度。往往这些化学物质的浓度值之间有内在联系,亦即不全是相互独立的,可能有的化学物质来自同一围岩,或来自某污染源,或多源的叠加,并受到含水层中地下水水动力条件、含水层性状等因素的共同影响。这些因素可能是在实测数据中未能明显表现出来的起主导作用的潜在因子,准确地找出这些潜在因子并予以正确的分析和合理的解释,利用潜在因子函数求出各评价单元的主因子的载荷,据此在平面上点图分类,这便是用因子分析的方法评价地质环境状况的基本过程。

因子分析的基本数学模型(线性关系式)如下:

$$\begin{pmatrix}x_1\\x_2\\\vdots\\x_p\end{pmatrix}=\begin{pmatrix}a_{11}&a_{12}&\cdots&a_{1m}\\a_{21}&a_{22}&\cdots&a_{2m}\\\vdots&\vdots&&\vdots\\a_{p1}&a_{p2}&\cdots&a_{pm}\end{pmatrix}\begin{pmatrix}f_1\\f_2\\\vdots\\f_m\end{pmatrix}+\begin{pmatrix}s_1\\s_2\\\vdots\\s_p\end{pmatrix}$$

简记为:$\boldsymbol{X}=\boldsymbol{A}f+S$

其中,$\boldsymbol{X}$ 是可实测的 p 维向量;f 称为潜因子或公共因子或主因子,其维数 $m<p$;$\boldsymbol{A}$ 矩阵称为因子载荷矩阵,由多次实测的 $\boldsymbol{X}$ 来估计;S 称为特殊因子,其中包括了随机误差,通常理论上要求 S 的协方差阵是对角阵。

根据研究的对象不同,因子分析分为 R-型和 Q-型。当讨论变量(评价指标)之间相互关系时采用

R-型因子分析；当讨论样品（评价单元）间相互关系时采用 Q-型因子分析。下面简单介绍其计算过程。

1）R-型因子分析

设有 n 个评价单元，每个单元获取了 p 个评价指标值，原始数据矩阵为 $\boldsymbol{X}_{n\times p}$。

计算指标间的相关阵，R-型因子分析的出发点是各指标（单元）的相关系数 $R=(r_{ij})_{p\times p}$，其中：

$$r_{ij}=\frac{\sum_{k=1}^{n}(x_{ki}-\bar{x}_i)(x_{ki}-\bar{x}_j)}{\sqrt{\sum_{k=1}^{n}(x_{ki}-\bar{x}_i)^2\sum_{k=1}^{n}(x_{kj}-\bar{x}_j)^2}}\qquad i,j=1,2,\cdots,p$$

$$\bar{x}_i=\frac{1}{n}\sum_{k=1}^{n}x_{ki};\bar{x}_j=\frac{1}{n}\sum_{k=1}^{n}x_{kj}$$

用 Jacobi 方法求相关阵 $\boldsymbol{R}$ 的特征值和特征向量。特征值按大小次序排列：$\lambda_1\geqslant\lambda_2\geqslant,\cdots,\geqslant\lambda_p$；特征向量也按相应的次序排列：$u_1,u_2,\cdots,u_p$。

求主因子的个数 M。给定一个靠近 1 的数值 PD（通常取 $PD=0.70,0.85$，或 0.90 等）。取前 M 个主因子，使其累计贡献率：

$$\sum_{i=1}^{m}\lambda_i\Big/\sum_{i=1}^{p}\lambda_i=\sum_{i=1}^{m}\lambda_i\Big/P\geqslant PD$$

求主因子 $F=(F_1,F_2,\cdots,F_m)'$ 的因子载荷矩阵 $\mathbf{A}$：

$$\mathbf{A}=\begin{pmatrix}u_{11}\sqrt{\lambda_1} & u_{12}\sqrt{\lambda_2} & \cdots & u_{1m}\sqrt{\lambda_m}\\ u_{21}\sqrt{\lambda_1} & u_{22}\sqrt{\lambda_2} & \cdots & u_{2m}\sqrt{\lambda_m}\\ \vdots & & & \vdots\\ u_{p1}\sqrt{\lambda_1} & u_{p2}\sqrt{\lambda_2} & \cdots & u_{pm}\sqrt{\lambda_m}\end{pmatrix}\xrightarrow{\text{记}}\begin{pmatrix}\ddots & & ⋰\\ & a_{ij} & \\ ⋰ & & \ddots\end{pmatrix}_{p\times p}$$

其中 $u_k=(u_{1k},u_{2k},\cdots,u_{pk})$ 是 λ_k 相应的特征向量。

并计算主因子对变量 x_i 的贡献（即共同度）：

$$h_i^2=\sum_{j=1}^{m}\alpha_{ij}^2\quad i=1,2,\cdots,p$$

然后对矩阵 $\mathbf{A}$ 按行规格化：$\mathbf{A}\rightarrow\mathbf{A}^*=(a_{ij}^*)$

其中 $a_{ij}^*=a_{ij}/\sqrt{h_i^2}(i=1,2,\cdots,p;j=1,2,\cdots,m)$

对规格化后的因子载荷矩阵 $\mathbf{A}^*$ 施行方差最大的正交旋转。逐次对任两个因子 F_k,F_j 作正交旋转，每次的转角 φ_{kj} 满足使总方差 V 达最大，对总计 M 个因子，每轮要做 C_m^2 正交旋转。

计算因子得分，因子得分函数 F_j 的估计公式为：

$$\hat{F}_j=\begin{pmatrix}\hat{F}_1\\ \vdots\\ \hat{F}_m\end{pmatrix}=(A^{(k)})'R^{-1}X$$

然后可根据样品的因子得分情况，对样品（单元）进行分类。

2）Q-型因子分析

Q-型因子分析出发点是各指标的相似系数。设有 n 个评价单元（样本），有 p 个评价指标，则可得实测数据阵 $X_{n\times p}$。第 i 个指标与第 j 个指标在 n 单元中的数据为：

$$(x_{i1},x_{i2},\cdots,x_{in})$$

$$(x_{j1},x_{j2},\cdots,x_{jn})$$

其相似系数为：

$$q_{ij}=\frac{\sum_{k=1}^{n}x_{ik}x_{jk}}{\sqrt{\sum_{k=1}^{n}x_{ik}^2\sum_{k=1}^{n}x_{jk}^2}}$$

后续计算与 R -型因子分析完全相同。

3)对应因子分析

对应分析又称为 R -型 Q -型因子分析，它是在 R -型和 Q -型因子分析的基础上发展起来的一种多元统计分析方法。

由于 R -型或 Q -型因子分析未能很好地揭示变量和样品间的双重关系。另外，当样品数量 N 较大(如 $N>100$)，进行 Q -型因子分析时，计算 N 阶方阵的特征值和特征向量对于微型计算机的容量和速度都难以胜任。为此，人们研究出了对应因子分析方法。该方法是在因子分析的基础上发展起来的，它对原始数据采用适当的标度方法，把 R -型和 Q -型因子分析结合起来，同时得到两方面的结果，在同一因子平面上对变量和样品一起进行分类，从而揭示它们之间的内在联系。

对应分析由 R -型因子分析的结果，可以很容易地得到 Q -型因子分析的结果，这不仅克服了样品数量大时作 Q -型因子分析所带来的计算上的困难，而且把 R -型和 Q -型因子分析统一起来，把评价单元和环境指标(变量)同时反映到相同的因子轴(坐标轴)上去，这就便于环境质量评价及其解释和推断。计算步骤如下。

设有 n 个评价单元，m 个评价指标(变量)，则有原始数据阵 $X_{n\times m}$。

首先计算对应变换后的新数据阵 Z，令

$$Z_{ij}=\frac{x_{ij}-x_{i\cdot}\times x_{\cdot j}/T}{\sqrt{x_{i\cdot}\times x_{\cdot j}}}\quad \begin{matrix} i=1,2,\cdots,n \\ j=1,2,\cdots,m \end{matrix}$$

其中，$x_{i\cdot}=\sum_{j=1}^{m}x_{ij}$；$x_{\cdot j}=\sum_{i=1}^{n}x_{ij}$；$T=\sum_{i=1}^{n}\sum_{j=1}^{m}x_{ij}$

则：$Z=(Z_{ij})$ 为 $n\times m$ 新数据阵。

计算变量的“协方差阵”R：

$$R=Z'Z=(r_{ij})$$

其中，$r_{ij}=\sum_{t=1}^{n}z_{ti}z_{tj}\ (j,i=1,2,\cdots,m)$

从 R 阵出发进行 R -型因子分析。首先用 Jacobi 法求 R 的特征值：$\lambda_1\geqslant\lambda_2\geqslant\cdots\geqslant\lambda_m\geqslant 0$ 及相应的特征向量 $u_1,u_2,\cdots,u_m$。然后由临界概率 PD 确定主因子个数 k，使累计百分比不小于 PD。随后计算 R -型因子载荷阵 $\mathbf{A}$，并在两两因子轴平面上作变量点图。

从 $Q=Z'Z$ 出发进行 Q -型因子分析。因 Q 与 R 的非零特征值相同，故 $\lambda_1\geqslant\lambda_2\geqslant\cdots\geqslant\lambda_m\geqslant 0$ 也是 Q 的特征值。又因 $u_i(i=1,2,\cdots,m)$ 是 R 的特征向量，故 $V_i=Zu_i(i=1,2,\cdots,m)$ 是 Q 的特征向量。从而 Q -型因子载荷阵为：

$$\boldsymbol{G}=\begin{pmatrix} V_{11}\sqrt{\lambda_1} & V_{12}\sqrt{\lambda_2} & \cdots & V_{1K}\sqrt{\lambda_K} \\ V_{21}\sqrt{\lambda_1} & V_{22}\sqrt{\lambda_2} & \cdots & V_{2K}\sqrt{\lambda_K} \\ \vdots & \vdots & & \vdots \\ V_{n1}\sqrt{\lambda_1} & V_{n2}\sqrt{\lambda_2} & \cdots & V_{nK}\sqrt{\lambda_K} \end{pmatrix}$$

这里假定 $V_i(i=1,2,\cdots,m)$ 为单位向量，然后在与 R -型因子分析相应的因子平面上作样品(评价单元)点图。从而可以进行地质环境分类评价，并结合上述“R 阵出发进行 R -型因子分析”的成果分析、解释。

三、模糊数学模型

模糊数学是研究和处理具有“模糊性”现象的科学。“模糊性”主要是指客观事物的差异在中间过渡时所呈现的“亦此亦彼”性，即不确定性。对于这些难以明确划定界限，即没有明确的内涵和外延的概

念，叫作模糊概念。模糊概念不能用普遍集合论来刻画，于是便产生了模糊集合论，它用隶属程度来描述差异的中介过渡，是用精确的数学语言对模糊性的一种描述。模糊数学作为一种有效的数学工具，在地质环境评价中应用很广。下面依次介绍几种模糊数学评价法。

（一）模糊综合评价法

模糊综合评价是根据模糊集的理论和方法来确定地质环境归类的。这里简单介绍其应用过程。

1. 确定评价集和因子集

设某评价单元中的评价指标集合 $U=\{U_1,U_2,\cdots,U_m\}$ 为参与评价的 m 个环境因子的性状数据，而评语（评价标准）集合为：

$$V=\{V_1,V_2,\cdots,V_n\}$$

$V_1,V_2,\cdots,V_n$ 为 U_i 相应的评价标准的集合。在分级评价中，$\boldsymbol{U}$ 是一个模糊向量，而 $\boldsymbol{V}$ 则是一个矩阵。

在 $\boldsymbol{U}$ 和 $\boldsymbol{V}$ 都给定后，因素论域（环境因子）与评语论域（评价标准）之间的模糊关系可以用模糊关系矩阵 $\boldsymbol{R}$ 来表示：

$$\boldsymbol{R}=\begin{pmatrix} r_{11} & r_{12} & \cdots & r_{1n} \\ r_{21} & r_{22} & \cdots & r_{2n} \\ \vdots & \vdots & & \vdots \\ r_{m1} & r_{m2} & \cdots & r_{mn} \end{pmatrix}$$

根据模糊关系的定义，r_{ij} 表示第 i 个评价因子的环境质量数值可以被评为第 j 级环境质量的可能性，即 i 对于 j 的隶属度。因此，模糊关系矩阵 $\boldsymbol{R}$ 中的第 i 行 $R_i=(r_{i1},r_{i2},\cdots,r_{in})(i=1,2,\cdots,m)$，实际上代表了第 i 个评价因子对各级评价标准的隶属性；而模糊关系矩阵中的第 j 列 $R_j=(r_{1j},r_{2j},\cdots,r_{mj})$ $(j=1,2,\cdots,n)$，则代表了各个评价因子对第 j 级评价标准的隶属性。

如果因素论域 U 上的模糊子集为：$A=\frac{a_1}{u_1}+\frac{a_2}{u_2}+\cdots+\frac{a_m}{u_m}$

式中，$a_i(i=1,2,\cdots,m)$ 表示单因素 u_i 在所有因素中所起作用大小的度量，可视为第 i 个评价因子在环境评价的所有评价因子中的权重。

则评语论域上模糊子集为：$B=\frac{b_1}{v_1}+\frac{b_2}{v_2}+\cdots+\frac{b_n}{v_n}$

式中，$b_j(j=1,2,\cdots,n)$ 表示 V_j 对综合评定模糊子集的隶属程度，也就是第 j 级环境质量标准对综合分级的隶属程度。

2. 评价因子分级标准的确定

分级代表值是确定评价因子性状数据的隶属度的基础。有了分级代表值后，可以根据实际评价因子的性状数据来计算其隶属度。

评价标准的划分有时候也采用特征值的办法，每一级预先给定一个数值作为该级标准的代表值，相当于直接给出了评价标准分级代表值。

3. 隶属函数的确定

隶属函数的确定方法有很多种，如矩形分布隶属函数、Γ 型分布隶属函数、正态型分布隶属函数、柯西分布隶属函数、梯形分布隶属函数、半领型分布隶属函数等。在地质环境评价实际工作中，梯形分布的隶属函数应用最为广泛，且获得了较好的效果，隶属函数的公式如下：

$$\mu_{\text{Ⅰ}}(x)=\begin{cases}1 & x\leqslant e(\text{Ⅰ})\\ [e(\text{Ⅱ})-x]/[e(\text{Ⅱ})-e(\text{Ⅰ})] & e(\text{Ⅰ})<x<e(\text{Ⅱ})\\ 0 & x\geqslant e(\text{Ⅱ})\end{cases}$$

$$\mu_{\text{Ⅱ}}(x)=\begin{cases}1-\mu_{\text{Ⅰ}}(x) & e(\text{Ⅰ})<x\leqslant e(\text{Ⅱ})\\ [e(\text{Ⅲ})-x]/[e(\text{Ⅲ})-e(II)] & e(\text{Ⅰ})<x<e(\text{Ⅲ})\\ 0 & x\leqslant e(\text{Ⅰ}),x\geqslant e(\text{Ⅲ})\end{cases}$$

⋮ ⋮

$$\mu_m(x)=\begin{cases}1-\mu_{m-1}(x) & e(m-1)<x\leqslant e(m)\\ [e(m+1)-x]/[e(m+1)-e(m)] & e(m)<x<e(m+1)\\ 0 & x\leqslant e(m-1),x\geqslant e(m+1)\end{cases}$$

$$\mu_{m+1}(x)=\begin{cases}0 & x<e(m)\\ 1-\mu_m(x) & e(m)<x<e(m+1)\\ 1 & x\geqslant e(m+1)\end{cases}$$

式中，$\mu_{\text{Ⅰ}}(x)$，$\mu_{\text{Ⅱ}}(x)$，…，$\mu_{m+1}(x)$分别为环境因子 x 对一级、二级、…、$m+1$ 级环境质量标准的隶属度。隶属函数的图示如下：

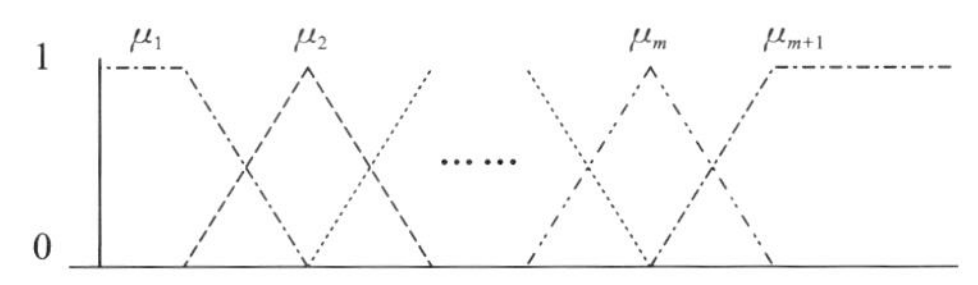

计算每个评价因子对各个环境质量级别的隶属度，并构造隶属矩阵 **R**。

$$\boldsymbol{R}=\begin{pmatrix}r_{11} & r_{12} & \cdots & r_{1n}\\ r_{21} & r_{22} & \cdots & r_{2n}\\ \vdots & \vdots & & \vdots\\ r_{m1} & r_{m2} & \cdots & r_{mn}\end{pmatrix}$$

根据模糊关系的定义，r_{ij} 表示第 i 个评价因子的环境质量数值可以被评为第 j 级环境质量的可能性，即 i 对于 j 的隶属度。因此，模糊关系矩阵 **R** 中的第 i 行 $R_i=(r_{i1},r_{i2},\cdots,r_{in})(i=1,2,\cdots,m)$，实际上代表了第 i 个评价因子对各级环境质量标准的隶属性；而模糊关系矩阵中的第 j 列 $R_j=(r_{1j},r_{2j},\cdots,r_{mj})(j=1,2,\cdots,n)$，则代表了各个评价因子对第 j 级环境质量标准的隶属性。

4. 矩阵合成

矩阵合成表达式为：

$$AOR\xrightarrow{\max(\cdot+)}\boldsymbol{B}$$

其中合成算子很多，根据模糊集的运算方法，可以有 4 种模型用以计算向量 **B** 的值(表 5-12)。

表 5-12 常用的模糊集运算方法

模型		公式	指导思想
1	$M1(\cap,\cup)$	$b_j=\bigcup_{i=1}^{m}(a_i\cap r_{ij})=\max\{\min(a_1,r_{1j}),\cdots,\min(a_m,r_{mj})\}$	按小中取大的原则进行判别
2	$M2(\cdot,\cup)$	$b_j=\bigcup_{i=1}^{m}a_{ij}\cdot r_{ij}=\max\{a_1\cdot r_{1j},\cdots,a_m\cdot r_{mj}\}$	按其中最大者的原则进行判别
3	$M3(\cdot,\oplus)$	$b_j=\sum_{i=1}^{m}a_i\times r_{ij}=\min\{1,\sum_{i=1}^{m}a_i\times r_{ij}\}$	归一加权平均模型
4	$M3(\cap,\oplus)$	$b_j=\sum_{i=1}^{m}(a_i\cap r_{ij})=\min\{1,\sum_{i=1}^{m}\min(a_i,r_{ij})\}$	$\oplus$表示模糊加

模型1、模型2都突出了主因素，属于单因素决定模型，两者与加权平均模型3都可用于地质环境质量评价。在评价出发点、评价原理等方面各有特点，但因素决定模型适用于个别参评因素超标过大，严重影响地质环境质量，评价出发点为希望体现单因素否决的情况。而加权评价模型则主要适用于各个参评因素超标情况接近，即不存在单因素否决，且评价出发点为希望评价体现不同参评因子对地质环境质量的综合的情况。模型4在计算中没有突出主要因素。

在计算出 $b_j(j=1,2,\cdots,n)$ 的值后，就可根据 b_j 大小来进行评价。

（二）模糊贴近度模型

模糊贴近度模式的概念是：若以 A_j 和 B_k 为论域 $U=\{U_1,U_2,\cdots,U_n\}$ 的模糊子集，则 A_j 与 B_k 的贴近度为：$A_j=\{A_1,A_2,\cdots,A_j\}$，$B_k=\{B_1,B_2,\cdots,B_k\}$，定义 A 评价标准的集合和 B 评价指标集合的贴近度为：

$$(A,B)=\frac{\sum_{i=1}^{n}\min[\mu_A(\mu_i),\mu_B(\mu_i)]}{\sum_{i=1}^{n}\max[\mu_A(\mu_i),\mu_B(\mu_i)]}$$

式中，μ_A 和 μ_B 分别为 A 和 B 的隶属函数。

隶属函数的选择或设计已在模糊综合评价法中简单介绍，可套用其中的函数形式，也可依据具体情况自己确定。

又设在论域 U 上有 n 个模糊子集：$A_1,A_2,\cdots,A_n$，若有 $j\in\{1,2,\cdots,n\}$，使

$$(B,A_i)=\max_{1\leqslant j\leqslant n}(B,A_j)$$

则称 B 与 A_i 最贴近。

若 $A_1,A_2,\cdots,A_n$ 是 n 个已知评价标准集，A_i 满足上式，则可断言 B 应归入模式 A_i，即评价指标集 B 属于 i 级。

（三）模糊概率法模型

对于多要素环境系统作综合评价只用简单的综合评判是不行的。事实上，一方面因为评价等级之间没有明确的界限，因而它的划分和对数是一个模糊问题；另一方面，由于在区域环境内选择检测点位的方式和指标实测值在各分段区间内的点位数具有随机性，使得上述问题的讨论已经超出经典概率的范围。

应用模糊概率的原理和方法，首先对区域环境内的各单项评价指标进行分级综合评价，然后考虑各单项指标在总评价中的地位，最后将各单项指标的作用综合起来，比较总的合成效果隶属于各评价等级的大小，从而得到评价等级。

用模糊概率原理进行综合评价的步骤如下。

1. 单项参评指标的Fuzzy概率评价

首先，在待评价的区域环境内随机选取 N 个检测点位，在每个点位上分别对各单项指标进行测试，按 $x_{ij}=C_{ij}/S_j$ 确定分指数 x_{ij}。

其次，按评价等级要求，分别建立每个单项指标对各评价等级的隶属函数。

然后，根据实际情况，将每一单项指标的值划分为一系列连续区间，由该单项指标实测值在各区间的点位数，确定出实测值位于各区间内的概率 p_i，同时计算出各单项指标在每段区间内的取值隶属于

各评价等级的平均隶属度。

最后，按式 $P(A)=\sum_{i=1}^{\infty}X_A(x_i)p_i$ 分别计算出单项指标隶属于各评价等级的Fuzzy概率，从而给出单项指标的评价。

2. 决定各分指标的权重

权重的计算方法也可根据不同的评价类型、评价对象灵活选择。常用的加权计算公式为：

$$\overline{W}_i=\frac{\overline{C}_i/S_i}{\sum_i \overline{C}_i/S_i}$$

式中，$\overline{C}_i$ 为第 i 个评价指标平均实测值；S_i 为第 i 个指标对某种要求的标准值。

3. 综合计算总体对各评价等级的隶属大小

将各单项指标属于某评价等级的Fuzzy概率按该单项指标在总体中的权重进行加权平均，得到综合考虑所有指标后属于某评价等级的可能性大小，最后比较这些数值大小，作出环境质量综合评价的最优选择。

（四）模糊聚类模型

在系统分析中应用模糊聚类分析的方法，是由于环境系统中的许多事物优劣类别之间的界限不是十分清楚，需要借助模糊数学的原理和方法对之进行分类分级。

模糊聚类分级的理论基础是模糊数学中的模糊等价关系。所谓模糊等价关系是指在给定评价因素集 $U=\{u_1,u_2,\cdots,u_n\}$ 上一个模糊关系矩阵 $\boldsymbol{A}=(a_{ij})_{n\times n}$，如果矩阵满足：自反性，$a_{ij}=1$；对称性，$a_{ij}=a_{ji}$；传递性，$A\cdot A\subseteq A$。则称 A 为一个模糊等价矩阵，其相应的关系称为模糊等价关系。

应用模糊关系进行聚类时，该模糊聚类关系必须同时满足上述3个性质，否则会产生甲与甲不同类，甲与乙同类而乙与甲不同类的谬误。一般以相似系数法或相关数法建立起来的模糊矩阵，只满足自反性和对称性，而不满足传递性，必须对其加以改造，一般的做法是采用平方法，即做模糊矩阵 $\boldsymbol{R}$ 的合成运算：$A\to A^2\to A^4\to\cdots\to A^{2k}$，当 $A^{2k}=A^k$ 时，则 $\boldsymbol{A}^k$ 是模糊等价矩阵。

模糊聚类法和一般的聚类方法相似，步骤如下：

（1）选定一种计算距离或相似系数的公式。

（2）由观测数据矩阵计算评价单元间的距离或变量间的相似系数，形成距离矩阵或相似系数矩阵。

（3）将距离矩阵 $\boldsymbol{D}$ 或相似系数矩阵 $\boldsymbol{R}$ 中的元素压缩到0和1之间，形成模糊矩阵 $\boldsymbol{A}=(a_{ij})$。

一般对距离矩阵 $\boldsymbol{D}$ 中的 d_{ij}，令

$$a_{ij}=1-\frac{d_{ij}}{1+\max\limits_{1\leqslant i,j\leqslant n}\{d_{ij}\}}\quad(1\leqslant i,j\leqslant n)$$

对相似系数矩阵 $\boldsymbol{R}$ 中的 r_{ij}，令

$$a_{ij}=\frac{1}{2}(1+r_{ij})\quad(1\leqslant i,j\leqslant m)$$

将模糊矩阵 $\boldsymbol{A}$ 改造成为模糊等价矩阵。记为 $\widetilde{\boldsymbol{A}}=(\tilde{a}_{ij})=A^k$。

（4）对 $\tilde{a}_{ij}$ 按大到小的顺序依次取 $\lambda=\tilde{a}_{ij}$，求 $\widetilde{A}$ 相应的 λ 截阵 $\widetilde{A}_\lambda$，这是个布尔矩阵，其中元素为1的表示将对应的两个变量（或评价单元）聚为一类。随着 λ 的变小，合并的类越来越多，最终当 $\lambda=\min\limits_{1\leqslant i,j\leqslant n}\{\tilde{a}_{ij}\}$ 时，将全部单元聚为一类，这里 λ 值实际是置信水平。

四、灰色系统模型

从系统的角度，称信息完全明确的系统为白色系统，信息完全不明确的系统称为黑色系统，信息部分清楚、部分不清楚的系统则称为灰色系统。在各种不同层次的地质环境研究中，常会遇到含非确定量的系统，以及由于人力、物力和技术等条件的限制而出现小样本的系统，加之地质环境的特殊性、极其复杂性等，常出现非典型分布或残缺不全、存在严重干扰的数据，对这类问题进行数理分析时带来极大的困难，灰色系统理论则为解决这一问题提供了手段。灰色系统理论从系统的角度，以白的数理方法作为基础，允许系统内存在灰因素、灰系数、灰关系等，提出用灰数、灰区间、灰方程、灰色群等来描述非确定量的系统。

（一）灰色关联模型

1. 灰色关联分析的基本原理

灰色关联分析是分析系统中各种因素间关联程度的量化方法。灰色关联分析的基本思想是：根据有序数列曲线间的相似程度来判断其相对的关联程度，既考虑到所研究区间上曲线的整体性，也考虑了点的特殊性，是从各因素间的发展态势进行关联分析。这种方法对样本量的多少没有特殊要求，也不限制数据有严格的分布，并且计算量较小，一般不会出现灰色关联度的量化结果与定性分析结果不一致的情况。

设有 m 个有序数列：

$$\{X_1^{(0)}(K)\}\ K=1,2,\cdots,N_1$$
$$\{X_2^{(0)}(K)\}\ K=1,2\cdots,N_2$$
$$\vdots \qquad \vdots$$
$$\{X_m^{(0)}(K)\}\ K=1,2,\cdots,N_m$$

这 m 个数列代表 m 种因素。在地质环境评价中，m 即为评价单元数，各有序数列即各评价单元中获取的评价因子的性状数据。

另外，再给定有序参考数列：

$$\{X_0^{(1)}(k)\}\ k=1,2,\cdots,N_0$$

对地质环境评价而言，参考数列即为评价因子数值组成的指标值序列，这时 $N_0=N_1=N_2=\cdots=N_m$。

参考数列也称为母序列，$\{X_i^{(0)}(k)\}(i=1,2,\cdots,m)$则被称为子序列。研究这 m 个子序列与母序列 $\{X_0^{(1)}(k)\}$的关联程度，可将这 m 个子序列与母序列均作图。凭直觉，凡是几何形状与母序列比较接近的，关联度较大，反之则小。这便是关联度的含义。

关联度公式为：

$$r_{0i}=\frac{1}{n}\sum_{k=1}^{n}\zeta_{0i}(k) \quad i=1,2,\cdots,m$$

$$\zeta_{0i}(k)=\frac{\min_i\min_k|X_0(k)-X_i(k)|+\rho\max_i\max_k|X_0(k)-X_i(k)|}{|X_0(k)-X_i(k)|+\rho\max_i\max_k|X_0(k)-X_i(k)|}$$

为 X_0 与 X_i 在第 k 点的关联系数。式中：

(1) $|X_0(k)-X_i(k)|=\Delta_i(k)$表示数列 X_0 与 X_i 数列在第 k 点的绝对差。

(2) $\min_i\min_k|X_0(k)-X_i(k)|$称为二级最小差，其中$\min_k|X_0(k)-X_i(k)|$是第一级最小差，表示 X_i

数列点的差值中的最小差；而$\min_i(\min_k|X_0(k)-X_i(k)|)$是第二级最小差，表示在第一级最小差的基础上，再找出其中的最小差。

(3)$\max_i\max_k|X_0(k)-X_i(k)|$是二级最大差，其含义与最小差相似。

(4)ρ为分辨系数，在0～1之间取值，一般取$\rho=0.5$。

将比较数列X_i与参考数列X_0各点的关联系数加和平均即得关联度r_{0i}。

(5)对于单位不同，或初值不同的数列作关联度分析时，一般要对数列作处理，使之无量纲化，归一化。

2. 计算步骤

关联分析一般包括下列步骤：原始数据变换、计算关联系数、求关联度、排关联序、列出关联矩阵、结果分析。

1)计算关联系数

按前述公式计算关联系数$\zeta_{0i}(k)$。关联系数反映了两比较序列在某一点的紧密程度，如在$\Delta_{\min}$点，$\zeta_{0i}=1$，关联系数最大，而在$\Delta_{\max}$点，关联系数最小，因而，关联系数变化范围为$0<\zeta\leqslant1$。

2)求关联度

关联度分析，实质上是各序列数据进行几何关系的比较。若两比较序列在每个点都重合在一起，即关联系数处处为1，则关联度也必为1；对两个比较序列而言，在任何点都不会垂直相交，关联系数均大于0，故其关联度也必大于0。

关联度按下式计算：

$$r_{0i}=\frac{1}{N}\sum_{k=1}^{N}\zeta_{0k}(k)$$

式中，r_{0i}为子序列i与母序列的关联度；N为两比较序列的长度(即数据个数)。

显然，关联度与下列因素有关：母序列X_0、子序列X_i、原始数据变换方法、数据列长度N(数据个数)、分辨系数ρ取值等不同，关联度均会发生变化。

3)排关联序

将m个子序对同一母序列的关联度按大小顺序排列起来，便组成关联序。它直接反映了各个子序列对同一母序列的“优劣”或“主次”关系。

4)列关联矩阵

若有n个母序列($n\neq1$)，并有m个子序列($m\neq1$)，则各子序列对于母序列的关联度分别为：

$$\begin{array}{l}(r_{11},r_{12},\cdots,r_{1m})\\(r_{21},r_{22},\cdots,r_{2m})\\\ \vdots\quad\vdots\qquad\vdots\\(r_{n1},r_{n2},\cdots,r_{nm})\end{array}$$

将$r_{ij}(i=1,2,\cdots,n;j=1,2,\cdots,m)$作适当排列，可得到关联度矩阵：

$$\boldsymbol{R}=\begin{bmatrix}r_{11}&r_{12}&\cdots&r_{1m}\\r_{21}&r_{22}&\cdots&r_{2m}\\\vdots&\vdots&&\vdots\\r_{n1}&r_{n2}&\cdots&r_{nm}\end{bmatrix}$$

(二)灰色统计模型

灰色统计法是灰色系统决策的方法之一。它是对所收集的各方面的数量指标和各种分散的、不完全的信息，以统一的标准归纳统计，由基本层次信息作出高层次系统的综合。实际上，灰色统计法是以灰数的白化函数生成为基础的一种映射，它将收集到的分散信息（数据），按照某种灰数所描写的类别进行归纳和整理。

1. 数学方法概述

灰色统计的"三要素"是统计对象（也称为决策群体）、统计指标（也称为决策方案）和统计灰数（也称为决策灰数）。灰色统计的基本思想是对于已知的样品与指标，给出白化权函数，并给出预先所要确定的类，于是就可以找出一批样品与各类指标的亲疏关系。

设有 n 个样品（统计对象）：$x_1,x_2,\cdots,x_n$。每个样品中有 p 个指标（统计指标）。则可以把每个样品看成是 p 维空间的一个向量。

$$x_i=(x_{i1},x_{i2},\cdots,x_{ip})$$

因此可以构成原始数据矩阵：

$$\begin{bmatrix} x_{11},x_{12},\cdots,x_{1p} \\ x_{21},x_{22},\cdots,x_{2p} \\ \vdots \\ x_{n1},x_{n2},\cdots,x_{np} \end{bmatrix}$$

式中，x_{ij} 是第 i 个样品对于第 j 个指标的样本量。

设统计灰数类为 $1,2,\cdots,m$。可以 x 为自变量绘制白化权函数 $f_k(x)$，$k=1,2,\cdots,m$。对于非负函数 r_{jk} 满足：

$$r_{jk}=\frac{\sum_{i=1}^{m} f_k(x_{ij})n_j}{\sum_{j=1}^{n}\sum_{i=1}^{m} f_k(x_{ij})n_j}\quad k=1,2,\cdots,m;j=1,2,\cdots,p$$

其白化权函数 $f_k(x)$ 的一般形式为：

$$f_k(x_{ij})=\begin{cases} L_k(x_{ij})=\dfrac{x_{ij}-x_1}{x_2-x_1} & x_{ij}\in[x_1,x_2] \\ 1 & x_{ij}\in[x_2,x_3] \\ R_i(x_{ij})=\dfrac{x_4-x_{ij}}{x_4-x_3} & x_{ij}\in[x_3,x_4] \\ 0 & x_{ij}<x_1,x_{ij}>x_4 \end{cases}$$

式中：①称 r_{ik} 为第 j 个指标对于第 k 个灰数类的灰色统计系数；

②称 $r_j=(r_{j1},r_{j2},\cdots,r_{jm})$ 为第 j 个指标的灰色统计列（向量）；

③称 K^* 为第 j 个指标下灰色统计的白化类，当且仅当 $r_{jk^*}=\max\limits_{k}(r_{jk})$。

2. 计算步骤

对于地质环境评价，前述样品（统计对象）即所划分的评价单元，指标（统计指标）即为评价所选定的环境因子，设有 n 个评价单元，p 个评价因子指标，则各评价单元中的各评价指标的性状数据可以构成数据矩阵 $X_{n\times p}$。

统计灰类即为评价标准，设有 $1,2,\cdots,m$ 个灰类。

其计算步骤如下：

(1)作样本矩阵（又称为白化统计量）$\boldsymbol{X}$，即为 $\boldsymbol{X}_{n\times p}$。

(2)确定统计灰类的白化函数。

(3)求灰色统计数 η_j 和灰色统计数 $r_{jk.}$。

记 $f_k(x_{ij})$ 为实际样本值 x_{ij} 通过统计灰类中第 k 个白化函数 $f_k(x)$ 查出的数值，有：

$$\eta_{jk}=\sum_{i=1}^{n}f_k(x_{ij})$$

式中，$i=1,2,\cdots,n;j=1,2,\cdots,p;k=1,2,\cdots,m$。

称 η_{jk} 为第 j 种统计指标属于第 k 种灰类的灰色统计数。

再将各种统计灰类的各统计数 η_{jk} 相加得：

$$\eta_j=\sum_{k=1}^{m}\eta_{jk}$$

称 η_{jk} 为第 j 种统计指标样本值的灰色统计数，则所有统计对象对第 j 种统计指标主张第 k 种统计灰类的灰色权为：

$$r_{jk}=\eta_{jk}/\eta_j$$

(4)作总的统计决策矩阵。

$$\boldsymbol{R}=\{r_{jk}\}=\begin{bmatrix} r_{11} & r_{12} & \cdots & r_{1m} \\ r_{21} & r_{22} & \cdots & r_{2m} \\ \vdots & \vdots & \cdots & \vdots \\ r_{p1} & r_{p2} & \cdots & r_{pm} \end{bmatrix}$$

(5)判断灰类。

按最大统计数的可信原理进行判断。对 $\boldsymbol{R}$ 中第 j 行，若有 $\boldsymbol{R}_{jk^*}=\max\limits_{j}\{r_{jk}\}$，则第 j 个统计指标属于第 k^* 个统计灰类；即第 j 个环境因子属于第 k^* 类，对 $\boldsymbol{R}$ 中的第 k 列，若有 $\boldsymbol{R}_{j^*k^*}=\max\limits_{j}\{r_{jk}\}$，则说明统计结果是第 k 个灰类适合于第 j^* 个统计指标。这样就对所有的评价因子进行了分类。

(三)灰色聚类模型

灰色聚类就是将聚类对象对不同聚类指标所拥有的白化数，按 n 个灰类进行归纳，以判断该聚类对象属于哪一灰类，其计算过程如下：

设$(x_1,x_2,\cdots,x_n)$为 n 个聚类对象，对每个 x_i 有 p 项指标。可以把每个 x_i 看成是 p 维空间的一向量 $x_i=(x_{i1},x_{i2},\cdots,x_{ip})$，$i=1,2,\cdots,n$。则有矩阵：

$$\boldsymbol{X}_{n\times p}=\{x_{ij}\}$$

x_{ij} 为 x_i 对于第 j 个指标的样本量，设有 m 个灰类。

对于地质环境评价而言，聚类对象即为评价单元，n 为评价单元数；p 为参与评价的环境因子的指标数；灰类即为评价所选定的评价标准，各类即标准分级，灰类数即评价目标的分级数(m)；某个评价单元中评价因子的性状数据即为 x_{ij}。

记 $f_{jk}(x)$为第 j 项指标属于第 k 灰类的白化权函数。如果有非负数 σ_{jk} 满足：

$$\sigma_{ik}=\sum_{j=1}^{p}f_{jk}(x_{ij})\eta_{jk}\qquad i=1,2,\cdots,n;j=1,2,\cdots,m$$

式中，η_{jk} 为第 j 个指标对于第 k 个灰类的权。

$$\eta_{jk}=\frac{\lambda_{jk}}{\sum\limits_{l=1}^{p}\lambda_{lk}}$$

λ_{lk} 为第 l 个指标关于第 k 个灰类的白化值。

则称 σ_{ik} 为第 i 个聚类对象对于第 k 个灰类的聚类系数。

称 $\sigma_i=(\sigma_{i1},\sigma_{i2},\cdots,\sigma_{im})$为第 i 个聚类对象的聚类向量。这里有：

$\sigma_{ik^*}=\max\limits_{1\leqslant k\leqslant m}\{\sigma_{ik}\}$，则称第 i 个聚类对象属于第 k^* 个灰类，从而对各聚类对象进行分类。

第六章　青藏高原典型地区矿山地质环境承载力示范评价

第一节　示范评价区的选取

一、选取原则

(一)面上控制,局部深入

示范评价区的选取在整个项目研究区范围内合理布控,即在整个青藏高原范围内优选。在区域上做到了西藏自治区和青海省内都有所分布和体现,这样在不同的自然地理和气候条件下能起到较好的代表性,做到面上控制。

在面上控制的基础上,应进一步深化和加强,在局部工作区内(面)再选取典型的矿区做深入的评价和研究(点),做到局部深入。

(二)体现典型性和代表性

选取的示范评价区在青藏高原范围内一定具有典型性和代表性,能反映青藏高原的优势矿种和国家急需的矿产资源,并且要体现区域地质环境的差异性。

所选示范评价区内存在代表青藏高原主要的矿山地质环境与生态环境问题类型:如《矿山地质环境保护规定》中涉及到的矿山地质灾害(滑坡、崩塌、泥石流、地面沉降、地面塌陷、地裂缝),含水层破坏和地形地貌损毁等地质环境问题,以及由于矿产开发引起的土地资源破坏、水土流失、草地和湿地退化等生态环境问题。

不仅需要满足典型性和代表性,选取的示范评价区在青藏高原范围内还应起到示范性,即矿产资源开发的地质环境承载力评价方法可对全区进行推广和使用。

(三)政府和群众关注的焦点地区

示范评价区的选取考虑了政府和人民群众当前所关注和今后可能造成影响的热点地区,这样才能使评价和研究的结果更好地解决实际问题,更好地为政府部门的决策提供依据,使得整个工作更具指导性和实用性。

具体选区参照了《全国矿产资源规划(2008—2015)》《全国矿山地质环境保护与治理规划(2009—2015)》,《西藏自治区矿产资源规划(2000—2010)》《西藏自治区“十二五”时期矿山地质环境保护与治理规划》《西藏自治区“十二五”时期地质灾害防治规划》,《青海省矿产资源总体规划(2008—2015)》《青海省矿山地质环境保护与治理规划》《青海省地质灾害防治规划(2006—2020)》等文件,同时也综合考虑了舆论和社会所关切的区域。

(四)兼顾规划区和生态区

青藏高原是“世界屋脊”“地球第三极”“中华水塔”,不仅矿产资源丰富,开发潜力巨大,而且其生态环境对全球气候变化也起到至关重要的作用。因此本项目示范评价区的选取综合考虑了矿产资源开发和生态环境之间的复杂关系,同时兼顾了矿产资源重点勘查规范区和生态自然环境保护区。

(五)考虑矿区类型的多样化

首先,示范评价区的选取考虑了矿山的开采阶段,最好是能同时涉及到正在勘察规划的(还未开采的)、正在开采的和已经闭坑的矿区和矿山;其次,矿山的开采种类对工作区的选取也将起到至关重要的作用,示范评价区内应包含矿种类型更多的矿山,如能源矿、金属矿和非金属矿山等;再次,矿山的开采方式也是选区的考虑重点,示范评价区应结合露天开采、井工开采及其他开采方式;最后,矿山的开采规模也是重点考虑因素,选区时应包含大型、中型和小型矿山,做到大小兼顾和点面结合。只有这样,评价和研究的结果才能有对比和验证性,才能真实反映客观规律和实际情况。

(六)其他对研究有利的因素

安全方面,选择经济基础较好、社会发展程度较高、社会治安较稳定的地区;工作基础方面,选择水文地质、环境地质、生态环境调查工作开展较早,工作程度相对较高,资料积累较为丰富的地区;交通方面,选择方便、快捷,利于调查和运输的地区;经济成本方面,选取物价和人力成本适中、性价比较高的地区,争取做到同等经费条件下产出最优成果。

二、示范评价区选取

(一)青海省祁连县黑河源多金属矿区

(1)该区位于北部祁连山区,在区域上可代表青藏高原东北部的青海省,在自然地理上可代表我国青藏高原半干旱高寒山区的情况。

(2)区内主要有土地资源破坏、水土流失、草地和湿地退化、滑坡、崩塌、泥石流等矿山地质环境问题和地质环境问题,在我国西部生态环境脆弱区具有代表性。

(3)区内分布的矿山有煤矿山、石棉矿山、铀矿山、铜多金属矿山和砂金矿山,三大矿产资源类型皆有涉及。

(4)区内分布的矿山以露天开采为主,部分为井工开采,砂金矿则为水力开采,3 种矿产资源开采方式在本区内非常齐全。

(5)祁连县黑河源多金属区成矿地质条件优越,青藏高原圈定的 22 个重点矿产资源勘查规划区之一的“祁连县—天峻县煤铜铅锌规划区”就在此区域内。本区是《全国矿产资源规划(2008—2015)》专栏七、《全国矿山地质环境保护与治理规划(2009—2015)》专栏一、专栏二和矿山地质环境重点治理工程规划部署位置。同时本区也位于《青海省矿产资源总体规划(2008—2015)》专栏 9、专栏 10 和专栏 16 的规划部署位置。海北藏族自治州组织申报的《祁连县黑河源区矿山地质环境治理》项目也于2010年获得中央补助资金的资助。

(6)区内矿山分布较为零散，且多为中、小型矿山。这类矿山相比于大型矿山在管理规范与工艺水平上均有所欠缺，造成严重的无序开采与环境破坏，且因其分布零散，影响面积大，造成恢复治理的难度巨大。因此，该类矿山是造成我国矿山地质环境破坏的重要主体，对其进行矿产资源承载力的评价与研究可为青藏高原分散的中小型矿山提供借鉴和参考。

(7)评价区位于中国第二大内陆河——黑河上游的径流形成区，是国际生态水文和全球变化的研究热点区，而区内的矿山地质环境问题可能会对高山草甸、灌丛、冻土、泥炭沼泽等水文下垫面性状产生重要影响，从而改变区域的产、汇流过程和冻土层碳释放，是影响生态水文过程和气候变化的重要因素。因此，在该区开展地质环境承载力的研究不仅具有重要的社会效益、环境效益和经济效益，还具有较高的国际影响力和关注度。

(8)本区水文地质、生态地质和环境地质的调查工作开展得较早，工作程度相对较高，资料积累较为丰富。中国科学院寒区旱区环境与工程研究所黑河上游生态-水文实验研究站及其他气象、水文站点在本区内分布丰富，有利于开展各方面研究工作。而且该区交通最为方便、社会经济状况较好，可以满足本项目的研究要求。

(二)青海省天峻县木里煤田聚乎更矿区

(1)木里煤田位于青海省天峻县和刚察县交接处，面积约400km²，横跨海西蒙古族藏族自治州和海北藏族自治州，在自然地理上可代表我国青藏高原半干旱高寒山区的情况。

(2)木里煤田是青藏高原最大的煤炭生产基地之一，是高寒高海拔地区煤炭资源典型的采矿区，其煤炭资源总储量约为35.4亿t，是青海省焦煤资源主要赋存区和最大的开采区，属于特大型矿山规模，极具代表性、典型性和研究意义。

(3)木里煤田是青藏高原和青海省的焦煤资源整装勘查区域，由江仓、聚乎更、弧山和哆嗦贡马4个矿区组成，规划有8个井田、6个勘查区，对区内可燃冰资源的勘查与保护也作了专门规划，当前开发的矿点已有多处。整个煤田具有零星分散且又集中连片的特点，而且不同开采规模和阶段都包括，是较为理想的研究区域。

(4)木里煤田区域内除具有丰富的煤炭资源外，还蕴藏和开采有硫磺、石灰石、石棉、云母、石膏、冰洲石、芒硝、岩盐、高岭土、铅锌、铜、黄铁矿、金等，除煤、铅锌等矿产资源，三大矿产资源类型皆有涉及。

(5)木里煤田聚乎更矿区煤炭资源大部分以露天开采为主，部分金属和非金属矿产为井工开采，砂金矿则为水力开采，3种矿产资源开采方式在本区内齐全。

(6)区内的生态环境问题水土流失、草地和湿地退化，矿山地质环境问题土地资源破坏、地形地貌景观破坏、水土污染和地质灾害等在我国西部生态环境脆弱区具有代表性。

(7)木里煤田水系发育，地表水系有江仓河、娘姆吞河、阿子沟河、上下哆嗦河和努日寺沟等，最后均汇于大通河。煤田地处大通河源头，是青海省北部重要的产水区和主要补给区，生态地位十分重要。

(三)青海省曲麻莱县大场金矿区

(1)矿区位于青海省境西南部，气候恶劣，属于典型的高原大陆型湿冷气候。

(2)矿区地处三江源生态保护核心区，是黄河源头区，生态意义重大。

(3)近年来，由于采金活动影响，造成草场退化、地下水位下降、河湖干涸等一系列地质环境问题，使得原本脆弱生态环境更趋恶化。

(4)矿区控制金资源量达113t，达超大型规模。同时，大场金矿田范围内还有部分金异常尚未评价，且矿体深部仍有延伸，预测远景金资源量有望超过300t，将成为我国重要的金矿开发基地。

（四）西藏自治区墨竹工卡县甲玛铜矿区

(1)甲玛铜矿区位于西藏中东部，在区域上可代表青藏高原主体的西藏自治区，在自然地理上可代表青藏高原温带半干旱高寒山区季风气候的情况。

(2)区内主要有滑坡、崩塌、泥石流等地质灾害、草地和湿地退化、植被破坏和水土污染等矿山地质环境问题和地质环境问题，在我国西部生态环境敏感区具有代表性。

(3)区内分布有金、铜、钼、钨、钛、绿柱石、水晶、电气石、刚玉、岫岩玉、石墨、地下热水等多种矿产资源，尤以铜钼铅锌矿为主的特大型、大型矿山为代表，具备成为国家级铜资源基地的条件。

(4)区内分布的金属矿山主要以露天开采为主，部分为井工开采，多种开采方式在本区内较齐全。

(5)甲玛铜矿区“达孜—工布江达铜钼铅锌规划区”是青藏高原圈定的22个重点矿产资源勘查规划区之首。本区还是《全国矿山地质环境保护与治理规划(2009—2015)》专栏二和矿山地质环境重点治理工程规划部署位置。同时本区也位于《西藏自治区“十二五”时期矿山地质环境保护与治理规划》中铜多金属重点勘查工作区、多金属矿集中开采区和矿山地质环境动态监测部署区范围。

(6)本区成矿条件优越，区内的超大型、大型矿床相对集中，产生的矿山地质环境问题也最为严重，如2013年3月29日发生在甲玛矿的特大山体滑坡，造成了66人死亡17人失踪的惨剧令人触目惊心。同时这些大型矿山是造成区域上矿山地质环境破坏的主体，由于规模巨大，恢复治理的难度也较大。因此，对本区内进行矿产资源承载力的评价与研究可为青藏高原集中的大型矿山提供借鉴和参考。

(7)另外，于2008年启动的“青藏高原地质矿产调查与评价专项”研究中，已在该规划区开展了1∶5万矿产远景调查、1∶25万环境地质综合调查，提交了铜资源接续基地2处。这些工作的完成可为区域尺度上矿产资源开发的地质环境承载力评价提供基础资料。

(8)此外，在青藏高原圈定的22个重点矿产资源勘查规划区中，“达孜—工布江达规划区”的地质、水文地质、环境地质、生态环境调查工作开展较早，工作程度相对较高，资料积累较为丰富，是最有条件开展矿产资源开发地质环境承载力评价研究的规划区之一。

第二节　评价性状数据的获取

一、数据源

（一）环境地质背景数据

环境地质背景图系数据主要包括青藏高原县界图(1∶100万)、青藏高原地形图(1∶100万)、青藏高原荒漠图(1∶100万)、青藏高原地貌图(1∶100万)、青藏高原湖泊图(1∶100万)、青藏高原水系图(1∶100万)以及青藏高原土壤图(1∶100万)、青藏高原植被图(1∶100万)，来源于国家基础地理空间数据库。

（二）基础地理信息

基础地理信息包括栅格地形图(1∶25万、1∶10万和1∶5万)和数字地形图(1∶25万和1∶5万)，来源于国家基础地理空间数据库。

（三）遥感数据

在对示范评价区进行生态环境遥感调查监测的研究中，卫星影像的时相选择十分关键。例如，仲夏季节，植被生长最为茂盛，茂密的农作物耕地易与林地混淆，不利于根据植被覆盖度对土地荒漠程度分级。冬、春季节，由于植被生长情况不好，降水又少，地物色调比较单调。由于示范评价区在植物生长季节的遥感数据上有大量的厚云存在，使得地物的识别受到很大的影响，而去除影像数据上的厚云目前还属于一个技术难题。选取遥感数据时结合示范评价区实际情况综合考虑了遥感数据的时空效应、尺度效应以及数据的可获得性，采用 MSS、TM、ETM＋、ALOS 四个时相的遥感影像数据调查示范评价区近 30 多年的生态环境变化。MSS、TM、ETM＋遥感数据主要用来对示范评价区进行地质环境的历史调查，ALOS 遥感数据则主要用来对示范评价区的地质环境进行现状调查。所采用的 4 期遥感数据的波段数和空间分辨率如表 6-1 所示。在购买用作现状调查的遥感数据时，由于可用的 TM 影像数据在示范评价区左下方有大量的厚云，故结合该区域无云的 ALOS 影像来辅助 TM 影像的解译。

表 6-1　波段数及空间分辨率

时相	数据类型	波段数	分辨率
1976—1978 年	MSS 影像	4	57m
1988—1990 年	TM 影像	7	30m
2000—2001 年	ETM＋影像	8	15m
2006—2008 年	TM 影像	7	30m
	ALOS 影像	4	10m

1. 1∶25 万尺度生态环境遥感调查历史调查数据源

目前常用的卫星遥感信息源是陆地卫星数据，本研究选取时相为 1976 年（MSS）、1988 年（TM）、2000 年（ETM＋）为生态环境遥感调查的历史数据源，示范评价区各时相需要 6 景，其数据成像日期见表 6-2～表 6-4，平均云量均低于 5％。

表 6-2　1976 年（MSS）数据成像日期

Row \ Path	146	147	148
39	1976-12-25	1976-12-16	1976-12-17
40	1976-1-9	1978-12-24	1976-12-17

表 6-3　1988 年（TM）数据成像日期

Row \ Path	136	137	138
39	1988-10-9	1988-9-14	1991-9-14
40	1988-10-25	1988-11-1	1990-11-14

表 6-4　2000 年（ETM＋）数据成像日期

Row \ Path	136	137	138
39	2001-12-24	2000-12-28	2000-12-19
40	2001-10-21	2000-12-28	2000-11-17

2.1∶25 万尺度生态环境遥感调查现状调查数据源

1)ALOS 数据

ALOS 卫星是日本于 2006 年 1 月 24 日发射的卫星,每 46 天观测地球全域获取数据。ALOS 数据包括 4 个波段,分辨率为 10m。第一波段范围为 0.42～0.5μm,第二波段范围为 0.52～0.6μm,第三波段范围为 0.61～0.69μm,第四波段范围为 0.76～0.89μm,成像范围为 70km×70km。ALOS 卫星数据分辨率较高,价格较同等分辨率卫星数据便宜。因此,该规划区现状调查数据采用性价比较高的 ALOS 卫星数据,选用的数据成像日期如表 6-5 所示。

表 6-5　2007 年(ALOS)数据成像日期

Row \ Path	151	152	153	154	155	156
3000	2008-1-2	2007-1-19	2007-2-2	2007-1-4	2007-1-21	2008-2-10
3010	2008-1-2	2007-1-19	2007-2-2	2007-1-4	2007-1-21	—

2)TM 数据

TM 数据 137039 下半景,137040 上半景,136039 移动景整景下移 50%。成像日期如表 6-6 所示。

表 6-6　2007 年(TM)数据成像日期

Row \ Path	136	137
39	2006-12-14	2007-1-6
40	—	2008-2-26

二、遥感图像处理

(一)地理数据坐标系选择

根据不同的需要,地图往往采用不同的地图投影,而地球表面的地理要素经过不同的投影,将产生完全不同的结果。项目采用西安 80 坐标系。由于整个青藏高原跨了 6 个 6 度带,采用高斯-克吕格投影会使图件内容表达不美观,故整个青藏高原的环境地质背景图系采用西安 80 地理坐标系。

(二)几何精纠正及精度检验

用于 1∶25 万尺度调查的 4 类遥感数据(MSS、TM、ETM+、ALOS)均经过系统粗纠正,仍包含严重的几何畸变。几何精纠正的目的就是要纠正系统或者非系统性因素引起的图像形变,从而使之实现与标准图像或地图的几何整合。一般地,需要根据传感器特点、可用的纠正数据、图像的应用目的确定合适的几何方法。

本项目遥感图像几何精纠正分别以地形图为参考及纠正后影像为参考。具体地,以 1∶10 万地形图或精纠正后的 ALOS 数据为参考纠正 MSS、TM、ETM+多光谱、ETM+全色数据,这样既保证了纠正精度,又尽可能地保证了历史数据与现状数据空间效应的一致性。

1. 遥感数据几何精纠正

几何精纠正包括选择控制点、建立整体映射函数和重采样内插 3 步。地面控制点的选取是几何精纠正中最重要的一步，其数量、精度、分布均会直接影响几何精纠正的效果。鉴于示范评价大都处于山区，选取控制点时宜遵循以下原则：

(1)尽量选取地面上不随时间而变化的地物作为控制点，如避免选取河流作为控制点。

(2)尽量选取图像上有明显的、清晰的定位识别标志，如道路交叉点、建筑物边界、桥梁等作为控制点。

(3)所选控制点不少于30个，并且均匀分布在工作区内。

控制点选好后，采用二次多项式数学模型校正，建立起影像与影像(或地形图)之间的空间变换关系，其基本原理为：以若干控制点为已知点，采用最小二乘拟合，建立一个数学函数来表达纠正前后影响同名像点之间的坐标变化，将遥感影像坐标配准到目标坐标系下。

最后选取最邻近方法进行重采样。

在纠正MSS、TM、ETM+多光谱、ETM+全色数据时各选择控制点分别为26个、31个、26个、28个。

2. 精度检验

图像几何纠正误差控制在一个像素内，满足遥感图像几何纠正质量控制要求。

(三)图像增强

本项目只需对ETM+的全色与多光谱影像进行融合处理，使处理后的图像既具有较高的空间分辨率，又具有多光谱特征，改善图像几何精度，增强特征显示能力，改善分类精度。

目前，遥感影像融合的方法有百余种，其中较为常用的有颜色空间变换法(HIS)、主成分分析法(PCA)、彩色标准化变换(Brovey)以及基于小波变换的融合法等。这些方法由于算法成熟，已经被很多遥感专业软件如ERDAS和ENVI等所采用。但是不同的融合方法对于不同的遥感影像融合效果不同。这些融合方法虽都能增加多光谱影像的空间纹理信息，但Brovey等方法易使融合后的影像失真；小波变换光谱信息虽保真较好，但小波基选择困难，且计算相对复杂。

对于山区的高分辨率遥感影像，由于地形复杂，导致影像上阴影很多，山体起伏，影像的纹理信息增加，此次采用PCA融合方法进行融合，其原理如下所述。融合后影像处理：融合后影像亮度偏低、灰阶较窄，可采用线性拉伸、亮度对比度、色彩平衡、色度、饱和度等调整色调。

主成分分析法(PCA)是一种统计学方法，是在统计特征基础上进行的一种多维(多波段)正交线性变换，数学上称为K-L交换。主成分分析不仅可以用于影像数据压缩，也可以用于数据融合。把低分辨率的多光谱影像进行主成分变换，然后用高分辨率的全色影像来代，在遥感应用领域这一方法目前主要用于将多波段的图像信息压缩或综合在一幅图像上，并且各波段的信息所作的贡献能最大限度地表现在新图像中；图像增强，在光谱特征空间中提取有各显著物理意义的图像信息和监测地表覆盖物的动态变化。

该法的思想类似于HIS变换，过程如下：

首先，用3个或者3个以上波段数据求得图像间的相关系数矩阵，由相关系数矩阵计算特征值和特征向量，再求得各组分量图像；然后，将高空间分辨率图像数据进行对比度拉伸，使之与第一组分量图像数据具有相同的均值和方差；最后用拉伸后的高空间分辨率图像代替第一组分量，将它同其他组分量经逆PCA变换得到融合的图像。用拉伸后的高空间分辨率图像代替第一组分量的前提是要求二者接近相同，这是因为多波段光谱图像经PCA变换后，将各波段的空间信息集中到第一组分量中，而其光谱信息则保留在其他分量中。该算法不受波段数目的限制，能有效地处理3个分量以上的各分量数据，将一组彼此相关的变量变换为一组新的相互独立且正交的变量，数据压缩效率高。另外，该算法在保留原多光谱图像的光谱特征上优于HIS融合法，而且PCA法的光谱特征扭曲度小。

多光谱影像与融合后的影像相比，融合影像的纹理清楚，和真彩色接近，清晰度与原始影像相比都得到了大幅的提高，层次感更丰富，目标边缘更清晰（图 6-1）。

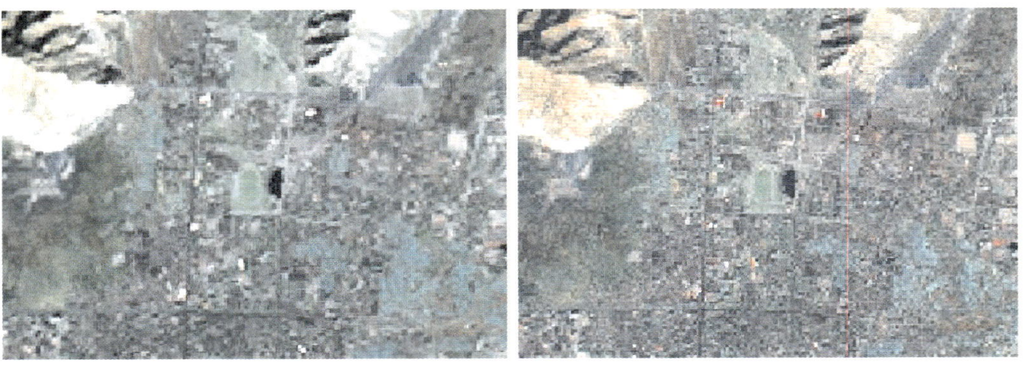

图 6-1　ETM＋多光谱影像图局部（左）和融合影像图局部（右）

（四）图像镶嵌

图像镶嵌处理是将具有地理参考的若干相邻图像合并成一幅或一组图像。需要镶嵌的输入图像必须含有地图投影信息，或者输入的图像必须经过几何校正处理。所有输入图像可以具有不同的投影类型、不同的像元大小，但必须具有相同的波段数。在进行图像镶嵌时，需要确定一幅参考图像，参考图像将作为输出镶嵌图像的基准，决定镶嵌图像的对比度匹配以及输出图像的投影、像元大小和数据类型。本研究选用影像采用 6 度带的西安 80（Gauss-Krueger）投影。具体的图像镶嵌是应用 ERDAS8.7 软件 Data Preparation 模块中的 Mosaic Images 图像镶嵌功能进行拼接。拼接的同时对两幅图像做直方图匹配（Histogram Match），匹配方法选用重叠区域羽化（Feather）。最后运行镶嵌工具将多幅校正后的影像拼接成覆盖规划区范围的整幅影像。镶嵌好的影像拼接区没有明显的接缝现象，效果理想，如图 6-2 所示。

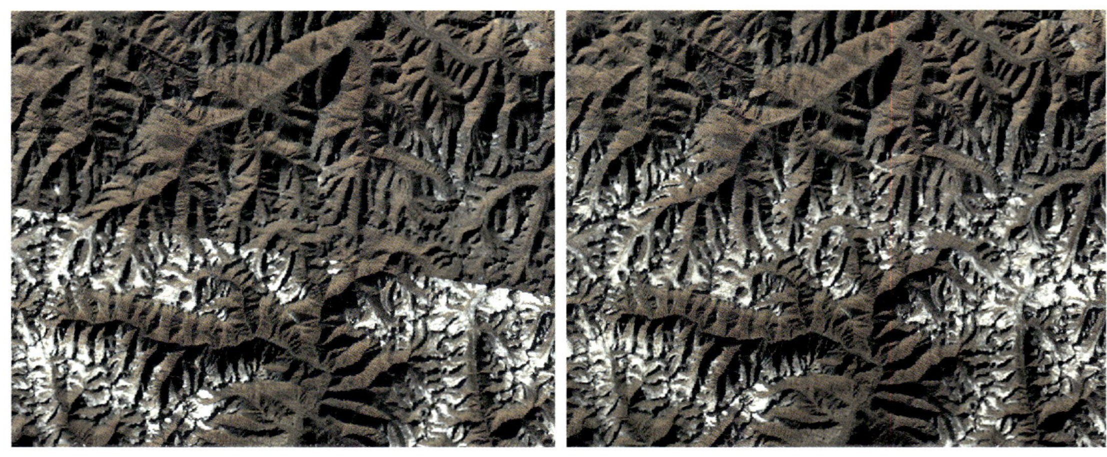

图 6-2　影像镶嵌前局部（左）和影像镶嵌后局部（右）

三、解译标志建立

遥感解译标志是遥感图像上能具体反映和判别地物和现象的图像特征，遥感解译标志的建立是进行遥感解译的关键。解译标志随着不同地区、不同时段等多种因素而变化，解译标志的建立要有针对性。所以，针对特定研究区现有遥感图像构建判读标志是目视判读遥感技术的基础。首先，建立的各类地物的解译标志要基本反映出影像的 8 个要素；其次，要综合考虑“同谱异物、异物同谱”现象，对各类地物尽量考虑建立多种解译标志表；最后，建立解译标志时要以卫星图像、地形图等资料为主，整理和分析现有资料。在进行野外调查中对不同类型进行多区域、多类型重复采点，力求建立正确的解译标志。

据此建立示范评价区土地利用和植被类型的解译标志。在建立该规划区解译标志时，参考第二次全国土地调查西藏自治区的土地利用数据。

（一）植被覆盖信息

植被在地球系统中扮演着重要的角色，植被影响地气系统的能量平衡，在气候、水文、生化循环和全球变化中都起着重要作用。植被指数是遥感监测地面植物生长和分布的一种方法。由于不同绿色植物对不同波长光的吸收率不同，光线照射在植物上时，近红外波段的光大部分被植物反射，而可见光波段的光则大部分被植物吸收，通过对近红外和红波段反射率的线性或非线性组合，可以消除地物光谱产生的影响，得到的特征指数称为植被指数。植被指数是遥感领域中用来表征地表植被覆盖、生长状况的一个简单、有效的度量参数。遥感植被指数的目的是要建立一种经验的或半经验的、强有效的、对地球上所有生物群体都适用的植被观测量。

植被指数可分为 3 类：

(1)基于波段的线性组合（波段运算），没有考虑大气影响、土壤亮度和土壤颜色，如比值植被指数（*RVI*）。

(2)基于物理知识将电磁波辐射、大气、植被覆盖和土壤背景相互作用结合在一起，并通过数学和物理及逻辑经验以及通过模拟将植被指数不断改进而发展，如垂直植被指数（*PVI*），土壤调节植被指数（*SAVI*），归一化差异植被指数（*NDVI*）等。

(3)基于高光谱及热红外遥感而发展的植被指数，如倒数植被指数（*DVI*）等。

由于 *NDVI* 值对干旱区陆地表面主要覆盖类型具有较好的分离性，并且对低覆盖植被有较好的检测灵敏度，能更好地适应干旱区植被稀疏、盖度差异悬殊的区域景观特点。因此采用归一化植被指数 *NDVI* 计算植被覆盖率。*NDVI* 公式为：

$$NDVI=\frac{DN_{NIR}-DN_{R}}{DN_{NIR}+DN_{R}}$$

在 Erdas Image8.7 软件下通过 Modeler 模块实现 *NDVI* 计算，提取植被覆盖灰度图。

（二）土地利用/覆盖解译标志

1. 土地利用分类

遥感图像所反映出的信息主要是土地覆盖情况，土地的某些社会属性信息在遥感图像上反映不出来，同时遥感图像上反映出的一些信息又是常规调查中无法取得的，因此，在开展遥感土地利用/土地覆盖的调查研究工作中经常将两者合并考虑，建立一个统一的分类系统，统称为遥感土地利用/土地覆盖分类体系。

土地利用分类的主要依据是土地用途、土地经营方式、土地利用方式和土地覆盖特征等。土地覆盖是指覆盖着地球表面的植被，主要表示地球表面存在不同类型的覆盖特征。这只是土地利用分类的一个依据，强调的是土地的表面形状。根据本研究目的需要、土地覆盖特征和影像能够达到的分类精度，参照《土地利用现状分类标准（GB/T 21010—2007）》中的土地分类/土地覆盖分类系统，同时根据研究区实际情况采用土地利用二级分类系统，其中一级 6 大类，分别为耕地、林地、草地、水域及水利设施用地、其他土地和城镇村及工矿用地；二级 11 亚类(表 6-7)。

表 6-7　土地利用现状分类表

一级类	二级类	含　义
01 耕地	013 旱地	指无灌溉设施，主要靠天然降水种植旱生家作物的耕地，包括没有灌溉设施，仅靠引洪淤灌的耕地
03 林地	031 有林地 032 灌木林地	有林地指树木郁闭度≥0.2 的乔木林地；灌木林地指灌木覆盖度≥40%的林地
04 草地	041 天然牧草地	指以天然草本植物为主，用于放牧或割草的草地
11 水域及水利设施用地	111 河流水面 112 湖泊水面 119 冰川及永久积雪	河流水面指天然形成或人工开挖河流常水位岸线之间的水面；湖泊水面指天然形成的积水区常水位岸线所围成的水面；冰川及永久积雪指表层被冰雪常年覆盖的土地
12 其他土地	126 沙地 127 裸地	沙地指表层为沙覆盖、基本无植被的土地；裸地指表层为土质，基本无植被覆盖的土地；或表层为岩石、石砾，其覆盖面积≥70%的土地
20 城镇村及工矿用地	203 村庄 204 采矿用地	村庄指农村居民点，以及所属的商服、住宅、工矿、工业、仓储、学校等用地；采矿用地指采矿、采石、采砂(沙)场，盐田，砖瓦窑等地面生产用地及尾矿堆放地

2. 解译标志建立

在不同影像图上，不同的地物有其不同的影像特征，这些影像特征是判读时识别各类地物的依据，称之为解译标志。解译标志有直接解译标志和间接解译标志两种，前者包括形状、大小、色调或颜色、结构、饱和度及纹理；后者则包括地物的位置、分布特征及地物之间的相互关系。在图像判读前，首先要对研究区域进行调查，建立起各类土地利用类型的判断标志。

建立正确的解译标志对后续工作极为重要，它直接影响图斑属性值的可信度。在建立解译标志时要遵循以下的方法和步骤：

(1)影像上没有明显解译标志的地类不能成为分类传统中独立的图斑类型，除非是一些重要的地类，并且通过其他辅助数据能够精确界定每一图斑的轮廓。

(2)根据假彩色合成影像的波谱特征、空间分辨率以及研究区的物候资料、现有相近时期的土地利用图，并结合影像色调、亮度、饱和度、形状、纹理和结构等特征，制定初步解译标志。

(3)在此基础上选取典型地段进行预判，并且参考野外调查数据验证。

(4)最后建立该研究区域的解译标志。

建立的解译标志如表 6-8 所示。

表 6-8　遥感解译标志

一级分类系统名称	二级分类系统名称	判读标志	特征描述
耕地	旱地		红色或浅绿色、浅灰色，色调与季相有关，有纹理结构，呈斑块状分布，形状不规则，镶嵌着分散的居民点，分布于丘间平地和湖泊周边，小部分分布在台地、缓坡地上

续表 6-8

一级分类系统名称	二级分类系统名称	判读标志	特征描述
林地	林地		深红色，分布连片，斑块状分布，形状不规则，边界较明显
草地	天然牧草地		粉色、粉紫色或粉褐色、浅灰色、浅红色，片状、块状分布，形状不规则，色调不均匀，边界不清晰
水域及水利设施用地	河流湖泊		河流呈蓝色、黑色，条带状弯曲，轮廓清晰；湖泊呈蓝、黑色，轮廓清晰，自然闭合，与其他地物界线清晰
	冰川及永久积雪		呈亮白色，主要分布于高山或极高山的雪线以上，一般呈片状或帽状
其他土地	沙地		浅黄色、白色、浅粉色泛白，色调明亮均匀，波纹状图形，少量植被呈浅粉色、鲜红色的点状或斑状
	裸地		白色、浅灰色或铁青色，片状、团状分布，形状不规则，纹理杂乱，界限明显
城镇村及工矿用地	村庄及采矿用地		灰色和灰蓝红白杂色，色调不均匀，主要分布在沿河两岸，规则片状或团状分布，边界清晰，一般可见交通线路穿过

四、专题信息提取

（一）植被覆盖度信息提取

植被作为陆地生态系统的主要组成部分，是生态系统存在的基础，也是联结土壤、大气和水分的自然"纽带"，它在陆地表面的能量交换过程、生物地球化学循环过程和水文循环过程中扮演重要的角色，在全球变化研究中起着"指示器"的作用。为了加强对环境过程的了解，必须对地表的生物和物理特征进行测量，将这些测量值提供给气候、水文、气象、生态和其他模型。主要描述地表植被的生物物理参数有植被类型、植被覆盖度、生物量、叶面积指数、反照率、粗糙度等。其中，植被覆盖度是指观测区域内植被垂直投影面积占地表面积的百分比，是刻画陆地表面数量的一个重要参数，也是指示生态系统变化的重要指标。

参照水利部颁布的《土壤侵蚀分类分级标准》以及《水土保持技术规范》中植被盖度分级的要求以及研究区实际情况，将研究区的植被覆盖度分为5级：低植被覆盖（＜15％）、较低植被覆盖（15％～30％）、中植被覆盖（30％～50％）、中高植被覆盖（50％～70％）、高植被覆盖（＞70％）。

（二）土地利用/覆盖信息提取

1. 研究区土地利用/覆盖信息分类系统

参考修订后的《土地利用现状调查技术规程》，本次分类主要分为耕地、林地、草地、水体、冰雪覆盖地、建筑用地和裸地七大类。

2. 土地利用/覆盖信息的监督分类

1）定义分类模板

ERDAS IMAGINE的监督分类是基于分类模板来进行的，每一种类别判别规则都需要输入一些模板属性，而分类模板的生成、管理、评价和编辑等功能是由分类模板编辑器完成的。

首先显示经过处理的研究区影像，然后调整模板编辑器中的显示字段，再应用AOI绘图工具和扩展工具在整幅影像上分别获取判读的7类分类训练样本的模板信息，各种分类选取10～40个训练样本，当增加训练区时，将报警掩膜和以前的报警掩膜叠加，判断训练样本数据的变化情况，并做出调整，直到报警掩膜和实际地类比较符合时，即认为这一类的训练区选择完毕。然后合并以使该分类模板具有多区域的综合特性，最后确定各类的名称和颜色，加入到模板中保存，建立达孜—工布江达规划区土地利用分类模板文件。

2）评价分类模板

训练样本的选择是一个不断重复的过程，要生成能精确代表要提取类型的模板，可能需要很多次选择训练样本，并对由此而生成的模板进行评价，直到满足精度要求后保存最终的分类模板。

对定义好的7类分类模板，运行Signature Editor下的Evaluate功能，对分类模板进行可能性矩阵检验，经过多次反复调整各类模板和多次检验，最终得到满足精度要求的分类模板。

3）进行监督分类

监督分类中的最大似然法有着严密的理论基础，对于正态分布的数据，判别函数易于实现，而且有较好的统计特性，是目前最为常用、应用最广、分类精度较高的方法之一。故本研究的监督分类采用最大似然法进行分类。

利用建立好的分类模板，对重采样后的遥感影像采用最大似然法对研究区影像执行监督分类。在ERDAS IMAGINE中的Classifier模块中选择Supervised Classification命令，设置好参数，进行监督分类，得出初步土地利用分类图。

4)分类后处理

遥感影像无论是进行监督分类还是非监督分类，都是按照图像光谱特征进行聚类分析，都带有一定的盲目性，分类结果中都会产生一些面积很小的图斑，存在一定的缺陷，如斑块较为零碎，产生一些孤立点、断点、孔穴、毛刺等，会给图像质量、精度带来不利影响。为此需要填补孔穴，消除断点、孤立点等，其中主要是噪声的消除，即对获得的分类结果需要进行最小图斑去除处理，才能得到最终相对理想的分类结果，这些处理操作通称为分类后处理。ERDAS IMAGINE提供的后处理方法有聚类统计、过滤分析、去除分析和分类重编码等。

本研究利用ERDAS IMAGINE软件中的GIS分析命令clump聚类，通过对土地利用分类专题图像计算每个分类图斑面积，记录相邻区域中最大图斑的面积的分类值等操作，产生一个clump类组输出图像，然后在eliminate里面将剔出的小图斑合并到相邻的最大的分类当中，从而完成对监督分类中产生的一些小图斑的处理工作。

将形成的分类专题图转为矢量图并和遥感影像套在一起，参考野外定点对专题图进行修改，最后对各类进行分类编码，得到最终的分类专题图。

5)分类结果精度分析

执行了监督分类后，需要对分类效果进行评价(Evaluate Classification)。在ERDAS IMAGINE利用精度评估(Accuracy Assessment)对分类结果进行精度分析。需对研究区进行抽样，确定抽样点数和抽样方法，并逐个找出抽样像元点的参考地类。为满足抽样点的代表性和抽样统计分布的要求，样点数采用随机产生方法。

(三)地形坡度信息提取

地形地貌是影响水土流失、崩塌、滑坡、泥石流等地质环境问题发育的一个非常重要的因素。为此，需要建立研究区的DEM模型，从总体上了解规划区的地表面特征。水土流失、崩塌、滑坡受地形地貌条件的影响非常大，并与之有着非常密切的关系。坡度和坡向是地形地貌的重要描述参数。为了便于分析与实践，一般选取地形、坡度和坡向来代替地形地貌作为评价水土流失强度的重要评价因子。

以1∶25万地形图等高线为基础，利用ArcGIS三维分析模块以不规则三角网(TIN模型)创建地面的表面模型。再利用ArcGIS三维工具计算表面的坡度信息和坡向信息，为水土流失强度评价提供重要因子。

第三节　示范评价准备

一、评价指标体系构建

上面的章节中已经论述，本研究需要对青藏高原矿产资源开发的地质环境承载力进行评价，考虑到地域的广阔性和系统的复杂性，经过问题分析和条件分解，将评价指标体系分为4个层次，分别为目标层、准则层、子准则层和指标层(图5-9)。

通过上述章节对青藏高原地质环境的深入调查分析，结合承载力评价指标选取的原则，针对研究区特殊的地质环境、生态环境、水土环境以及人文环境特征，分析可能产生的地质灾害、生态破坏以及水土污染等环境问题的主要机制，筛选确定了7个独立且具有代表性的指标因子，分别是年平均气温、年平均降雨、地形坡度、土地利用类型、植被覆盖度、地层岩性和土壤类型(表5-6)。

二、评价因子分析

1. 年平均气温

年平均气温控制着区域的动植物生长情况，在生态环境中居于主导地位，是影响区域地质环境优劣的重要气象指标。在青藏高原，气温还控制着水在土壤、河流、湖泊中的冻融情况，进而影响着岩土体的动力学机制，与诸如地质灾害等的一些地质环境问题有着相关联系。

2. 年平均降雨

在气象要素中，降水也是控制区域生态环境的主要因子。在干旱和半干旱山区，降水还是诱发地质灾害发生的直接因素，特别是在青藏高原地区，坡度大小、降水强度大小与该地区崩塌、滑坡、泥石流等地质灾害的发生有着十分密切的统计和相关关系。

3. 地形坡度

坡度是指地面倾斜度，是最基本的地貌形态指标，也是影响地表径流、土壤侵蚀和土地利用的主要因素之一。

在青藏高原，地面坡度是环境的重要控制因子之一，同时反映外营力作用下侵蚀的强度，地面坡度是引起水土流失的最基本原因，土壤侵蚀与坡度成正比。

同时，崩塌、滑坡、泥石流等地质灾害易形成于山地和高原地区，主要是因为这些地区有较大的斜坡坡度、高度，有利于形成岩土体崩落、滑移的临空面。一般来说，一个区域内，地面坡度越大，崩塌、滑坡、泥石流发生的规模和概率也就越大。

4. 土地利用类型

在青藏高原，土地的利用类型可直接反映土地地域单元生态环境特点和经济特性，可从自然条件和社会经济两方面来表明每一单元地域的土地利用特征。

5. 植被覆盖度

植被覆盖度小的区域，岩石裸露，易遭风化侵蚀，水土保持能力差，易产生地表径流，从而易引发泥石流、滑坡灾害，故其占的面积越大，形成崩塌、滑坡、泥石流等地质灾害的危险性越大。

6. 地层岩性

地层岩性对地面塌陷、地裂缝、崩塌、滑坡、泥石流发生的影响表现在地层结构和岩性两个方面。岩性单一的岩组物质组成总体相对较好，地质环境稳定性相对也好；中硬、中软的碎石土、砂性土，同一岩层厚度变化小的物质组成，地质环境稳定性中等；松散的沙石、黏土，同一岩层厚度变化大，地质环境稳定性相对较差。岩性软弱，容易产生破坏；软硬相间的地层结构也容易产生破坏。

7. 土壤类型

土壤类型即土壤机械组成，是指土壤中各级土粒含量的相对比例及其所表现的土壤砂黏性质。土壤中砂粒、粉粒和黏粒3组粒级含量的比例，是土壤较稳定的自然属性，也是影响土壤一系列物理与化学性质的重要因子。

土壤质地不同对土壤结构、孔隙状况、保肥性、保水性、耕性等均有重要影响。砂土的流动性较大，养分含量低，水土流失严重，植物不易生长；而黏土及重黏土由于土块容重较大，土壤板结，同样不利于植物的生长。因此，土壤质地好坏会对植被的生长产生影响，进而对该区域的生态和地质环境产生影响。

8. 矿业活动指标(5个)

考虑矿产资源开发活动的5个指标：开采规模、开采年限、开采方式、开采面积和开采深度，这属于地质环境系统的外界压力指标。

在区域评价过程中，由于评价地域多属于未开发或开发程度较低的区域，5个指标暂无数据，或是区域内开发活动指标不一致，如进行平均处理物理和逻辑意义不显著。因此在面状评价过程中，这5个指标不参与评价；而在点状评价过程中，适合参与评价。

9. 社会敏感性指标

选取自然环境和人文环境里面的敏感指标(因子)进行评价，评价区里一旦出现这些敏感因子，承载力即为零，禁止进行矿产资源的开发。

三、评价因子量化分级

由于指标体系中各属性因子的量纲和衡量尺度差异较大，相互间定量可比性较差。因此，对于缺乏定量数据的因子，根据它们对评价目标的正向影响的大小，从高到低进行分级，以反映环境状况由优到劣的变化，采用定性描述赋予分值后进行相对比较，分值体现的是指标的相对程度。根据相关规范、标准，采用专家打分法，并结合研究区的实际情况，对参评因子进行5个等级的划分，为计算方便，最高赋值为5，最低赋值为1(表6-9)。

表6-9 评价指标量化分级表

指标类型	评价指标	分级(打分)				
		一级(5)	二级(4)	三级(3)	四级(2)	五级(1)
气象	年平均气温(℃)	＞20	10～20	0～10	－15～0	＜－15
	年平均降雨(mm)	＞1000	500～1000	200～500	50～200	0～50
地形地貌	地形坡度(°)	＜5	5～15	15～25	25～35	＞35
	土地利用类型	1其他(裸地、戈壁、沙漠等)	2建设用地(商服、工矿、住宅、公共、交通、特殊)	3林地、草地	4耕地、园地	5水域

续表 6-9

指标类型	评价指标	分级(打分)				
		一级(5)	二级(4)	三级(3)	四级(2)	五级(1)
生物生境	植被覆盖度%	＞60	30～60	15～30	5～15	0～5
地质环境	土壤类型	1 沼泽土	2 灰钙土	3 栗钙土	4 砂石土、碎石土	5 矿石弃渣、寒漠土
	地层岩性	岩石坚硬,结构完整	岩石较坚硬,结构较完整	岩石破碎,结构不完整	岩石破碎,软弱结构面发育,岩土体不完整	基岩埋藏深度大,上覆残坡积、风积物或第四系松散堆积物

四、评价指标权重

对于任何评价而言,指标权重分配的合理与否将直接影响评价结果。

根据子准则层与指标层间的相对重要性,进行两两比较,按"极重要、明显重要、重要、稍微重要和同等重要"5 级赋值,转换成指标与因子两两比较矩阵,应用 Matlab 计算各要素或因子的特征向量,经归一化得各层次的权重。再按层次分析法确定各评价因子的综合权重。

(一)指标权重思路综述

首先应建立系统的递阶层次结构。在暂不考虑社会环境和人类活动的条件下,连同目标层共有 4 层结构,第一层是目标层,第二层是准则层(共 3 个准则),第三层是子准则层(共 11 个子准则),第四层为指标层(共 7 个指标)。准则层中包括生态环境、地质环境和水土环境,而生态环境对应的子准则层包括水土流失、土地荒漠化、植被破坏、物种多样性及生境,地质环境下的子准则层包括崩塌、滑坡、泥石流、地面塌陷和地裂缝,水土环境下的子准则层为水体环境和土壤环境。指标层包括年平均气温、年平均降雨、地形坡度、植被覆盖度、土地利用类型、地层岩性和土壤类型。

接下来应构造判断矩阵,构造判断矩阵是 AHP 方法的关键一步。将影响地质环境承载力的多个同层指标就其影响上一层指标因素的程度两两比较,构成判断矩阵。判断矩阵中将同一层中各因素相对于上一层而言两两进行比较,对每一层中各因素相对重要性给出一定的判断。考虑到青藏高原区域范围过大,8 个地质环境类型区域内的地质、生态、水土环境问题也各不相同,即不同区域内,生态环境、地质环境和水土环境问题所占比重各有所不同,即便是生态环境或地质环境问题所占比重相同的区域,其具体的生态环境问题或地质环境问题也不完全相同,有的区域可能水土流失更为严重,有的区域可能土地荒漠化占主导,还有的区域可能地质灾害更为频繁,因此准则层对目标层以及子准则层对准则层构造判断矩阵时,应按照 8 个区域各自的实际情况、地质环境特点分别讨论。而指标层对子准则层构造判断矩阵时,受资料和评价精度所限,大体可认为,青藏高原不同区域内导致水土流失或土地荒漠化的影响因素的各因子贡献率是不变的,因此此层的判断矩阵,全区范围内应是相同的。由此,通过查阅文献资料得到各判断矩阵的赋值依据,根据赋值依据,再进行多人专家打分得到判断矩阵。

判断矩阵构造完成后,在通过层次单排序及一致性检验、层次总排序及一致性检验等计算步骤后,即可得到各指标权重结果,结果与分析将在后文详细介绍。

(二)构造判断矩阵

这一步骤,AHP给出的方案是专家打分法得出判断矩阵,为了使权重结果的可信度更有说服力,将分两步进行。首先通过查阅大量文献资料,得到每个判断矩阵具有导向性、较为粗略的赋值依据,根据赋值依据,再通过多人专家打分得到最后的判断矩阵。根据建立好的递阶层次结构可知,需要将准则层、子准则层和指标层中各指标对影响上一层的程度两两进行比较,构成判断矩阵。由于8个地质环境分区的准则层对目标层、子准则层对准则层的判断矩阵是不同的,而指标层对子准则层的判断矩阵在全区范围内又是一致的,因此下面将分别说明其赋值依据。

1. 判断矩阵构造

准则层对目标层、子准则层对准则层的判断矩阵因8个地质环境分区而不同,下面根据8个分区分别对各层的赋值依据展开讨论。

1)祁连山地区

祁连山地区具有丰富多样的生态类型,包括冰川、草原、森林以及湿地等,此外,还有各种珍贵的动物、植物。另一方面,祁连山山地广、水量多,涵养水源作用明显,孕育了黑河、托勒河以及大通河三大内陆河33条大小支流,为甘肃河西地区以及内蒙古西部的生产与生活贡献出了丰富的水源。

祁连山地区目前最主要的问题是生态环境问题。表现在冰川退缩、储量减少、雪线上升;森林健康状况不良,生物多样性受到威胁,水源涵养能力下降;草地退化现象严重,生产能力下降。此外,由于祁连山地区蕴藏着丰富的矿产资源,矿业生产已逐步成为青海省祁连山地区的重要产业,在20世纪八九十年代由于忽视了矿山地质环境保护,加之矿区多位于生态脆弱区,在不规范和不依法的采矿活动下,破坏了当地的生态环境、地质环境和水土环境,造成水源及土壤的污染,破坏了自然景观、植被和珍贵的草地资源,加剧了水土流失和土地沙漠化,引发了地面塌陷、地裂缝、泥石流、滑坡等次生地质灾害。

综上所述,祁连山地区准则层赋值结论应为:生态环境>地质环境≈水土环境。对于生态环境,子准则层赋值结论为:土地荒漠化≥水土流失≥物种多样性及生境≈植被破坏;对于地质环境,子准则层赋值结论为:崩塌≈滑坡≈泥石流≈地面塌陷≈地裂缝;对于水土环境,子准则层赋值结论为:水体环境≈土壤环境。

2)三江源地区

三江源地区是大批珍稀野生动物的栖息地,也是我国江河中下游和周边地区生态环境安全和区域可持续发展的生态屏障。其自然环境严酷,生态系统非常脆弱、敏感,一旦破坏很难恢复。

三江源地区目前最主要的问题是生态环境问题,主要表现为湿地退化、水土流失、草场退化和荒漠化。湿地退化与该区域受人类扰动较大、生态系统较脆弱和土地退化较严重有关,人类不合理的生产活动如超载放牧、疏干沼泽等破坏了湿地生态系统,导致湿地退化、水土流失和荒漠化程度严重,区域生态环境脆弱性较高,土壤冻融侵蚀剧烈,青藏铁路开通也对环境带来污染的压力,使得该区域的湿地处于不健康和病态状态。另外,该区域降水相对变率波动较大,在少雨期,湿地的水源补给减少,导致地表径流量减少和地下水位下降,也使该区域的湿地生态系统更加脆弱。水土流失在20世纪80年代后愈发加剧,随着人口的不断增加和社会经济的不断发展,各种基本建设项目逐渐增多,修建公路、水利水电工程和开发矿产资源等人为活动,无规范的淘金、采药、挖沙以及对原始植被的滥伐滥垦,也不同程度地破坏了部分优良草场和天然植被,造成了新的人为水土流失。该区域的草场退化的主要成因有3个:一是自然因素,如气候干旱,降水减少,风沙侵蚀,草场生产力下降,草场植被结构发生变化等;二是草原鼠害;三是受利益驱动引起的人为因素,如过度放牧、无序开垦采挖等。

三江源地区的矿区主要分布于玉树、果洛、海北、海西、黄南州,矿山类型主要有砂金矿、煤矿、砂石黏土矿等。矿区内地质灾害隐患不容忽视,从2004年开始,国家已展开三江源地区主要矿坑治理工作,目前矿区生态系统基本得以恢复。

综上所述，三江源地区准则层赋值结论应为：生态环境＞水土环境＞地质环境。对于生态环境，子准则层赋值结论为：土地荒漠化≈水土流失≈物种多样性及生境≥植被破坏；对于地质环境，子准则层赋值结论为：崩塌≈滑坡≈泥石流≈地面塌陷≈地裂缝；对于水土环境，子准则层赋值结论为：水体环境≈土壤环境。

3)羌塘高原

羌塘高原是青藏高原地势最高、面积最大的高寒高原，平均海拔超过 5000 m，气候干旱，降雨稀少，蒸发强烈，广泛的冰川是河水的重要来源。

羌塘高原最主要的问题是生态环境问题。全新世以来气候旱化，湖泊退缩现象十分明显。湖盆周围湖成平原广布，山麓堆积发达。湖泊大多为咸水湖和盐湖，淡水湖极少。南部多碳酸盐型咸水湖，往北盐化过程强烈，以硫酸盐型盐湖占优势。许多高原湖泊盛产食盐，并有硼砂、钾盐和许多稀有元素，有待进一步开发利用。物种保护也是该区域重要的问题，目前羌塘已经建立了自然保护区，如双湖自然保护区、美马错自然保护区等。羌塘高原地表径流少，淡水资源匮乏。一些靠泉水补给的小溪为过往旅客与牧民的重要饮用水源，因此，水资源保护在该区域也很重要。

综上所述，羌塘高原准则层赋值结论应为：生态环境≥水土环境＞地质环境。对于生态环境，子准则层赋值结论为：物种多样性及生境＞土地荒漠化＞水土流失≈植被破坏；对于地质环境，子准则层赋值结论为：崩塌≈滑坡≈泥石流≈地面塌陷≈地裂缝；对于水土环境，子准则层赋值结论为：水体环境＞土壤环境。

4)青海湖

青海湖地区位于青海省东北部黄土高原与西部柴达木盆地之间，东临西宁市，西接柴达木盆地，北依祁连山，南连共和盆地，是我国面积最大的内陆咸水湖泊。青海湖巨大的水体和流域内的天然草场、有林地共同构成了阻挡中亚荒漠风沙东侵南移的生态屏障。环湖区同时又是青海省社会经济发展的重点区域、国际重点保护湿地和青海省珍稀鸟类、鱼类和自然景观保护区。

青海湖目前最严重的问题是生态环境问题，主要表现在以下这几个方面。①土地沙漠化日趋严重：由于环湖地区气候干旱、多风以及人为不合理的开垦、过度放牧、樵采等活动，破坏了原有植被覆盖，造成地表裸露，使青海湖流域风沙活动日趋严重，沙漠化土地面积迅速扩大。②草场植被严重退化：由于区域内气候持续旱化，影响了植物的生长发育，使植物变得低矮、稀疏、甚至枯死。自 20 世纪 70 年代以来，由于过度放牧等原因，环湖区草地退化现象普遍，载畜量大大降低。③鸟岛生态环境遭到破坏：鸟岛曾因栖居着数以万计的鸟类而闻名天下，在每年 4—9 月，鸟群由印度、孟加拉湾归来繁殖。但近年来由于布哈河输沙和风沙堆积等自然因素，鸟岛连陆、萎缩。④生物多样性减少：受区域生态环境退化影响，青海湖区生物多样性遭受严重破坏，目前野生植物资源有 15%～20%濒临灭绝；野生动物也濒临灭绝，包括普氏原羚、藏原羚、野牦牛、影雕等；珍贵稀有的冬虫夏草、雪莲、红景天、藏茵陈等 14 类高原独有的珍稀植物被疯狂采挖，生物资源濒临灭绝。⑤水土流失严重：由于超载放牧、人为破坏、干旱缺水等方面的原因，水土流失日益严重。目前，该区水土流失面积已超过全区土地总面积的 15%，且呈加剧趋势。⑥湿地面积逐渐减少。⑦沙尘暴灾害加剧：历史上，环湖几大河流域曾是森林茂密、郁郁葱葱的秀美山川，后因气候变化和人类活动，为沙尘暴肆虐提供了条件，使这里的植被覆盖率越来越低，其危害也越来越大。

青海湖的水土环境问题也不容忽视。青海湖的主要补给水源是河水和降水，青海湖共有大小河流 70 余条，近年来，这些河流流量持续减少，常出现季节性断流。随着水位的下降、湖面萎缩，湖水的矿化度增加，导致湖水盐碱化。湖水盐碱化对水生饵料生物和鱼类的生存及繁衍造成严重威胁。同时，湖水水面下降的直接后果是湖面退缩后湖底泥沙沉积暴露，成为湖区风沙的主要来源。同时，青海湖面临着的水土污染，其污染物来源有工矿企业、公共生活设施、城镇生活等废弃物、农牧业中使用的农药等。目前，吉尔孟河、哈尔盖河、沙柳河等已受到轻微污染。此外，青海湖还面临着泥石流等地灾危害。由于湖区周围山丘上的植被越来越稀，土壤裸露失去蓄水能力，一遇骤雨就形成山洪，威胁人畜的安全。

综上所述，青海湖准则层赋值结论应为：生态环境＞水土环境＞地质环境。对于生态环境，子准则层赋值结论为：土地荒漠化≥水土流失≥物种多样性及生境＞植被破坏；对于地质环境，子准则层赋值结论为：泥石流＞崩塌≈滑坡≈地面塌陷≈地裂缝；对于水土环境，子准则层赋值结论为：水体环境＞土壤环境。

5）可可西里

可可西里地处青藏高原腹地，平均海拔在 4600m 以上，区域气候特点是温度低、降水少、大风多、区域差异较大。区域内由于受到地理位置、地势高低、地形坡向及地表组成物质等各种水热条件分异因素的影响，自然景观自东南向西北呈现高寒草甸—高寒草原—高寒荒漠更替。区域内生物区系种类少，但青藏高原特有种比例大，且种群数量大。据多年观察，哺乳动物有 29 种，其中 11 种为青藏高原特有，鸟类 53 种，爬行类 1 种，鱼类 6 种。区内高等植物有 102 属，202 种，其中青藏高原特有种 84 种，占全区种类的 41.56%。区内的特有生物种类不但是中国的珍稀动植物，而且为世界上所瞩目。

可可西里目前最主要的问题为生态环境问题，区内有诸如藏羚羊等珍稀濒危物种，虽然可可西里保护区有丰富的自然资源，但其生态环境也十分脆弱，一旦破坏便难以恢复。此外，可可西里也存在地灾隐患，在可可西里东部发现五道梁活动断裂，厘定出可可西里东部活动走滑裂系。这些断裂带将诱发地灾。

综上所述，可可西里准则层赋值结论应为：生态环境＞地质环境＞水土环境。对于生态环境，子准则层赋值结论为：物种多样性及生境＞土地荒漠化≈水土流失≈植被破坏；对于地质环境，子准则层赋值结论为：崩塌≈滑坡≈泥石流≈地面塌陷≈地裂缝；对于水土环境，子准则层赋值结论为：水体环境≈土壤环境。

6）河湟谷地

河湟谷地，黄河与湟水流域肥沃的三角地带，位于青海省东部农业区。区域内生态环境持续恶化、水土流失、干旱沙化、湿地萎缩日益突出，森林植被覆盖率越来越低，整体退化的状况短期内难以改变，乱挖滥采愈演愈烈，珍稀动植物濒临灭绝。加之气候严寒干旱，致使水土流失面积达 2 万 km^3，严重的水土流失已对当地经济发展造成危害。此外，区域内水资源和水污染问题不断加剧：由于体制和观念的束缚，长期造成的水源地不管供水，供水地不管排水，排水地不管治污的现象很难短时期改变，造成“水产为链”脱节，其后果自然是水污染难以遏制，尤其是湟水河的污染近 10 年来已到了极为严重的程度。

综上所述，河湟谷地准则层赋值结论应为：生态环境＞水土环境＞地质环境。对于生态环境，子准则层赋值结论为：水土流失≈土地荒漠化≈物种多样性及生境≥植被破坏；对于地质环境，子准则层赋值结论为：崩塌≈滑坡≈泥石流≈地面塌陷≈地裂缝；对于水土环境，子准则层赋值结论为：水体环境＞土壤环境。

7）藏南河谷

藏南河谷位于青藏高原南部，属藏南山地灌丛草原自然地带。区域最主要的问题是生态环境问题，沙漠化问题尤为严重。沙漠化土地主要集中在人类活动频繁的河谷、湖盆和山前平原，总体而言，本区是青藏高原沙漠化程度重，并呈强烈发展态势的地区。

藏南河谷也是地质灾害频发的区域，崩塌、滑坡、泥石流等灾害较为严重。区域内河谷深切、山高坡陡，第四系冰碛等松散堆积物深厚，海洋性冰川发育、冰湖广布。地壳构造运动强烈、地震频繁，特别是 340 万年以来的新构造运动十分活跃。区内豆腐块式的坡体是深切河谷大规模崩塌、滑坡的地质基础，沿断层破碎带发育的沟谷则是大规模泥石流发育的地质基础。

综上所述，藏南河谷准则层赋值结论应为：生态环境≈地质环境＞水土环境。对于生态环境，子准则层赋值结论为：土地荒漠化＞水土流失≈物种多样性及生境≈植被破坏；对于地质环境，子准则层赋值结论为：崩塌≈滑坡≈泥石流＞地面塌陷≈地裂缝；对于水土环境，子准则层赋值结论为：水体环境≈土壤环境。

8）雅鲁藏布江

雅鲁藏布江最主要的地质环境问题是荒漠化及洪水，其他问题包括水蚀、泥石流、滑坡、盐碱化、崩塌、岩堆、落石等。

区域上游地区的沙漠化土地分布于南部的马泉河宽谷和北部的冈底斯山山前平原。区内以严重和中度沙漠化土地为主，成为沙漠化土地分布集中程度严重的地区。

区域中游是西藏自治区重点经济发展区和人口集中的地区，长期以来，由于人类活动频繁，过度的垦殖与樵牧，导致植被稀少，水土流失严重、土地质量下降，土壤沙漠化加剧，生态环境日趋恶化，已严重影响了本区的经济建设和发展。区内最主要的灾害是洪水，其次是风沙灾害，同时还存在水蚀、泥石流、滑坡、盐碱化等许多环境问题，但以沙漠化问题最为突出。

峡谷区内的地质灾害主要有滑坡、崩塌、泥石流等。区内滑坡主要有两大类，一类为堆积层滑坡，由于河谷下切较快，将堆积层前缘切割，形成高陡临空面，在地下水的长期作用下，产生滑动或错动。另一类为断层破碎带产生的滑坡，由于断裂构造发育，断层破碎带较宽且破碎，存在着各种软弱面，容易产生滑动或错动，在雅鲁藏布江河谷或两侧沟中多形成规模不等的滑坡和错落。区内多为燕山期闪长岩体，岩质坚硬、性脆，受地质构造影响严重，节理、裂隙发育，在地壳整体抬升，河谷强烈下切过程中，一方面由于应力调整，产生松弛，使原有构造节理张开，并产生新的卸荷节理；另一方面由于河流下切较快，形成多处高陡临空面，局部呈现“凹”槽状临空突出地形。在强烈物理风化作用下，表层岩体破碎，裂隙张开，边坡稳定性很差，多分布有危岩，在风化、降雨、地震及自重应力等作用下，危岩与母岩分离而产生崩塌、落石，在山体坡脚一带堆积形成岩堆。此外，由于区内经受过多次构造变动和后期的新构造运动，使得本区泥石流具有多期的特点。在雅鲁藏布江峡谷区两侧支沟沟口多有新、老洪积扇分布，形成众多洪积扇裙，说明该区历史时期至今泥石流现象十分严重，属于泥石流发育区。

综上所述，雅鲁藏布江准则层赋值结论应为：生态环境≈地质环境＞水土环境。对于生态环境，子准则层赋值结论为：土地荒漠化＞水土流失＞植被破坏≈物种多样性及生境；对于地质环境，子准则层赋值结论为：崩塌≈滑坡≈泥石流＞地面塌陷≈地裂缝；对于水土环境，子准则层赋值结论为：水体环境≈土壤环境。

2. 判断矩阵构造（不分区部分）

子准则层共有11项，因此应有11个判断矩阵。下面对每一个判断矩阵因子之间两两比较的赋值依据展开说明。

1）水土流失

引起水土流失的主要因素有基质和动能两大部分。前者为自然因素，主要包括气候、地貌、植被、岩性、土壤等，后者主要指人为因素，如垦殖、放牧、矿山开采、水利水电工程建设、铁路、公路、桥梁修建以及城市化发展等。

研究表明，水土流失成因复杂，区域差异明显。我国东北黑土区、北方土石山区、黄土高原区、长江上游及西南诸河区、北方农牧交错区、西南岩溶石漠化区、南方红壤区等各区域的自然和经济社会发展状况差异较大，水土流失的主要原因、产生的危害、治理的重点各有不同。

目前有关青藏高原地区水土流失的研究较为缺乏，主要集中于对江河源区等局部地区水土流失的研究。现有的研究表明，青藏高原水土流失有以下几个特点。

侵蚀类型多样。青藏高原的地理环境特点决定了土壤侵蚀类型的多样性和侵蚀方式的复杂性。按营力性质所分的水蚀、冻融侵蚀、风蚀在青藏高原都有很明显的表现。这几种侵蚀类型往往交互影响、共同作用。

区域分异明显。由于土壤侵蚀影响因素的区域变化，不同地区的土壤侵蚀类型和方式也将表现出明显的地域分异。气候各因子是青藏高原发生侵蚀的主要外营力，也决定了土壤侵蚀发生的类型和分布。降水的时空分布决定了水蚀作用（表现为地表切割密度和深度）自东南向西北减弱，风力作用则逐渐加强;冻融作用则以羌塘高原为中心向周围逐渐减弱。

人为作用相对较弱,但其潜在危害性大。青藏高原地广人稀,交通闭塞,是我国人口密度最低的地区,因此人为活动对水土流失的加速作用较弱。但人为活动对水土流失所造成的影响却不容忽视。青藏高原区的生态环境十分脆弱敏感,在这种地区,人类活动造成侵蚀加剧的可能性最大,而且治理难度大。就土壤来说,在高寒的气候条件下,土壤发育比较年轻,土层浅薄,一般为 30～50cm,黏粒含量低,这种土壤结构遭到破坏后,与下层母质砾石混合后极难恢复。

此外,青藏高原河流泥沙资料分析表明,区域内输沙模数的区域差异较大,输沙模数的大小主要决定于降雨条件和地表覆盖(包括地表物质组成和植被覆盖)。同时,青藏高原地区水土流失在一年中较为集中,7—8 月份输沙量占全年的 65%左右,6—9 月份输沙量占全年的 90%左右。由于夏季冰雪融水作用,径流泥沙可比降雨提前到达峰值。

本次研究的子准则层水土流失中共包含以下 5 个指标:年平均降雨、坡度、地貌类型、植被覆盖度、土壤质地。通过上述分析可知,降水和地表覆盖是影响青藏高原水土流失最为重要的两个因素,因此,在判断矩阵进行两两比较赋值时,年平均降雨、植被覆盖度和土壤质地应视为最重要的 3 个指标,坡度、地貌类型应为比较重要的两个指标。综合考虑,该层指标赋值结论为:年平均降雨≈植被覆盖度≈土壤质地＞地貌类型≈坡度。

根据上述赋值依据,最终关于决策目标水土流失的判断矩阵赋值结果如表 6-10 所示。

表 6-10　水土流失的判断矩阵赋值结果

指标	土壤类型	年平均降雨	地形坡度	植被覆盖度
土壤类型	—	1	3	1/2
年平均降雨	—	—	2	1
地形坡度	—	—	—	1/2
植被覆盖度	—	—	—	—

(2)土地荒漠化

荒漠化主要体现为植被退化和土壤退化。土壤和植被生产力的变化都是荒漠化过程发展或逆转的最重要指示因子,两者的变化一般也是相辅相成的,但不同地带、不同尺度和不同的荒漠化类型下两者的敏感性和表现能力有很大的差异。

关于荒漠化的成因,目前仍争论较大,分歧较多,主要观点有:①环境论。该观点认为气候干旱是荒漠化的主要原因,近期人类活动的冲击是次要的;国内亦有人认为气候干旱是沙漠化的主要原因。②人为论。该观点认为气候变化是荒漠化的原因之一,但人为活动的作用在荒漠化过程中占主导地位。③二元论。该观点认为有自然荒漠化和人为荒漠化两种荒漠化类型,其成因分别是气候变化和人类活动。④综合论。关于成因,众多的研究人员都无可争议地归结为自然因素和人为因素两方面。并且,研究人员几乎都得出一致的结论,荒漠化可以说是各种因子综合作用的结果。但引起荒漠化的诸因素在组合上变动很大,地区不同,人的影响性质不同;尺度不同,主导因子不同。在中国,在不同地区荒漠化过程和驱动力不一样。在干旱和半干旱地带风为主要外营力,在湿润半湿润地带流水为主要外营力,在高寒地带寒冻和融冻为主要营力。

目前有关荒漠化评价指标的权重确定研究较少,更多只针对各地区的荒漠化自然、人为成因分析。在对宁夏河东沙地荒漠化态势评价研究中,在准则层自然生态环境(0.667)中,子准则层气候、生物、水文、土壤的权重各为:0.220、0.133、0.220、0.094,而指标层中权重最高的为植被覆盖度(0.147)和气候干燥度(0.119)。在对北京康庄地区荒漠化现状评价研究中,对风沙危险性影响程度由大到小因子分别是植被覆盖度(0.324)、土地利用类型(0.268)、土壤类型(0.225)、土壤含水率(0.183)。

对青藏高原荒漠化遥感信息提取的研究结果表明,近 30 年来青藏高原荒漠化土地虽然总体面积变化不大，但荒漠化的程度却明显加重，主要表现为：重度沙漠化土地、中度沙漠化土地、沙漠、重度盐碱化土地和中度盐碱化土地均有较大幅度的增长；青藏高原东北部是荒漠化程度加重的主要地区；土地荒漠化演变的一个重要表现形式是草地退化成荒漠化土地。总体看来，青藏高原的荒漠化程度已经达到了十分严重的程度。

子准则层土地荒漠化中包含5个指标：年平均气温、年平均降雨、植被类型、植被覆盖度、土壤质地，结合前人研究成果，可以得出植被覆盖度是最重要的影响因子，而气候干燥度这另一个重要影响因子可从年平均降雨这一指标中间接体现。综合考虑，该层指标赋值结论为：植被覆盖度＞年平均降雨≥植被类型≈土壤质地≈年平均气温。

根据上述赋值依据，最终关于决策目标土地荒漠化的判断矩阵赋值结果如表6-11所示。

表6-11　土地荒漠化的判断矩阵赋值结果

指标	年平均气温	年平均降雨	植被覆盖度	土地利用类型	土壤类型
年平均气温	—	1/2	1/2	3	1
年平均降雨	—	—	2	2	1/2
植被覆盖度	—	—	—	1	1
土地利用类型	—	—	—	—	1/2
土壤类型	—	—	—	—	—

3)植被破坏

有关青藏高原植被破坏的研究资料少之甚少，几乎没有。通过2013年和2014年七八月份在青藏高原野外实地考察发现，青藏高原的植被破坏问题主要由采矿及自然灾害引起。

采矿造成的植被破坏已不容忽视，主要表现在以下几个方面。首先，露采矿山以及由采矿活动诱发的地质灾害导致矿区山体原貌及植被、人文景观、矿山原生态环境遭到破坏，山体岩石裸露，岩石松动，山体表层植被遭到破坏。露天采矿活动必然剥离矿体上方及周围表土、岩石和植被，直接造成山体植被和岩石整体结构的破坏，加剧了岩体的岩溶和风化作用，使山坡逐渐夷为平地，形成深浅不一的"凹陷形"露天采坑，地形地貌发生永久的、不可恢复的改变。其次，由于采坑过程中的土地压占导致植被破坏。开采过程中，无论地下开采还是露天开采，都存在剥离表土的过程，这个过程中必然会有废石、废渣等固体废弃物的产生，这些固体废弃物往往在矿区内就地堆放或堆积在矿区附近和周围处，不仅占用了大量的土地资源，对矿区及周围的植被也产生严重破坏，长期堆放还会造成地表裸露、土质松软，易导致矿区水土流失增加。

另一方面，地质灾害造成的植被破坏也不容小觑。青藏高原某些区域是地质灾害的频发区，而矿区开采也可能导致次生地质灾害的发生。地震、滑坡、泥石流、崩塌、地裂缝、地陷等都会引起植被破坏等其他环境问题。据有关地震后植被破坏的研究表明，泥石流对植被破坏程度最严重，其次是崩塌，滑坡的破坏程度是三者之中最轻的。植被破坏与海拔有一定关系，但高海拔(大于3000m)区域相关性随之下降；植被破坏与坡度有较为密切的关系，主要集中在坡度为25°～45°范围内，但其与坡向相关性不明显。

子准则层植被破坏包含5个指标：年平均气温、年平均降雨、地貌类型、植被覆盖度、土壤类型，综上所述，植被覆盖度是最直观、最重要的指标，地貌类型与坡度有一定关联性，且同降水、气温和土壤类型类似，可间接指示植被破坏后重新恢复的难易度。综合考虑，该层指标赋值结论为：植被覆盖度＞地貌类型≥土壤类型≈年平均降雨≈年平均气温。

根据上述赋值依据，最终关于决策目标植被破坏的判断矩阵赋值结果如表6-12所示。

表 6-12 植被破坏的判断矩阵赋值结果

指标	年平均气温	年平均降雨	土地利用类型	植被覆盖度	土壤类型
年平均气温	—	1/2	1/2	1/2	1/2
年平均降雨	—	—	1/2	1/2	1/2
土地利用类型	—	—	—	2	2
植被覆盖度	—	—	—	—	1/2
土壤类型	—	—	—	—	—

4)物种多样性及生境

该子准则层主要考虑青藏高原动物的物种多样性及其生境,而青藏高原珍稀动物主要为兽类。按照 Wilson 和 Reeder(2005)主编的分类系统进行分类整理文献资料,青藏高原共有兽类 250 种,依据分布型,古北型物种 114 种,占总物种数的 45.6%;东洋型物种 131 种,占总物种数的 52.4%;广布型物种 5 种,占总物种数的 2%。

青藏高原最主要的珍稀动物包括:①藏野驴,青藏高原大型草食动物,体形与蒙古野驴、骡相似,生活于高寒荒漠地带(海拔 3600~5400m),夏季到海拔 5000 多米的高山上生活,冬季则到海拔较低的地方,好集群生活,擅长奔跑,警惕性高,喜欢吃茅草、苔草和蒿类,在干旱的环境中会找到合适的地方用蹄刨坑挖出水来饮用,还可以供藏羚等有蹄类动物饮水;②黑颈鹤,分布于青藏高原和云贵高原,主要栖息于海拔 2500~5000m 的高原、草甸、沼泽和芦苇沼泽,以及湖滨草甸沼泽和河谷沼泽地带,是在高原淡水湿地生活的鹤类,世界上唯一生长、繁殖在高原的鹤;③长尾叶猴,分布于墨脱、亚东、樟木口岸、吉隆及门隅、洛渝地区,有喜马拉雅(*P. e. schistaceus*)和亚东(*P. e. lania*)两个亚种,主要栖息在海拔 2000~3000m 的中、高山地带的山地松林或杉林里,是地栖性较强的种类,每天 80%的时间都是在地面上活动;④野牦牛,是家牦牛的野生同类,是典型的高寒动物,栖息于海拔 3000~6000m 的高山草甸地带,人迹罕至的高山大峰、山间盆地、高寒草原、高寒荒漠草原等各种环境中,夏季甚至可以到海拔 5000~6000m 的地方,活动于雪线下缘,野牦牛具有耐苦、耐寒、耐饥、耐渴的本领,对高山草原环境条件有很强的适应性;⑤藏羚羊,背部呈红褐色,腹部为浅褐色或灰白色,栖息于海拔 3250~5500m,更适应海拔 4000m 左右的平坦地形,这些地区年平均温度低于零度,生长季节短,藏羚羊的活动很复杂,某些藏羚羊会长期居住一地,还有一些有迁徙习惯,雌性和雄性藏羚羊活动模式不同;⑥白唇鹿,分布于青海、甘肃及四川西部、西藏东部,是一种生活于高寒地区的山地动物,活动于 3500~5000m 的森林灌丛、灌丛草甸及高山草甸草原地带,尤以林线一带为其最适活动的生境,有垂直迁移现象,由于食物和水源关系或者由于被追猎,它们还可作长达 100~200km 的水平迁移,一般情况下,它们比较固定地徘徊于一座水草灌木丰盛的大山周围,是栖息海拔最高的鹿类。

该子准则层包含 5 个指标:年平均气温、年平均降雨、植被类型、植被覆盖度、国家与省级保护物种,显然,国家与省级保护物种是最直观、最重要的指标,植被覆盖度对物种多样性影响的重要程度早已被多次证明,因此该指标也很重要,由于青藏高原的动物多具有耐寒、耐干旱的能力,因此气温、降水、植被类型这几个指标相对而言是较为重要的。因此,该层指标赋值结论为:国家与省级保护物种>植被覆盖度>年平均降雨≈植被类型≈年平均气温。

根据上述赋值依据,最终关于决策目标物种多样性的判断矩阵赋值结果如表 6-13 所示。

表 6-13 物种多样性的判断矩阵赋值结果

指标	年平均气温	年平均降雨	植被覆盖度	土地利用类型	土壤类型
年平均气温	—	1/2	1/2	3	1
年平均降雨	—	—	2	2	1/2
植被覆盖度	—	—	—	1	1
土地利用类型	—	—	—	—	1/2
土壤类型	—	—	—	—	—

5)崩塌

崩塌是一种较为常见的诱发性地质灾害,其诱发因素主要有 4 个方面,一是水,许多崩塌的发生都是在雨季或暴雨之后,降水的入渗既可增加土体容重和坡体自重,又会对岩土体起到软化,降低岩土体力学强度,是崩塌产生的催化剂和润滑剂。同时大气降雨形成的地表水冲刷坡脚,导致坡脚掏空,且降水沿裂隙渗入坡内,增大了对边坡岩体的动水压力和静水压力,软化或掏蚀了岩体裂隙中的充填物,增加岩体自重,从而加速了崩塌的产生。地下水位的突然抬升或变化,也是诱发崩塌的重要原因。二是人类工程活动的影响,如公路及铁路建设因切坡形成临空面,极易诱发崩塌等地质灾害。工程建设过程中,开挖坡体的人类工程活动使得坡体上形成坡度较陡的临空面,破坏了山体的平衡,促使崩塌的产生;另外采矿活动形成地下采空区,在一定的地质结构条件下,采空区上覆岩层的自重和围岩应力突变导致采空区顶板冒落,顶底板闭合而引起上覆岩体的变形破坏,也容易诱发崩塌。三是外力作用,比如地震等。四是环境气候,如昼夜温差大,季节温度突变,裂隙水的冻胀作用,这一点是青藏高原区域可能发生崩塌的原因之一。

在崩塌地质灾害危险性评价的研究中,不考虑降雨、日照的因素的条件下,坡度和地层类型对崩塌灾害的影响更为显著,在坡度 20°以下,某些相对稳定的地层条件下,发生崩塌灾害的风险性较小。

子准则层崩塌包含以下几个指标:年平均降雨、坡度、地层岩性、断裂构造密度、植被覆盖度。综上所述,降雨、坡度、地层条件是影响崩塌最重要的几个因素,由于年平均降雨无法描述降雨的频率、程度,因此认为坡度、地层岩性、断裂构造密度比年平均降雨更为重要。综上所述,该层指标赋值结论为:地层岩性≈断裂构造密度≈坡度>年平均降雨≥植被覆盖度。

根据上述赋值依据,最终关于决策目标崩塌的判断矩阵赋值结果如表 6-14 所示。

表 6-14 崩塌的判断矩阵赋值结果

指标	年平均降雨	土地利用类型	地形坡度	植被覆盖度	地层岩性
年平均降雨	—	1/2	1/2	1/2	1/3
土地利用类型	—	—	2	1/2	1/2
地形坡度	—	—	—	1/2	1/3
植被覆盖度	—	—	—	—	1/3
地层岩性	—	—	—	—	—

6)滑坡

在青藏高原局部区域,滑坡是较常发生的地质灾害之一。影响滑坡发育的因素是多方面的,各因素又互相影响互相制约,但目前较为一致认可的影响滑坡的因素主要包括:地形因素(高程、坡度、坡向、粗糙度等)、构造因素(岩性、断裂密度、距断裂距离)、水文因素(水系距离、水系密度、含水性)以及植被覆盖、土地利用等。在一些对区域滑坡尺度的研究中表明,构造因素是最重要的影响因素,其次是水文因素,而诸如坡度、坡向、高程等地形因素以及植被覆盖、土地利用等因素的影响却相对较小。

滑坡的发生与断裂构造的密切关系，主要表现在：①断裂构造带在软弱构造面上发育，岩石破碎，有利于风化，形成深厚的带状风化壳，具有数百米甚至数千米的宽度，降低了坡体的完整性，从而为地质灾害的发育提供了极为有利的条件，是滑坡发生的集中场所。②更直接的是，小型断裂又往往会成为滑坡边界的控制因素。③构造运动所形成的各种软弱结构面组与山坡临空面或人工开挖面形成不同结构形式和组合关系，成为滑坡发育的内在因素，控制着斜坡的稳定性。④不同水文地质结构有不同的地下水动态，隔水层上的坡体往往容易产生滑坡。

此外，地层岩性是产生滑坡的物质基础，一定地区的滑坡发生于一定的地层之中。岩石的类型和软硬程度以及层间结构决定岩土体的物理力学强度、抗风化能力、应力分布和变形破坏特征，进而影响到坡体的稳定性和地表侵蚀的难易程度，是崩塌、滑坡形成的重要影响因素和内在条件之一。这是因为，无论是滑坡还是崩塌，它们都存在一个软弱结构面，这个软弱结构面与地层岩性的组合有着密切的关系。土体滑坡则会在松散堆积物下面存在透水或不透水层或相对隔水基岩构成滑体剪出带。还有岩石的风化为地质灾害提供了物质条件。

准则层滑坡包含以下几个指标：年平均降雨、坡度、地层岩性、断裂构造密度、植被覆盖度。综上所述，地层岩性和断裂构造密度是最重要的两个指标，植被覆盖度、坡度是较为重要的指标，因此，该层指标赋值结论为：地层岩性≈断裂构造密度＞植被覆盖度≈坡度＞年平均降雨。

根据上述赋值依据，最终关于决策目标滑坡的判断矩阵赋值结果如表 6-15 所示。

表 6-15　滑坡的判断矩阵赋值结果

指标	年平均降雨	地形坡度	土地利用类型	植被覆盖度	地层岩性
年平均降雨	—	1/2	2	1/2	1/2
地形坡度	—	—	1	1/2	1/2
土地利用类型	—	—	—	1	1/2
植被覆盖度	—	—	—	—	1/2
地层岩性	—	—	—	—	—

7）泥石流

泥石流是青藏高原常见的地质灾害之一，其强大的侵蚀、搬运、堆积和冲击能力具有强大的危害性。泥石流的形成必须同时具备 3 个基本条件，即：适宜的地形条件、丰富的松散固体物质条件、充足的水源条件。

泥石流运动过程中的动力来源主要有两个方面：一类是沟谷内堆积物（泥石流的物源）启动时候的势能，这部分能量与沟谷的相对高差有关，相对高差越大，物源所具有的势能就越大，启动后转化的动能也就越大。堆积物在运动的过程中，沟谷的陡缓程度决定了势能向动能转化的难易程度，山坡的坡度越大或者沟谷的纵坡比越陡，就越有利于堆积物的运动，相对的也有利于势能向动能的转化。另一类动力来源是雨水的冲刷作用，雨水在沟谷表面形成径流，降雨量的大小和时间决定了雨水的动能以及冲刷沟谷的压力大小。物源是泥石流形成的物质基础，物源的多少，与区域内的地质构造、地层岩性、地震活动强度、山坡坡度等因素有直接关系，同时滑坡、崩塌等地质现象的发育程度以及人类工程活动也会导致松散堆积物的堆积，形成充足的物源。一般在连续降雨或者暴雨情况下，会引起山坡的崩塌、滑坡等地质现象的发育，如果发生崩塌或者滑坡，会产生大量的松散物质进入到泥石流沟的沟床，这些松散物质会混杂在水流中而使降雨形成的地表径流逐渐演变为含沙量比较大的水流，如果松散物质的量比较大的时候，则会形成稀性泥石流，甚至是破坏性更大的黏性泥石流。堆积物在流动过程中，还会引起沟床内原有的堆积物随之流动，形成规模更大或者黏度更高的泥石流。泥石流的水源条件可以分为 3 类：冰雪消融提供的水源、地表水提供的水源以及强降雨提供的水源。对于青藏高原，除了最常见的暴雨型泥石流，还有冰雪融化提供水源的冰川泥石流。

冰川泥石流的形成机制为：冰雪融水型泥石流从积雪和冰川的崩落或滑动开始，在高速向下的运动过程中，冰体碎裂，瞬间降低高度在1000m以上，最大达4000m以上，在这一过程有地表径流和雨水加入。势能—动能—热能转化的冰雪融水和应变能融水析出，还有冰内含水，崩散冰体位置降低，气温升高，融水析出，以及沿程两岸滑土石体和沟床下切土体中含水等的参与。这些水源的迅速汇集弥补了因水不足或因大晴天无降水时的水源欠缺。因而冰雪崩滑碎裂体在运动中转化成流体，或冰雪崩滑体因下滑过程中受阻改变方向，损失动能，在运动相当长一段路径后停息下来。

区域暴雨型泥石流研究表明，植被和岩性构造是影响泥石流形成的最重要的因素，降水应视不同区域，影响作用相差较大。而对于冰川泥石流而言，影响最重要的因素为流域面积、岩性、月平均气温、冰川坡度以及冰川面积与流域面积的比值。

子准则层泥石流包含以下几个指标：年平均降雨、坡度、地貌类型、植被覆盖度、地层岩性、土壤质地。综上所述，地层岩性和植被覆盖度是最重要的影响因素，虽然降雨也很重要，但年平均降雨不能准确描述暴雨的频率和频段，因此年平均降雨同坡度一样为比较重要的影响因素，因此，该层指标赋值结论为：地层岩性≈植被覆盖度＞年平均降雨≈坡度＞地貌类型≈土壤质地。

根据上述赋值依据，最终关于决策目标泥石流的判断矩阵赋值结果如表6-16所示。

表6-16 泥石流的判断矩阵赋值结果

指标	年平均降雨	地形坡度	植被覆盖度	地层岩性	土壤类型	土地利用类型
年平均降雨	—	1	1/2	1/3	1/2	1/2
地形坡度	—	—	1/2	1/2	2	1/2
植被覆盖度	—	—	—	1/2	1	2
地层岩性	—	—	—	—	2	3
土壤类型	—	—	—	—	—	2
土地利用类型	—	—	—	—	—	—

8）地面塌陷

在青藏高原的矿山中，地面塌陷多是由于矿（层）被采出，上覆岩层破坏垮落所引起。当埋藏于地下的煤炭被采出后，煤层上覆岩体的力学平衡被打破，上覆岩体的力学性质随之发生变化，内部应力重新分布。在内力和外力的共同作用下，不断产生裂隙和断裂，上覆岩体破坏，出现覆岩冒落，引起岩层和地表移动，最终表现为地面塌陷。

矿山地面塌陷的规模、强度以及时间进程等是多种因素共同作用的结果。如覆岩时代、岩体结构、煤层产状、采深、采厚、采空区尺寸大小、重复采动、水文地质条件、地形地势、松散盖层的厚度、构造应力场、地震、冲击地压等。但主要的因素可分为自然因素和人为因素两大类。前者是自然形成、客观所具备的条件，包括地质构造、覆岩性质、地形地貌等。后者则是人为引起的，包括开采方式、煤层顶板管理方式等。

自然因素主要包括：①矿产埋深愈大（即开采深度愈大），变形扩展到地表所需的时间愈长，地表变形值愈小，变形比较平缓均匀，但地表移动盆地的范围加大。②矿层厚度愈大，开采空间愈大，会使地表变形值增大。③矿层倾角大时，使水平移动值增大，地表出现地裂缝的可能性增大，塌陷区和采空区投影面积越不一致。④松散覆盖层的厚度及性质。松散覆盖层越厚，竖向变形值越小，但变形范围加大。⑤矿层产状。矿层倾角平缓时，盆地位于采空区正上方，形状基本上对称于采空区；矿层倾角较大时，塌陷区在沿矿层走向方向仍对称于采空区，而沿倾角方向，随着倾角的增大，塌陷区中心愈向倾斜的方向偏移。⑥岩层节理裂隙发育，会促使变形加快，增大变形范围。⑦断层会破坏地表移动的正常规律，断层带上的地表变形相对剧烈。⑧如覆岩中均为极软弱岩层或第四纪土层，顶板即使是小面积暴露，也会在局部地方沿直线向上发生冒落，并可直达地表，这时地表出现漏斗型塌陷坑。⑨厚度大的、塑性大的软弱岩层或土体，覆盖于较硬岩层上时，后者产生破坏，会被前者缓冲或掩盖，使地表变形平缓。反之，上覆软弱层较薄，则地表变形加快，并出现裂缝。另外，除以上因素外，降雨、水文、植被等因素，对地面塌陷也有一定的影响，尤其是降雨沿岩（土）体裂隙带下渗或运移，可加速上覆岩土体的下陷，甚至成为诱发因素。

人为因素主要包括采矿方法和顶板管理方法，是影响围岩应力变化、岩层移动、覆岩破坏的主要因素。在矿层埋深不变的情况下，开采宽度越大，形成的地表影响越大，地表变形的范围越大。

在对煤炭矿区地面塌陷严重程度的分析研究中，认为影响塌陷最主要的因素是人为因素，其次是地质背景，且地质构造的影响要远大于地形地貌的影响。

子准则层地面塌陷包含以下几个指标：地貌类型、植被覆盖度、地层岩性，综上所述，地层岩性应为最重要的影响指标，地貌类型其次，植被覆盖度再次，因此，该层指标赋值结论为：地层岩性＞地貌类型＞植被覆盖度。

根据上述赋值依据，最终关于决策目标地面塌陷的判断矩阵赋值结果如表 6-17 所示。

表 6-17　地面塌陷的判断矩阵赋值结果

指标	土地利用类型	地层岩性
土地利用类型	—	2
地层岩性	—	—

9）地裂缝

地裂缝作为一种表生的地质灾害现象，在青藏高原已存在。其灾情发生频率与灾害规模逐年加剧，已成为一种主要的区域性地质灾害。它不仅对各类工程建筑、交通设施、城市生命线工程及土地资源造成灾难性的直接破坏，而且可能导致一系列严重的生态环境问题。地裂缝的成因，目前国际上认可的主要有 3 种：一是构造成因；二是地下水开采成因；三是构造与地下水开采复合成因。

地裂缝的发育，在平面上或在剖面上，其形态总是和一定的图形相联系的：在平面形态上，单条地裂缝实际并不仅是一条简单的直线，还有一些曲线，一般情况下，往往是若干条地裂缝组合在一起，纵横交错；在剖面形态上也是多种多样的，一般来说，平直光滑的地裂缝面为数较少，而凹凸不平的地裂缝面却比比皆是，大都近于 90°，凹凸不平的地裂缝面的倾角则常常变化不定，甚至出现倾向相反的现象，裂缝一般表现为上宽下窄，多显示出“V”形，也有的显槽形或漏斗形。

对于青藏高原而言，矿区可能是地裂缝灾害的主要来源地。而矿区地裂缝的特征表明，矿区地裂缝均属采空塌陷的派生裂缝，地下开采是地裂缝形成的主要原因，地质构造及地下水疏干对地裂缝形成亦产生一定的影响。从地下开采到地表沉陷是覆岩中应力场、位移场复杂变化的过程，在这个过程中，开采空间是导因，覆岩破坏是过程，地表沉陷则为最终结果，而地表裂缝则是地表沉陷破坏的一种主要形式。目前较多的矿区对主采层采用综放开采，垮落法管理顶板。当地下煤层采出后，采空区直接顶板岩层在自重力及其上覆岩层的作用下，产生向下的移动和弯曲，当其内部拉应力超过岩层的抗拉强度极限时，直接顶板首先断裂、破碎、相继冒落，而老顶岩层则以梁或悬臂梁弯曲的形式沿层理面法线方向移动、弯曲，进而产生断裂、离层。随着工作面的向前推进，受采动影响的岩层范围不断扩大，开采影响逐渐波及到地表，地表开始下沉，但下沉的速度和幅度不同，从而形成地面塌陷及其伴生的地裂缝。

子准则层地裂缝包含以下几个指标：地貌类型、植被覆盖度、地层岩性，综上所述，地裂缝和地面塌陷在矿区的发生有很多相似点，主要影响因素也是相似的，同时，根据地裂缝的发生过程和原因，可以发现，地层岩性是最主要的影响因素，其次是地貌类型。因此，该层指标赋值结论为：地层岩性＞地貌类型＞植被覆盖度。

根据上述赋值依据，最终关于决策目标地裂缝的判断矩阵赋值结果如表 6-18 所示。

表 6-18　地裂缝的判断矩阵赋值结果

指标	土地利用类型	地层岩性
土地利用类型	—	2
地层岩性	—	—

10）水体环境

水体环境包括地球表面上的各种水体，如海洋、河流、湖泊、水库以及埋在土壤岩石空隙中的地下水。水体是一个完整的生态系统，除水之外还包括悬浮物质、溶解物质、水生生物及底泥等。按水体所处的位置，可粗略地将其分为地面水水体、地下水水体和海洋等 3 类。它们之间是可以相互转化的。在太阳能、地球表面热能的作用下，通过水的三态变化，水在不同水体之间不断地循环着。

青藏高原水资源丰富，但由于利用水平低，正面临着水生态日趋恶化的尴尬局面。青藏高原水资源总量为 5463.4 亿 m^3，其中太平洋水系 2548 亿 m^3，印度洋水系 2400.4 亿 m^3，内陆水系 515 亿 m^3。地下水资源约为 1568 亿 m^3，大约有 1301.3 亿 m^3 与地表水是重复的。

我国主要的 15 条国际河流中，发源于青藏高原的有 8 条，每年从这里流出国境的水量约 4000 亿 m^3，占全国出境水量的 2/3。太平洋水系包括长江、黄河和澜沧江上游。印度洋水系包括雅鲁藏布江、怒江、独龙江、印度河的上游。内陆水系包括羌塘、柴达木盆地、祁连山地及南疆内陆水系。羌塘水系由藏北羌塘内陆诸河流域、可可西里内陆诸河流域和新疆羌塘内陆诸河流域组成，是高原最大的水系；柴达木盆地水系包括青海湖内陆诸河流域、柴达木盆地内陆诸河流域；祁连山水系包括黑河、石羊河流域和疏勒河流域的上中游地区；南疆水系包括塔里木河流域的上中游地区。

青藏高原面积在 $1km^2$ 以上的湖泊有 1126 个，总面积达 39 206.8 km^2，分别占全国湖泊个数的近 40%和面积的 49%，是世界上最大的高原湖泊群分布区。湖泊储水量达 5182 亿 m^3，其中淡水储量 1035 亿 m^3，占我国湖泊淡水总储量的 45.8%。面积超 $500km^2$ 的湖泊 12 个，占全国(27 个)的近一半，总面积 13 877.5km^2，占高原湖泊面积的 35.4%。高原湖泊中，除鄂陵湖、扎陵湖外，均为内陆咸水湖或盐湖，面积约占青藏高原湖泊总面积的 90%，数量最多的是 1～50 km^2 的湖泊，约占总数的 55.5%。大部分湖泊的湖盆由地质构造、冰川侵蚀等形成，因此湖水较深、贮热量多、水温较为稳定。

青藏高原冰川面积约 50 672km^2，储量约 $4500km^3$。根据降水量的差别分为 3 类：海洋型冰川主要分布于西藏东南部横断山系；亚大陆型冰川主要分布于高原东北部和南部；极大陆型冰川主要分布于高原西部。冰川融水补给的百分率从高原四周向内部增加，西部山区内陆水系的冰川融水补给比重占 23%左右，东祁连山占 14%，向西至疏勒河水系达 32%；外流河水系冰川融水补给比率从西藏东南向雅鲁藏布江下游减少，怒江补给比重不到 10%，向西至印度河水系比重增加到 40%～50%。

青藏高原具有世界海拔最高的大面积的高原沼泽湿地，形成了独特的生态环境，湿地总面积约为 470 万 hm^2，其中草丛湿地分布最广，是世界上海拔最高的沼泽湿地，主要是蒿草、苔草沼泽，是世界上特有的沼泽类型。若尔盖草原沼泽面积达 $4000km^2$，是我国最大的草木泥炭沼泽分布区。

青藏高原水资源面临的主要问题是：冰川退缩，雪线上升，湖泊萎缩干涸，河川径流量减小或断流、干枯，沼泽正在消失，高原整体水生态急剧恶化。小冰期以来，海洋型和亚大陆型冰川分别缩减了 $3700km^2$ 和 $6000km^2$，占现代冰川的 29%和 23%。青海湖水位平均每年下降 10.42cm，1959—1988 年，损失水量 139.2 亿 m^3，鱼类资源明显减少，鸟岛已由孤岛变为半岛。黄河源头的玛多县原有湖泊 4077 个，目前已有 2017 个干涸，湖泊周围的上千条河溪大多已干枯。黄河出现的断流现象，人们关注的焦点在下游，其实源头在青海，1998 年 1—4 月，鄂陵湖口以下 60km 的河段断流 98 天。据 1998 年调查，江河源地区雪线明显上升，冰川后退，黄河出青海的径流量已下降 23%。由于水的良性循环严重受阻，导致高原生态环境恶化。

子准则层水体环境包含以下几个指标：年平均气温、年平均降雨、坡度、地貌类型、植被覆盖度、土壤类型，年平均降雨应是最直观、最重要的指标，气候变化对青藏高原的生态环境、水体环境的影响近几年也有所研究，目前是肯定了气候变化对水体环境的影响，因此年平均气温也是最重要的指标，虽然水体环境主要是地表水和地下水，但因为水-土-气是互相影响互相作用的，因此土壤对水体环境应有不可小觑的影响，因此植被覆盖度和土壤类型也是重要的指标，地貌类型、坡度和年平均气温应是比较重要的指标，综合考虑，该层指标赋值结论为：年平均降雨≈年平均气温≥植被覆盖度≈土壤类型>地貌类型≈坡度。

根据上述赋值依据，最终关于决策目标水体环境的判断矩阵赋值结果如表 6-19 所示。

表 6-19　水体环境的判断矩阵赋值结果

指标	年平均气温	年平均降雨	地形坡度	植被覆盖度
年平均气温	—	1/2	1/2	1/2
年平均降雨	—	—	3	2
地形坡度	—	—	—	1/2
植被覆盖度	—	—	—	—

11）土壤环境

土壤环境是指岩石经过物理、化学、生物的侵蚀和风化作用，以及地貌、气候等诸多因素长期作用下形成的土壤的生态环境。土壤形成的环境决定于母岩的自然环境，由于风化的岩石发生元素和化合物的淋滤作用，并在生物的作用下，产生积累，或溶解于土壤水中，形成多种植被营养元素的土壤环境。

在对青藏高原土壤温度变化的研究中，结果显示，青藏高原浅层土壤温度 1960—1969 年呈下降趋势，随后自 1970 年转入上升趋势直至 2005 年，上升趋势显著；1969—1970 年为明显的突变时间点；从 1970 年至今的升温时段内其年线性升温率为 0.032℃/a。40cm 及以下深层土壤温度的多年变化考察未发现明显变化趋向，温度变化平稳，其年际变化存在 3.25 年的周期。10～20cm 浅层土壤温度梯度变化是对地气间热量交换状况的明显反映，高原地气温差和浅层土壤温度梯度之间存在着一种涨落机制，可能体现的是高原地气间的耗散结构关系。同时浅层土壤温度梯度也对深层土壤热量状况变化有明显反应，浅层土壤的温度梯度特征对高原多年冻土分布存在响应。说明年平均气温的变化对冻土退化有重要的影响。

青藏高原的土壤水分空间分布季节性变化的研究显示，高原外围土壤相对较湿，中部相对较干。随着夏季的到来，土壤湿度值高的地区分别从藏东南向藏西北，从塔里木盆地向藏东北扩展；随着冬季的来临，土壤高湿度地区分别向藏东南和塔里木盆地收缩。青藏高原土壤水分空间分布的总体季节变化和区域分布特点与高原的水分输送路径和降雨分布比较一致，多年降水变化率空间分布与多年土壤水分变化率空间分布比较分析发现，二者在空间分布模式上基本一致，说明降水与土壤湿度呈很好的正相关性。

此外，还有少量关于青藏高原土壤中有机污染物（多环芳烃和有机氯农药）来源解析的研究，结果显示，生物质和化石燃料的低温燃烧是青藏高原多环芳烃的主要来源，林丹及三氯杀螨醇的使用对高原介质中有机氯农药的污染有一定的贡献，而冬季青藏高原中部与北部的污染主要受西风带影响，夏季高原中部点的污染物主要源自印度次大陆，而北部位点还受到中国内陆省份的影响，证明了有机污染物会随大气从内陆迁移沉降至青藏高原。

而对青藏高原某些矿区及周围水土重金属污染的研究表明，采矿种类决定了污染源种类，且对周边土壤的污染是持久的，污染物也会随河流污染地表水、地下水。污染状况同土壤类型、植被覆盖度、植被类型均有一定的相关性。对于重污染区域而言，由于水土流失的冲刷作用，反而可以减轻土壤污染的程度。

子准则层水体环境包含以下几个指标：年平均气温、年平均降雨量、坡度、地貌类型、土壤类型、土壤质地、植被类型、植被覆盖度，这些都是对土壤环境有重要影响的指标，通过上述分析，年平均气温、年平均降雨量、植被覆盖度、土壤类型、土壤质地、植被类型为最重要的影响因子，坡度和地貌类型为次要的影响因子，因此，该层指标赋值结论为：土壤类型≈土壤质地≈植被类型≈植被覆盖度≈年平均降雨≈年平均气温＞地貌类型≈坡度。

根据上述赋值依据，最终关于决策目标土壤环境的判断矩阵赋值结果如表 6-20 所示。

表 6-20 土壤环境的判断矩阵赋值结果

指标	年平均气温	年平均降雨	地形坡度	土地利用类型	植被覆盖度	土壤类型
年平均气温	—	1	2	1/2	1/2	1/2
年平均降雨	—	—	2	1/2	1/2	1/3
地形坡度	—	—	—	1/3	1/2	1/3
土地利用类型	—	—	—	—	1/2	1/3
植被覆盖度	—	—	—	—	—	1
土壤类型	—	—	—	—	—	—

（三）权重确定

每一类地质环境问题对应指标之间的相对重要性不因地域位置而改变，对于所有的地质环境分区均适用。对于不同的地质环境分区，其主要区别在于地质环境承载力的承载体不同，面临的地质环境问题不同，针对各示范评价区，每个区对于承载体各有侧重，如大场金矿以及木里煤矿位于重点自然保护区内，也是重要的生态涵养区，生态环境的脆弱性要优先考虑，对于甲玛矿区来说，更加注重其地质环境的稳定性。

在完成层次单排序及一致性检验后，即可以得到指标权重结果（表 6-21）。

表 6-21 矿山地质环境承载力评价指标的分区权重确定结果表

项目		祁连山（木里）	三江源（大场）	羌塘高原（甲玛）	青海湖	可可西里	河湟谷地	藏南河谷	雅鲁藏布江
指标	年平均气温	0.0893	0.0778	0.0501	0.1481	0.1617	0.1548	0.1418	0.0965
	年平均降雨量	0.2197	0.2136	0.1638	0.2031	0.1951	0.2026	0.1838	0.1734
	土地利用类型	0.1266	0.1308	0.1781	0.1369	0.1296	0.1565	0.0857	0.0923
	植被覆盖度	0.2295	0.2288	0.1986	0.2094	0.1829	0.2196	0.2043	0.2057
	土壤类型	0.1436	0.1811	0.1114	0.1268	0.1564	0.1372	0.1511	0.1135
	地形坡度	0.1044	0.081	0.0991	0.0804	0.0792	0.0698	0.0819	0.1809
	地层岩性	0.0869	0.0869	0.1989	0.0953	0.0951	0.0595	0.1514	0.1377

五、评价单元划分

评价单元是具有相同特性的最小地域单元，各个独立指标的不同评价等级属性在同一评价单元内具有一致性，而不同评价单元之间既有差异性，又有可比性。

本次评价基于 ArcGIS 软件栅格功能，建立系列评价指标栅格集，每个栅格单位依据划分的等级被赋予一个指定的值，用以描述该栅格所属的类别、种类和组成，值所代表的要素包括年平均气温、年平均降雨、地形坡度、土地利用类型、植被覆盖度、地层岩性和土壤类型 7 种。

由于各种地质因素在各个局部区域的差异性和复杂性，要做到较为精确的评价，需将整个研究区域分成若干个小图元，即评价单元。根据各个小区域的不同情况，分别赋予不同的属性，然后才能根据这些属性进行区域评价。

评价单元采用不规则网格法划分，该方法多适用于小区域的土地退化评价。因为对小范围进行评价时，由于地形、地质条件变化大，因素离散性大，若仍采用正方形网格单元划分法，就会把评价因子性状很不均一的区段划分在同一评价单元内，而把均一性较好的区段可能人为地割离开来，这与地质环境评价的要求和目的是相违背的。

六、评价数学模型

（一）单体矿山地质环境承载力评价（点）

对青藏高原内的单体矿山（点）进行评价选用状态空间法（State-space Techniques）。这种评价方法是欧氏几何空间用于定量描述系统状态的一种有效方法，通常由表示系统各要素状态向量的三维状态空间轴组成。其本质是一种时域分析方法，通过状态空间的原点同系统状态点构成的矢量模来表示区域承载力的大小，不仅可以表征系统外部特征，更揭示了系统内部状态和性能。

计算状态空间中的点到坐标原点的矢量模，即矿产资源开发地质环境承载力的数学表达式为：

$$MGECC=|M|=\sqrt{\sum_{i=1}^{n}W_i x_{ir}^2}$$

式中，x_{ir} 为各指标相对于理想状态，在标准化处理后的空间坐标值（$i=1,2,\cdots,n$）；W_i 为各指标的权重；$|M|$ 为承载力的矢量模；n 为选取指标数量。

这种方法需要结合实际情况确定各指标在某一特定时段的理想值，根据各指标的相对重要程度排序，计算各指标的权重。通过比较不同状态下的矢量模值的大小来判断矿山地质环境系统的承载状况。实际的矿山地质环境承载状况同状态空间中理想的承载力并不完全吻合，其偏差值可作为定量描述矿山地质环境系统承载状况的依据。当 $MGECC>1$，$=1$，<1 时，分别表示受矿产资源开发影响下的地质环境系统分别处于可承载、临界和超载状态。

（二）区域矿山地质环境承载力评价（面）

基于全面性和实用性的原则，对所选取构建的评价指标体系中各因子按分级标准进行逐一量化，并制作相应数据图层，应用“专家-层次分析法”计算获取各指标的权重和综合权重，在统一地图投影等参数的基础上，再按照各评价指标在适宜性评价中的影响程度，利用 ArcGIS 软件赋予每个图层综合权重值，通过综合指数模型求得各栅格综合指数值，根据栅格综合指数值大小划分各适宜程度栅格，最后基于“区内相同、区间相异”原则对各等级栅格整合，得到适宜性分区图，完成适宜性评价。

应用综合指数模型进行适宜性评价，各评价指标按评价指标量化分级逐一取值，再采用综合指数方法，计算各评价单元的综合指数值。其数学模型为：

$$M_i=\sum_{i=1}^{n}P_i\times W_i$$

式中，M_i 代表各评价单元的综合指数值；P_i 代表该评价单元中评价因子的性状数据取值；W_i 代表该评价单元中评价因子的综合权重值。

第四节　黑河源多金属矿区评价结果及分析

一、评价区概况

(一)自然地理概况

黑河源区系指祁连县央隆乡全境及野牛沟乡的大部,总面积达 2600km²,区域上位于祁吕贺兰山字形构造前弧西翼褶皱带。地貌上可分为中部河谷平原区及南北中高山区,境内山区最高海拔 5287m,河谷最低海拔 3200m(图 6-3)。

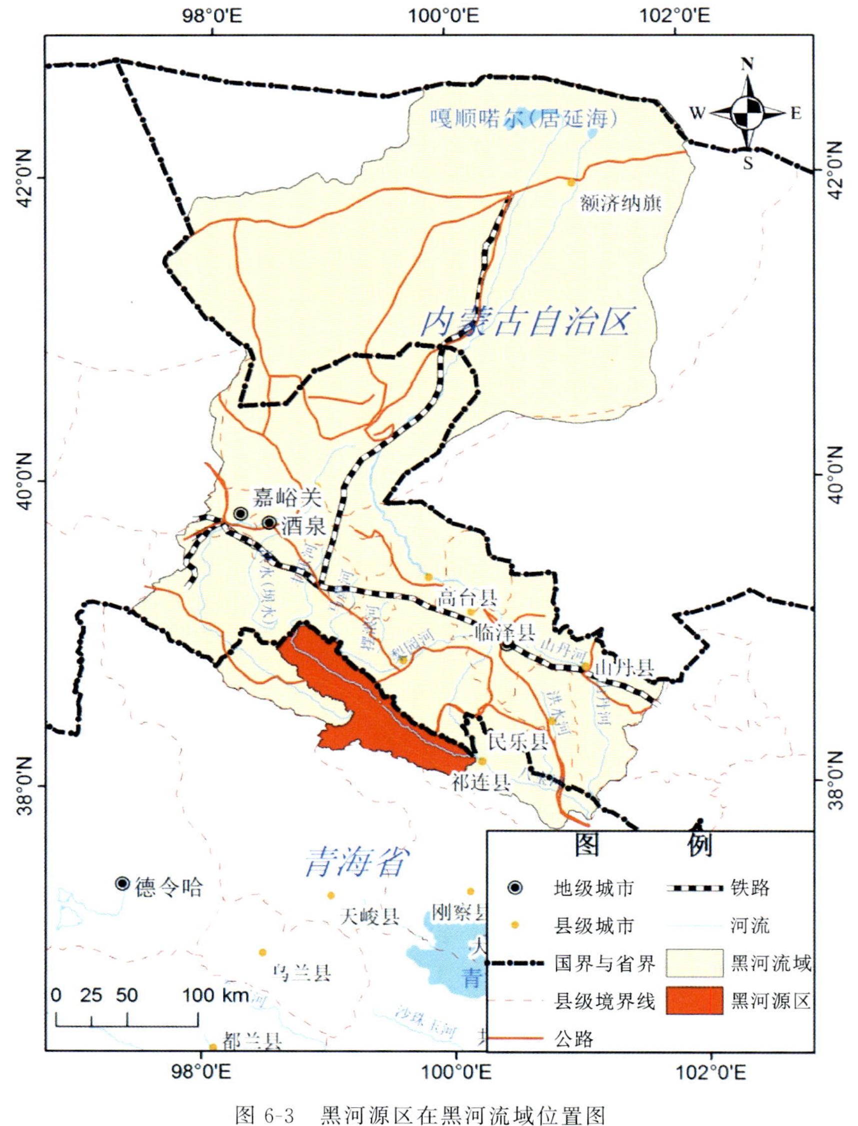

图 6-3　黑河源区在黑河流域位置图

（二）地形地貌

黑河发源于祁连山山脉北缘高山区，由东西两支流汇合而成。东支流发源于锦阳岭，称为俄博河，西支流发源于铁里干山的野牛沟，两支流在黄藏寺交汇，然后向北 90km 处莺落峡出山进入走廊平原，莺落峡以上高山区流域称为黑河干流上游。

黑河上游祁连山区的宏观地貌格局完全取决于地质构造条件。在大地构造上，祁连山及其以北的河西走廊属于祁连山褶皱带，于加里东晚期褶皱成山，处于由地槽变为地台的发展阶段。柴达木北缘及青海南山以海西及印支褶皱为主，已属于被秦岭的褶皱范畴。祁连山区的山势受地质构造的影响，地势由西南向东北逐渐降低，即西高东低，南高北低。宏观地貌最大特点是在巨大的山体基座上绵延着一系列北西至北西西向，近乎平行的山脉，山脉间是宽大的谷地或盆地。

（三）气候气象

本区属半干旱高寒山区，多年平均气温－3.2℃，多年最高气温 23.7℃（出现在 7 月份），多年最低气温－33.6℃（出现在 1 月份）。气温随地势升高而下降，地势大约每升高 100m，气温降低约 0.64℃。

本区的降雨主要受高原季风的影响，多年平均降雨 382.6mm，年蒸发量 1364.9mm。冬季受蒙古高压的控制，气候严寒干燥，多为晴朗低温天气，降水稀少且多集中在 5—9 月份，降雨量占全年降雨量的 90％以上，11 月至次年 2 月期间降雨量仅占年降雨量的 5％，10 月至次年 4 月干旱少雨。

（四）水文水系

本区位于中亚内陆水系与东亚太平洋水系的交汇地带，东南部为流向太平洋的黄河水系，西南部为柴达木盆地与共和盆地内陆水系，北部为河西走廊内陆水系，中部为青海湖和哈拉湖内陆水系。内外流域的分水界：北起冷龙岭和托来山，向南沿大通河、日月山、绕青海南山东麓，穿越共和盆地中部，至于瓦洪山和鄂拉山。大通河、布哈河、疏勒河、北大河和黑河等重要河流都发源于祁连山区隆升中心的纳嘎尔当—团结峰一线的南北坡，由于疏勒南山是本区的隆升中心，祁连山区水系的最宏观特征是以疏勒南山为中心，呈放射状外流，即辐射状水系。纳嘎尔当又俗称“五河之源”，从纳嘎尔当至团结峰向东经托来山接冷龙岭，向西经党河南山延伸到阿尔金山，成为祁连山区南、北水系的分水岭。北坡共有河流 56 条，分属石羊河、黑河、北大河、疏勒河和党河等 5 个流域，统称河西内陆河水系。南坡，纳嘎尔当以东，属（外流）黄河水系，包括大通河和湟水；纳嘎尔当以西共有河流 21 条，分属哈尔滕河、鱼卡河、塔塔棱河、巴音郭勒河、青海湖（布哈河）和哈拉湖 6 个流域，统称柴达木内陆河水系。

（五）土壤植被

本区自然条件复杂，水热条件差异大，形成了具有明显垂直梯度和水平差异的多种植被类型和土壤类型。主要的土壤类型及其分布特征为：分布于海拔 3800m 以上的高山寒漠土和高山草甸土；分布于海拔 3400～4300m 的山地亚高山灌丛草甸土；分布于海拔 2500～3300m 的阴坡或半阳坡上山地黑钙土；分布于海拔 2600～3000m 的阳坡或山中盆地，水分条件较好的山地栗钙土；分布于海拔 2100～2700m 的山地灰钙土。

本区植被较好，有许多天然牧场。自海拔 2000m 向上，植被垂直带分别为：2000～2300m 荒漠草原带、2300～2600m 草原带、2600～3200m 森林草原带、3200～3700m 灌丛草原带、3700～4100m 草甸草原带和 4100m 以上的冰雪带。青海云杉林分布海拔为 2700～3300m，呈纯林，分布上限少部分有祁连圆柏混交;中低山地部分有杨桦混交青杆林分布,海拔为2300～3000m;因人为干扰严重,林分稀疏油松林分布海拔在2000～2600m,呈小块状纯林,部分在冷龙岭与山杨混交祁连圆柏林,海拔2500～3200m;走廊南山海拔2800～3400m,单层纯林,高山地带有青海云杉混交。

(六)成矿条件

青海省祁连县矿产资源丰富,素有“中国乌拉尔”之称,已发现煤、石棉、砂金、铜多金属等各类矿产资源41种,已探明资源储量的有22种。拥有矿产地63处,其中大型矿床5处、中型矿床13处、小型矿床45处,另有各类矿点、矿化点308处。丰富的矿产资源使得祁连县经济一度辉煌,早在20世纪80年代,大量矿山投产,使得县财政实现了自给自足。

祁连县黑河源区成矿地质条件优越,青藏高原圈定的22个重点矿产资源勘查规划区之一的“祁连县—天峻县煤铜铅锌规划区”就在此区域内。区内分布的矿山有煤矿山、石棉矿山、铀矿山、铜多金属矿山和砂金矿山以及其他非金属矿山,三大矿产资源类型皆有涉及。

(七)开采矿种

截至2013年底,根据中国国土资源航空物探遥感中心和青海省地质调查院提供的资料及实际调查,黑河源区内涉及的矿权共23处,以有色、黑色金属和建材类的非金属矿为主。

区内的金属矿山一般都是多种金属矿共生,如铜、铁、金共生,铅、锌共生,铁、锰、镍共生等。开采多金属矿的矿山企业共5家,铁矿和蛇纹岩矿各4家,铅锌矿3家,锰矿和铬铁矿各2家,铜矿、石棉矿和彩石矿山各1家。

(八)开采方式

研究区内分布的这23处矿山大都以井工开采为主,部分为露天开采,少数矿山露采和地下开采兼有,多种矿产资源开采方式在本区内比较齐全。

区内的金属矿山几乎都是采用地下开采的方式,建材类的非金属矿山则都是采用露天采矿的方式。其中14家地下开采的矿山都是金属矿山,露天开采和地下开采并用的也都是金属矿山,仅一家金属矿山企业(青海正远矿业有限公司祁连县小沙龙铁矿)采用的是露天开采。

(九)建设规模

区内小型矿山企业共有19家,占总数的82.61%;中型矿山企业共有3家,占总数的13.04%,为格尔木青林矿业有限责任公司祁连县小水沟铁矿的3处矿权,设计年产量为30t/a;大型的矿山企业仅1家,仅占4.35%,为青海祁连纤维材料有限责任公司双岔沟石棉矿,设计年产量为2.62t/a。

二、评价结果

黑河源区内矿山分布较为零散,且多为中、小型矿山。这类矿山相比于大型矿山在管理规范与工艺水平上均有所欠缺,造成严重的无序开采与环境破坏,且因其分布零散,影响面积大,造成恢复治理的难度巨大。同时,该区矿产资源开发秩序较为混乱,表现为采富弃贫、出售原矿、破坏生态、效益低下。人们对金矿、煤炭资源乱采滥挖,严重破坏了地质环境和生态环境,在历史遗留以及矿权灭失造成的无主矿山内存在着一系列的地质环境问题。

因此，该区域有条件进行单体矿山地质环境承载力（点）和区域矿山地质环境承载力（面）的评价，可为青藏高原分散的中、小型矿山提供借鉴和参考。

（一）单体矿山地质环境承载力（点）

1. 指标理想值确定

指标理想值的确定一般有问卷调查法、标准法、参照系法等方法。问卷调查法能够充分利用人的主观能动性在确定人地系统时段理想状态中的作用，得出的结果比较符合时段理想状态的时段性和区域性。标准法主要利用现有的一些国际、国内标准来确定区域人地系统的时段理想状态，由于标准的制定拥有较长时间的历史依据，因此进行部分指标的时段理想状态可用。参照系法是通过一定的比较和筛选，将现存的某一个区域作为所研究区域的参照标准，一般参照区域选用的都是被公认在发展的各个方面比较符合或比所研究区域更接近承载状态的良好的区域。

2. 指标权重确定

采用层次分析法计算各指标权重，经课题组研究人员及相关领域知名专家的问卷调查，对12(7+5)个评价指标进行重要性排序，即对黑河源区矿产资源开发的地质环境承载力评价指标进行两两比较打分，分别构造判断矩阵，各判断矩阵的平均随机一致性均小于0.1，说明各判断矩阵均具有满意一致性，权重的分配是合理的（表6-22）。

表6-22　黑河源区单体矿山地质环境承载力评价指标理想值与权重

评价指标	类型	单位	理想值	权重
年平均气温	正向	℃	4.2	0.049
年平均降雨	正向	mm	510	0.121
坡度	负向	°	0	0.052
土地利用类型	正向	—	林地/草地	0.071
植被覆盖度	正向	%	90	0.146
地层岩性	正向	—	完整基岩	0.082
土壤质地	正向	—	砂砾质	0.076
开采规模	负向	—	小型	0.128
开采年限	负向	a	5	0.095
开采方式	负向	—	地下	0.069
开采面积	负向	km^2	0.1	0.072
开采深度	负向	m	100	0.039

3. 指标标准化处理

为了消除不同指标量纲和数量级差对于评价的负面影响，对原始数据进行标准化处理。通过黑河源区矿产资源开发地质环境承载力评价指标的实际值与理想值的比值，对各指标数据进行标准化处理。对承载力的贡献是正向的，称为正效应；对承载力的贡献是负向的，称为负效应。

数学公式如下，正效应：$r_{ij}=\frac{x_{ij}}{x'_{ij}}$；负效应：$r_{ij}=\frac{x'_{ij}}{x_{ij}}$

其中，r_{ij} 为各指标标准化处理后的数值；x_{ij} 为各指标原始数据；x'_{ij} 为各指标的理想值。

按照状态空间法的黑河源区矿产资源开发地质环境承载力（*MGECC*）公式进行计算，可得黑河源区内各单体矿山地质环境承载力值及承载状况。

4. 评价结果

通过状态空间评价模型及承载力计算公式得到黑河源区矿产资源开发地质环境承载力值（表 6-24）。结果表明，黑河源区内 23 个矿权有 9 个处于可承载状态，其中承载力最强的是位于野牛沟乡的小水沟铁矿，其包含有 3 个矿权。这几处矿权处于中低山河谷地带，气候条件较好，雨量充沛，植被茂盛，加之尚未开采，前期仅在局部地点进行了槽探实验，绝大部分保持了原生的地质环境。

处于临界状态的有 3 处矿权，是正在或已经开采的矿山，其中尕大坂多金属矿处于生产阶段，其余 2 处矿权均停产。其余的 11 处矿权均是有开采历史的矿山，大部分处于停产或闭坑阶段，由于经费投入少、技术薄弱、矿山企业责任意识不强或主体灭失，处于超载状态（表 6-23、图 6-4）。

表 6-23　黑河源区单体矿山地质环境承载力评价结果统计表

矿山名称	承载力值	承载状况	矿山名称	承载力值	承载状况
东玉石沟蛇纹岩矿	3.082	可承载	湾阳河多金属矿	0.789	超载
黑刺沟蛇纹岩矿	0.894	超载	边马沟锰矿	1.267	可承载
西玉石沟蛇纹岩矿	0.953	临界	辽班台铅锌矿	0.638	超载
大小清水彩石矿	0.756	超载	小沙龙直沟铜矿	0.781	超载
祁峰公司铬铁矿	0.635	超载	石头沟锰矿	2.356	可承载
小沙龙铁矿	1.083	临界	下柳沟铅锌矿	0.654	超载
扎麻什下沟铅锌矿	1.268	可承载	尕大坂多金属矿	0.972	临界
大二珠龙多金属矿	0.623	超载	玉石沟铬铁矿	1.645	可承载
双岔沟石棉矿	0.536	超载	郭密寺多金属矿	0.437	超载
小水沟铁矿Ⅰ	4.353	可承载	热水沟蛇纹岩矿	2.377	可承载
小水沟铁矿Ⅱ	4.353	可承载	西山梁多金属矿	0.454	超载
小水沟铁矿Ⅲ	4.353	可承载			

（二）区域矿山地质环境承载力（面）

黑河源区区域矿产资源开发地质环境承载力评价仅考虑自然环境因素，未考虑矿业活动对地质环境的影响，评价结果所代表的是原生条件下没有矿业活动影响的黑河源区地质环境承载力情况，再结合对区内单体矿山矿产资源开发的地质环境承载力评价结果，可以综合对比及验证矿业活动对黑河源区地质环境系统的影响程度。

研究区位于青海省祁连县，青藏高原的北部，年平均气温 0～1℃，年平均降雨约在 250～450mm 之间，属典型的高原大陆性气候。由于这两个指标在区域内空间差异性不明显，没有必要再细分，因此，对照评价指标量化分级的标准（表 6-10），把年平均降雨整体列为三级（3 分），年平均气温仅区分 0℃上（三级，3 分）下（四级，2 分）两个区间。

地形坡度、土地利用类型、植被覆盖度、地层岩性和土壤类型按照前文介绍的数据获取和指标量化分级方法，分别绘制出单要素图件（图 6-5～图 6-9）。

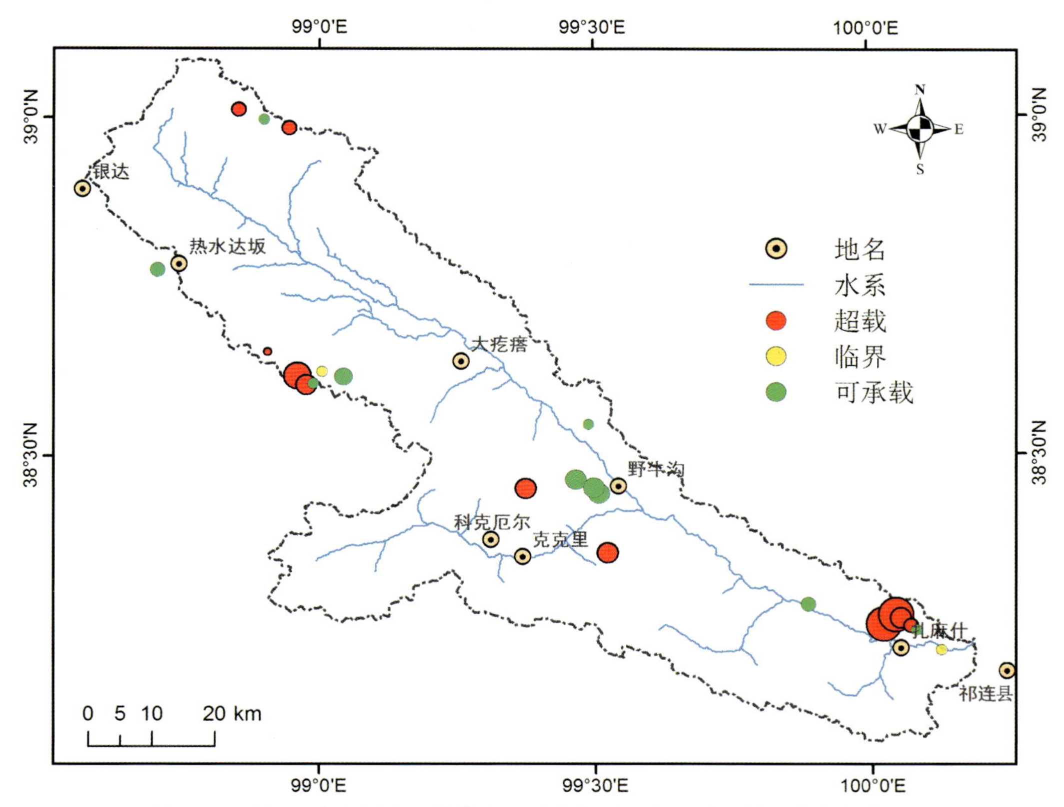

图 6-4　黑河源多金属矿区单体矿山矿产资源开发地质环境承载力评价图

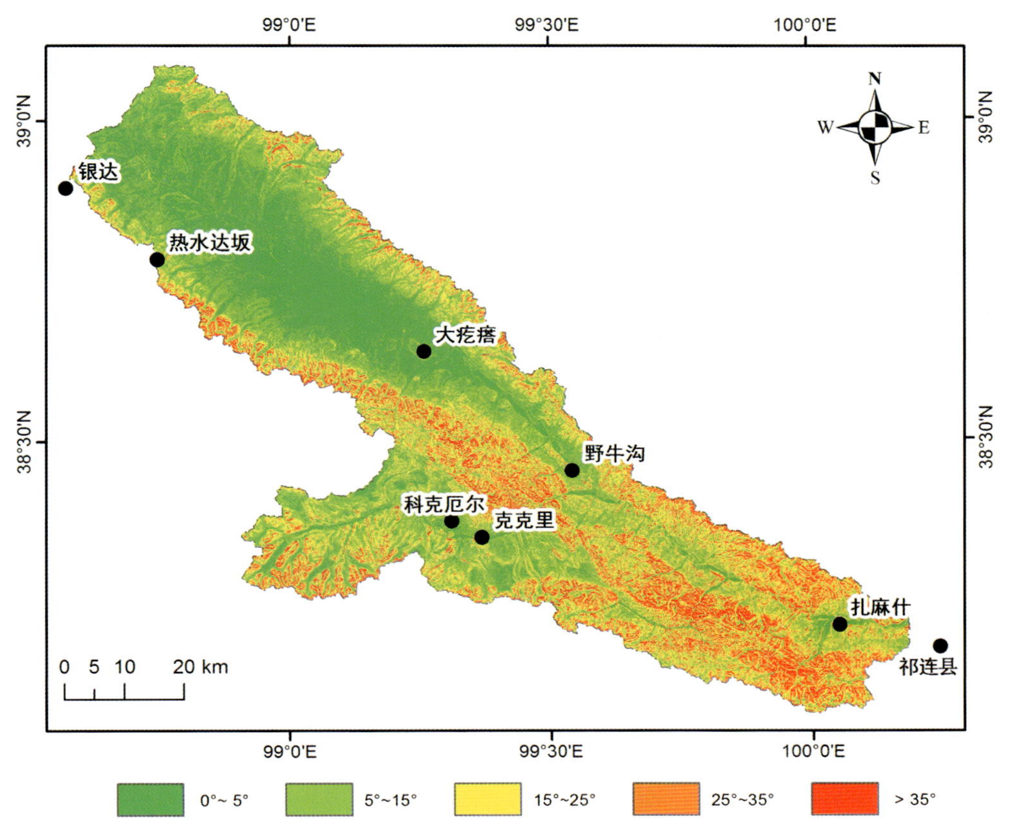

图 6-5　黑河源区地形坡度图

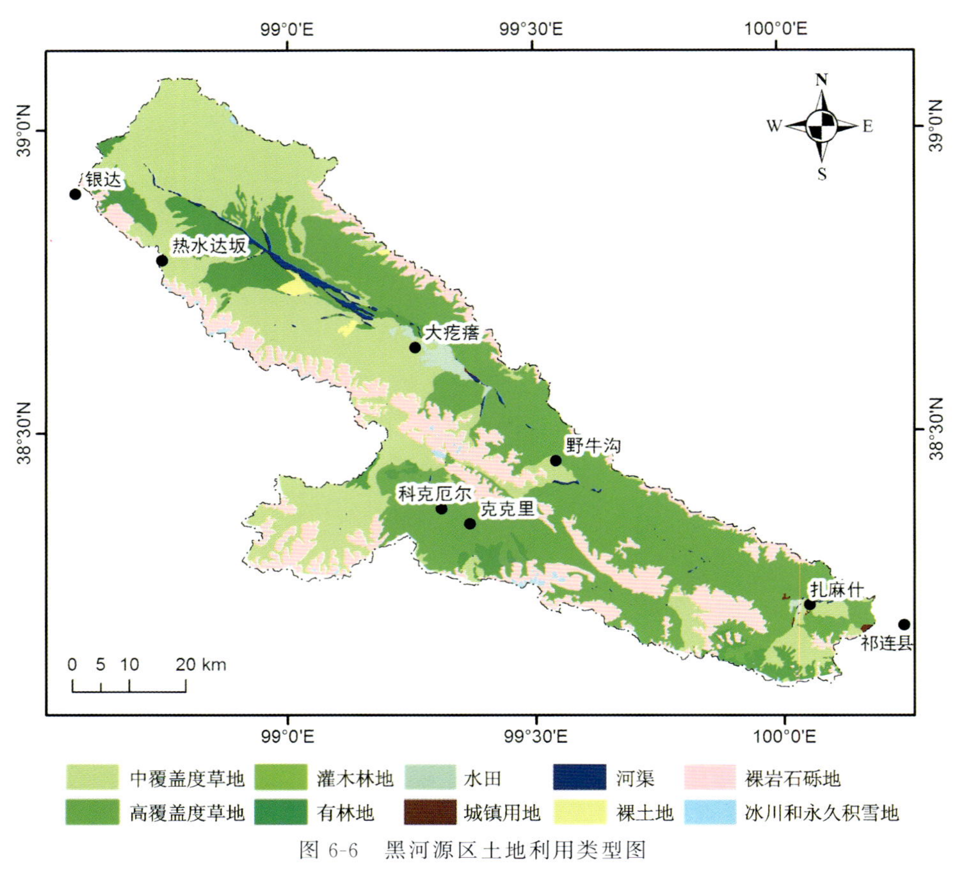

图 6-6　黑河源区土地利用类型图

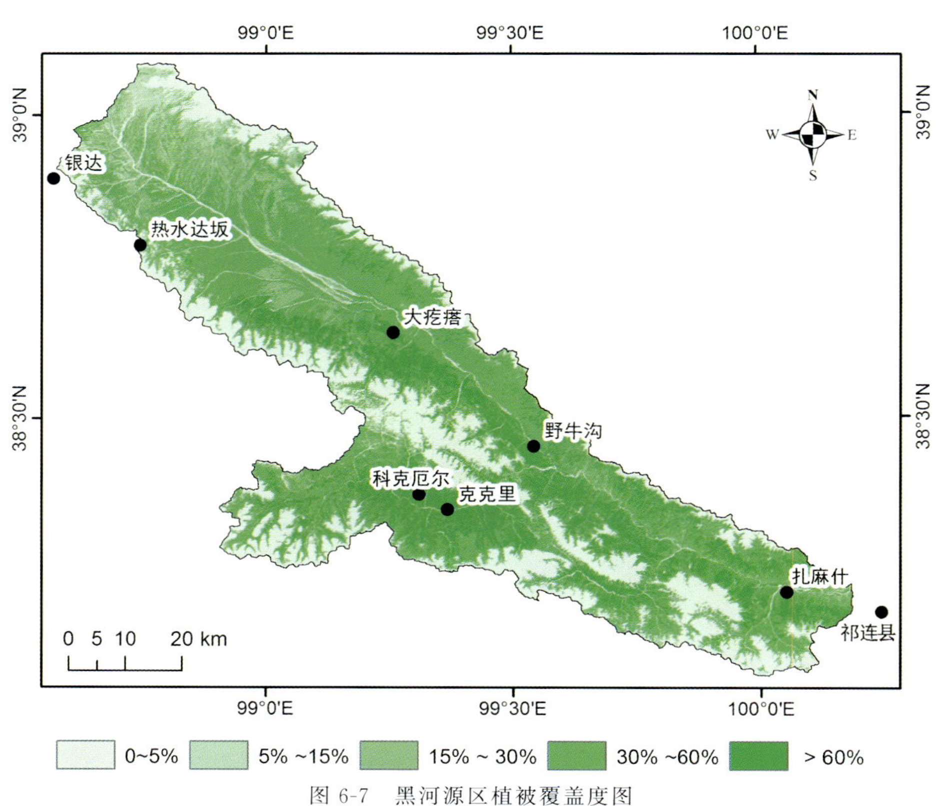

图 6-7　黑河源区植被覆盖度图

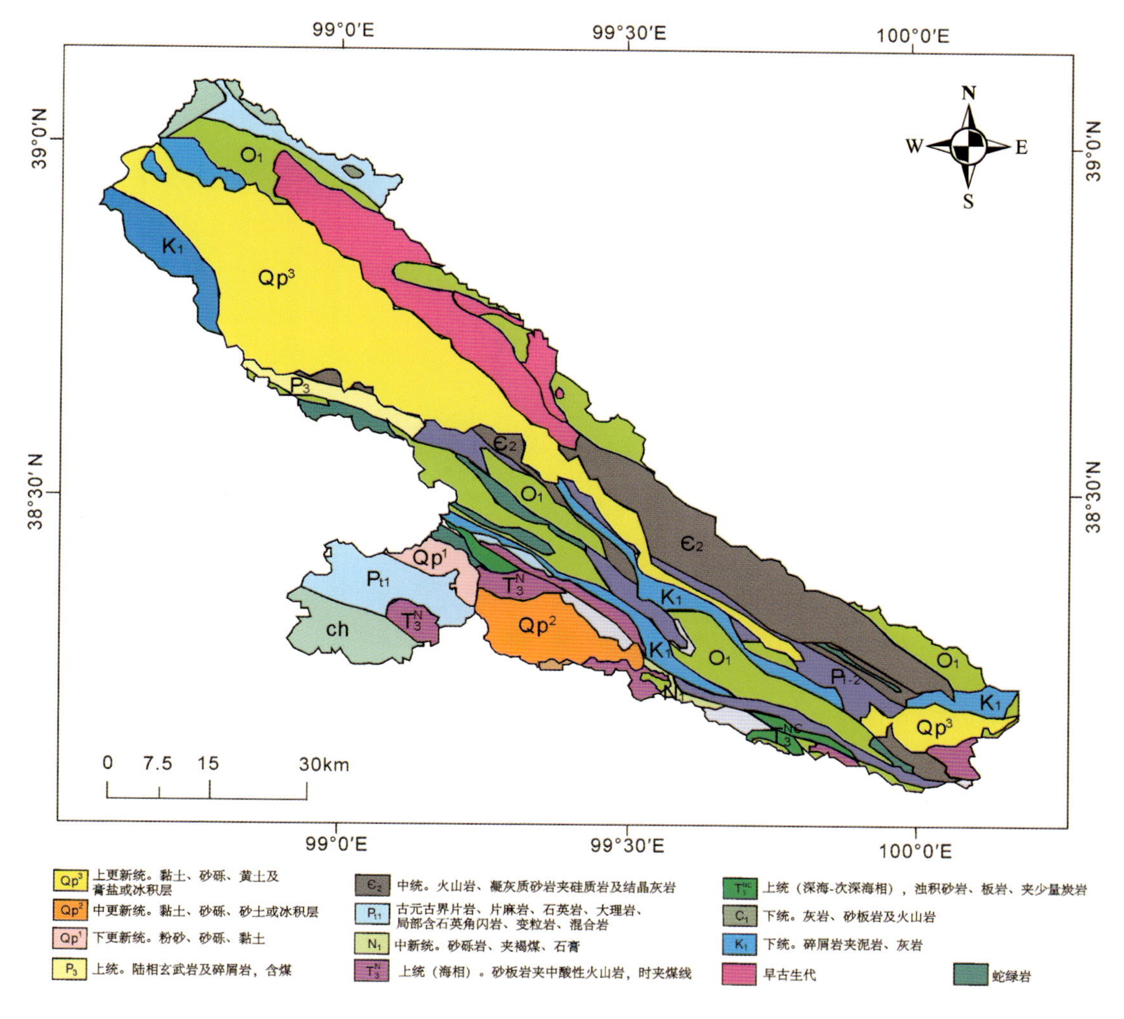

图 6-8　黑河源区地层岩性分布图

根据综合指数评价模型得出单元评价总分，利用 ArcGIS 软件对单元评价值进行统计分析，最后得到青海省祁连县黑河源区矿产资源开发地质环境承载力结果，如图 6-10 所示。

按照评价指标的分级标准以及评价的数学模型，水土环境承载力的评价结果是一个具体的数值，将其分为 5 个级别：弱（0～1 分）、较弱（1～2 分）、适中（2～3 分）、较强（3～4 分）、强（4～5 分）。经计算和评价，黑河源区内没有出现弱以及强这两个级别，承载力相对较弱的区域主要分布于高海拔的冰川，尤其是流域分水岭附近，合计面积约 359.17km²，占研究区总面积 5037.38km² 的 7.13%。这些区域海拔高，地形坡度起伏大，地貌类型以裸地、砾石和基岩为主，年平均气温低，植被、土壤和微生物群落不活跃，且时常有多年冻土发育，地表水和地下水流动不频繁。这种环境系统是极其脆弱的，如在这种区域进行矿产资源的开发，水土环境和生态系统将被严重破坏，这将对小流域下游及整个黑河源区产生不可逆的深远影响。随着海拔的降低，地势逐渐趋于平坦，冻土逐渐消退、土壤层逐渐增厚，植被类型和覆盖度逐渐丰富，地表水和地下水的径流、交替和更新速率增大，承载力则随之升高。黑河源区内大部分区域水土环境承载力相对较强，主要分布于海拔相对比较低、坡度较缓的中低山、丘陵区、河谷地带以及平原地区。经统计，黑河源区水土环境承载力较弱的区域面积为 359.17km²，占研究区总面积的 7.13%；承载力适中的区域面积达 1408.45km²，占研究区总面积的 27.96%；承载力较强的区域面积有 3269.76km²，占 64.91%（表 6-24）。

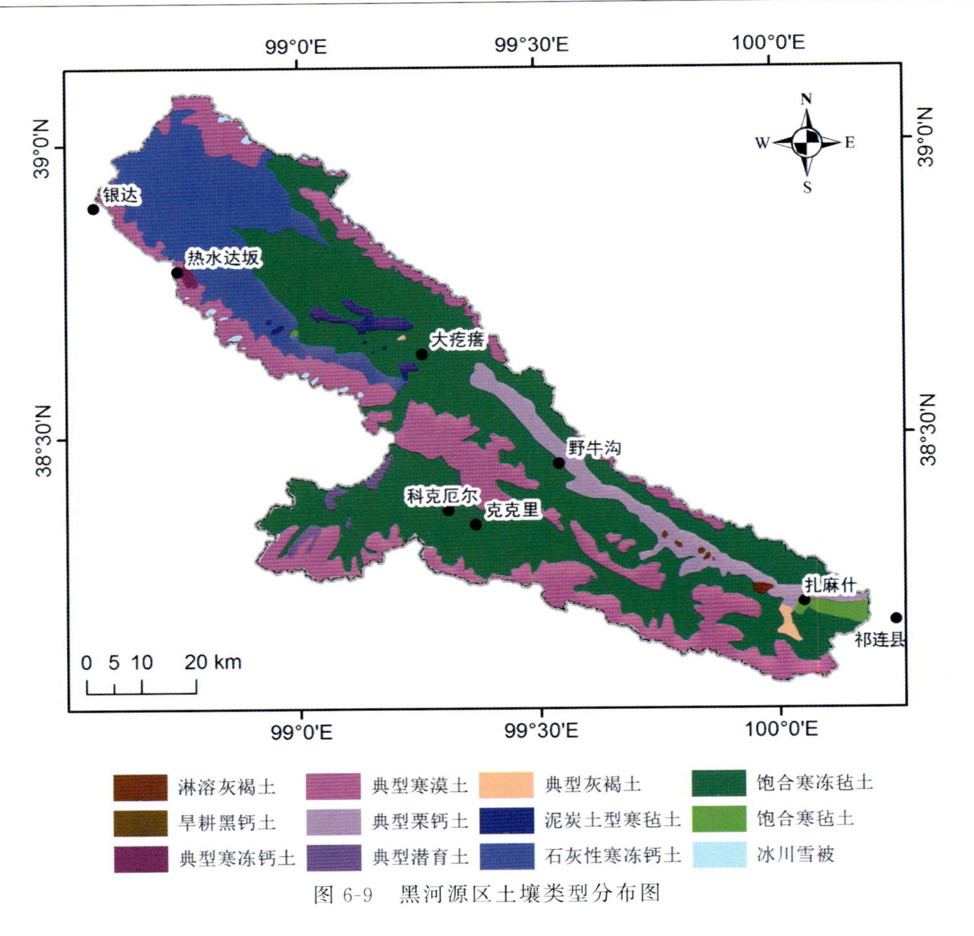

图 6-9　黑河源区土壤类型分布图

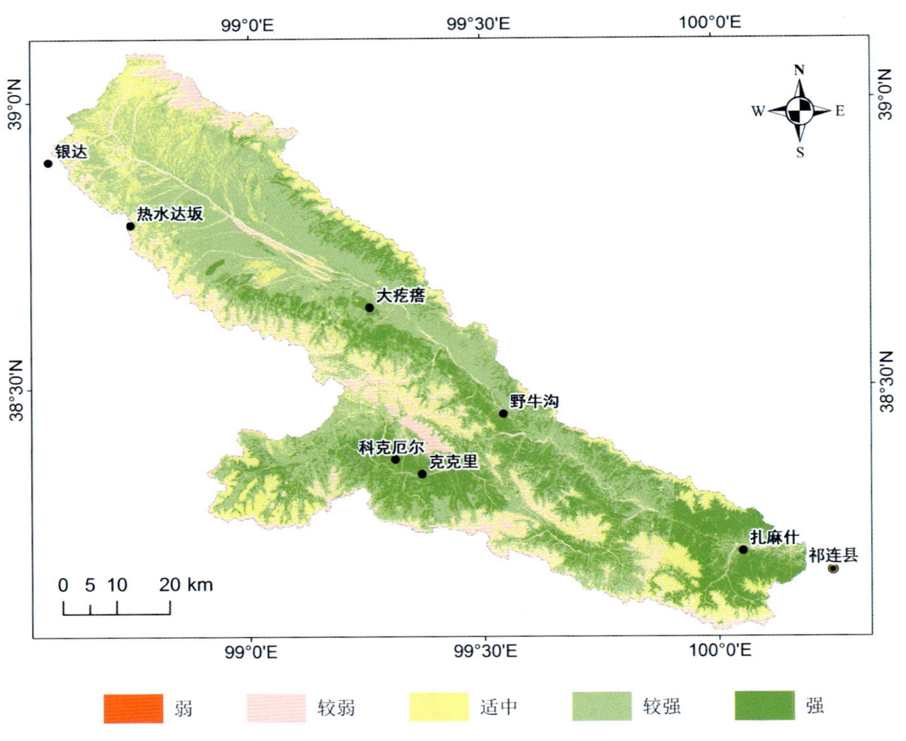

图 6-10　黑河源区矿产资源开发地质环境承载力评价结果

表 6-24 黑河源区矿产资源开发地质环境承载力评价结果统计表

得分	承载能力	面积(km^2)	面积百分数(%)
0～1	弱	0	0
1～2	较弱	359.17	7.13
2～3	适中	1408.45	27.96
3～4	较强	3269.76	64.91
4～5	强	0	0

第五节 木里煤田聚乎更矿区评价结果及分析

一、评价区概况

(一)交通区位

青海省木里煤田矿区位于青海省海西州天峻县、海北州刚察县境内,其地理坐标为东经 98°59′—99°37′36″,北纬 38°10′—38°01′59″,该矿区由江仓区、聚乎更区、弧山区和哆嗦贡马区共 4 个区组成,矿区属丘陵平原地形,地势总体上呈东南低、西北高的趋势,位于矿区东南端的江仓区海拔标高为 3750～3950m。位于矿区西北部的聚乎更区海拔标高为 4000～4200m(图 6-11)。

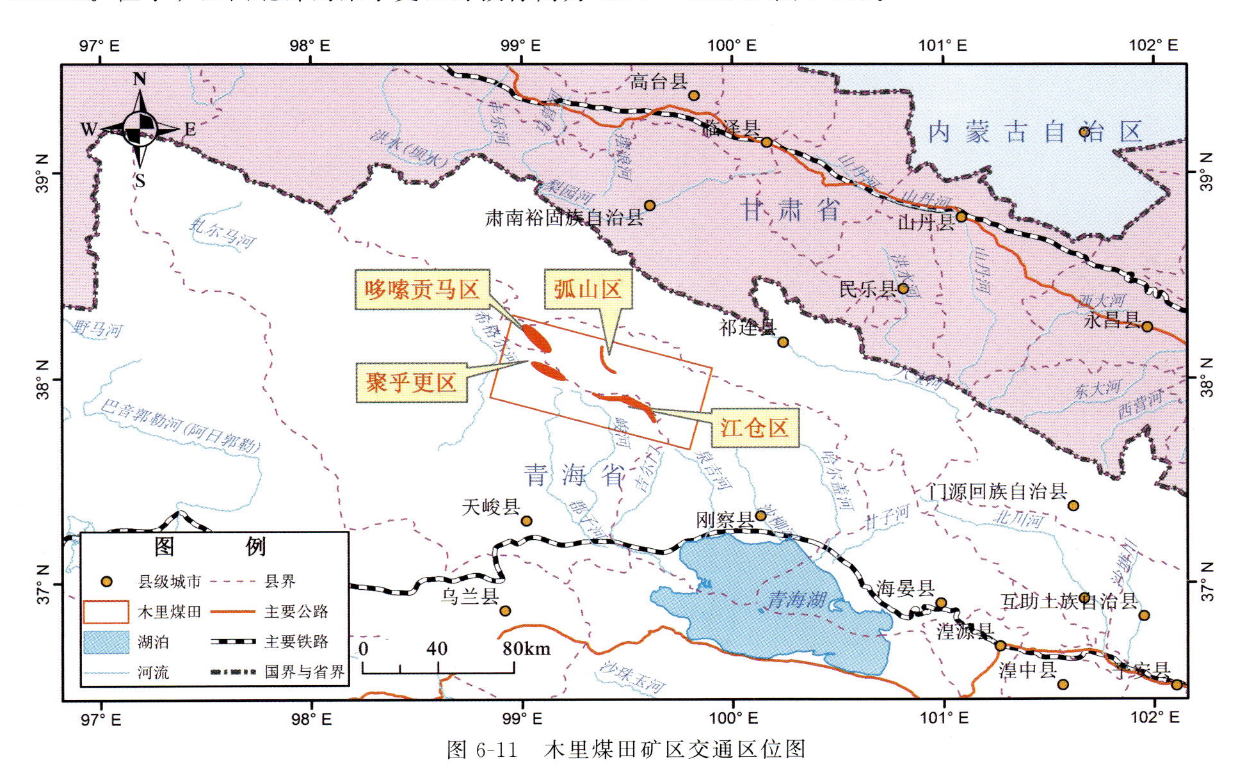

图 6-11 木里煤田矿区交通区位图

木里煤田呈北西向条带状展布。煤田东西长 50km，南北宽 8km，总面积约 400km²，资源储量 35.4 亿 t。矿区范围：东起江仓区东端，西至哆嗦贡马区西端，南北分别为聚乎更区和弧山区的最南北两端。江仓区东西走向长 25km，南北宽 2.5km，面积 55km²；聚乎更区走向长 19km，南北宽 4km，面积 76km²。

（二）地形地貌

矿区位于青海省东北部，中祁连山区的大通河流域的上游南岸，区内多为草原谷地，夏季沼泽遍布，由大小不等的鱼鳞状水坑和若干小湖泊所构成。

区内除上述沼泽遍布外，在山间冲积平原中发育有大通河、江仓河、娘姆吞河、上/下哆嗦河和克克赛河。河谷两侧发育有宽 50～700m 左右的一级冲积阶地，其河谷宽约 50～1000m。

一级阶地两侧至山麓为冰积冰水堆积地形，以冰积冰水堆积的二级阶地为主，日干山等局部分布有冰积台地，基座上覆为冰积泥砾层。

区内南北两侧的高山上冰蚀地形发育，在 3900～4100m 高程位置上发育有冰蚀台地，其上覆堆积物的表面向草原倾斜。台地一般都因后期洪水侵蚀被山谷隔开。

4100m 以上高山区，由于冰川作用，冰川谷横切山脊，山梁呈刃脊状，冰斗和角峰等冰蚀高山地貌形态遍布山顶。

该区气候严寒，10 月至次年 4 月为冰冻期，区内广赋多年冰土，冻土（岩）厚度为 50～90m 左右，最大融化深度小于 3m。

（三）地层岩性

本区属祁连地层区，中祁连分区，木里-热水地层小区。该区内出露地层有古元古界、寒武系、奥陶系、志留系、石炭系、二叠系、三叠系、侏罗系、白垩系、古近系和新近系。其中三叠系、侏罗系沉积保存完整，分布广泛。志留系为碳酸岩、碎屑岩建造，石炭系为海相、海陆交互相沉积建造。二叠系为海盆边缘相紫红色碎屑岩建造。三叠系遍布中祁连，中下统为海相、海陆交互相沉积建造，上统以陆相碎屑岩建造为主，夹有海相灰岩薄层。侏罗系中下统为陆相山间盆地型，以湖相为主含煤建造，上统主要为湖相细碎屑岩建造。古近系为干旱内陆盆地碎屑岩建造。新近系遍布全区，为冰川、冰水堆积及现代冲积物。

（四）地质构造

本区属祁连加里东褶皱系之中祁连中间隆起带，南北两侧分别为南祁连冒地槽褶皱带、北祁连加里东优地槽褶皱带，主构造方向呈北西-南东向展布。

石炭纪以来，该区下降接受沉积，主要以潟湖相、海陆交互相为主，逐渐发展为河湖相为主体的一套碎屑岩建造地层，二叠纪末抬升。三叠纪以来再次下降，以浅海相逐渐演变为滨海相—潟湖相等的碎屑岩沉积，侏罗纪末抬升收敛，受历次沉降运行和沉降的不平衡，在山前或山间形成一系列北西西向的断陷盆地，为侏罗纪提供了含煤建造场所。这些盆地多沿袭老的不同单元接触带或不同方向断裂交汇部位发育，沿走向形成串珠状或藕状褶皱构造。盆地内沉积了陆相含煤碎屑岩，即为江仓区的含煤建造。受印支运动的控制，下侏罗统多不发育，中上侏罗统超覆不整合于下伏不同地层之上。地层的分布及展布形态受早期形成的构造格架的影响和限制。

在中祁连中间隆起带中，侏罗系以来的沉积盆地自西向东分布有疏勒复向斜坳陷盆地、木里（乡）-江仓-热水复向斜坳陷盆地、西宁穹隆构造，是青海省的主要聚煤带。受区域构造的影响，坳陷盆地内的主构造方向与区域内整个祁连山的方向大体一致，呈北西西-南东东向。坳陷于三叠纪开始形成，其基底为加里东褶皱。

木里(乡)-江仓-热水复向斜坳陷盆地为区域内聚煤坳陷带，是在大通、托莱两山间的地堑式空间不断下沉的结果，其褶皱形态为一复式向斜构造，轴向也与区域内整个祁连山的方向大体一致，呈北西西-南东东向。断裂多沿盆地边缘脆弱地带分布，另外该带还发育有时代较新且切割上述一切构造的北东向横切断层。

木里煤田位于大通河中新生代地堑式断陷带的西段，根据现发现的含煤地层的分布、岩石组合特征及含煤性，大体上分为北、中、南3个聚煤条带。北带自西向东分布有冬库煤矿点、默勒煤矿区；中带自西向东分布有弧山、阿仓河南煤矿点、江仓煤矿区；南带自西向东分布有哆嗦贡马、聚乎更、热水煤矿区。

由于印支运动和燕山运动使该区三叠纪、侏罗纪地层构成了向斜构造。各矿区多为复式向斜构造，整体上呈北西西向展布。一方面侏罗系平行不整合于上三叠统基底之上；另一方面受北西西-南东东西向断裂控制，超覆于古近系西宁群之上；同时，受北东向断裂影响，各煤矿区呈雁行状排列，显示出侏罗系聚煤坳陷呈雁行式波状展布的区域构造特征。

(五)气候水文

该区地处高寒地带，昼夜温差大，四季不分明，最低气温为−35.6℃，最高气温为19.8℃，年平均气温为−4.2℃。年平均降雨量为477.1mm，多集中在6、7、8月。年蒸发量1049.9mm。一年四季均多风，风力最大为1、2、3、4月，风向以正西或西南为主，最大风速大于40m/s，平均风速2.9m/s。该区气温较低，海拔较高，降雪量较大，存在永久冻土区，属典型的高山严寒气候。

江仓区地表水系有大通河、江仓河、娘姆吞河、阿子沟河及江仓1、2号泉。江仓河、娘姆吞河、阿子沟河靠大气降水和周围低山融冰水所补给，最后均汇于大通河。上述水源除大通河无动态观测与水质资料外，其余水质中均无铜、铅、锌、锰等重金属存在，水质完全符合饮用水标准。江仓河、娘姆吞河、阿子沟河在冬春季因冰结无水，大通河和江仓1、2号泉不受季节影响终年有水。

聚乎更区、弧山区、哆嗦贡马区地表水系主要为上下哆嗦河和努日寺沟，呈北东向斜切煤系地层，均源于大通山，向东至弧山，努日寺等地汇合注入大通河。该区之西段低凹平原地带，还有约2km² 面积的草格木日湖，这些河流湖泊于10月后开始冰结，至次年4月份开始解冰，由于水源依赖于大气降水及溶雪补给，其流量随季节而变化，每年的7、8、9月流量最大。

(六)矿产资源

木里煤田区域矿产资源蕴藏丰富，有煤、硫磺、石灰石、石棉、云母、石膏、冰洲石、芒硝、岩盐、高岭土、铅锌、铜、黄铁矿、金等，除煤、铅锌小规模开采外，其他尚未开采利用。

特别是区内的煤炭资源，储量丰富、煤层厚、煤质好、构造单一有规律，地表虽海拔较高，但地形较平坦，开采技术条件好。该矿区为青海省最大的煤矿区，其煤炭资源储量占全省总资源储量的8%，即35.4亿t，年产煤量规划将达810万t/a以上，远景规划1440万t/a。

二、评价结果

木里煤田所在区域属典型的高山严寒气候，年平均气温和年平均降雨这两个指标在区域内无空间差异性，无细分必要。年平均气温(−4.2℃)和年平均降雨(477.1mm)按照评价指标量化分级的一般标准(表 6-10),分别列为四级(2 分)和三级(3 分)。区内主要出露的是石炭-二叠-三叠系的一套灰岩夹砾岩、砂页岩、泥质粉砂岩和板岩,局部地区出露有奥陶系的中基性火山岩,整体可判定为"岩石破碎,结构不完整",列为三级(3 分)。

地形坡度、土地利用类型、植被覆盖度和土壤类型按照前文介绍的数据获取和指标量化分级方法,分别绘制出单要素图件(图 6-12～图 6-15)。

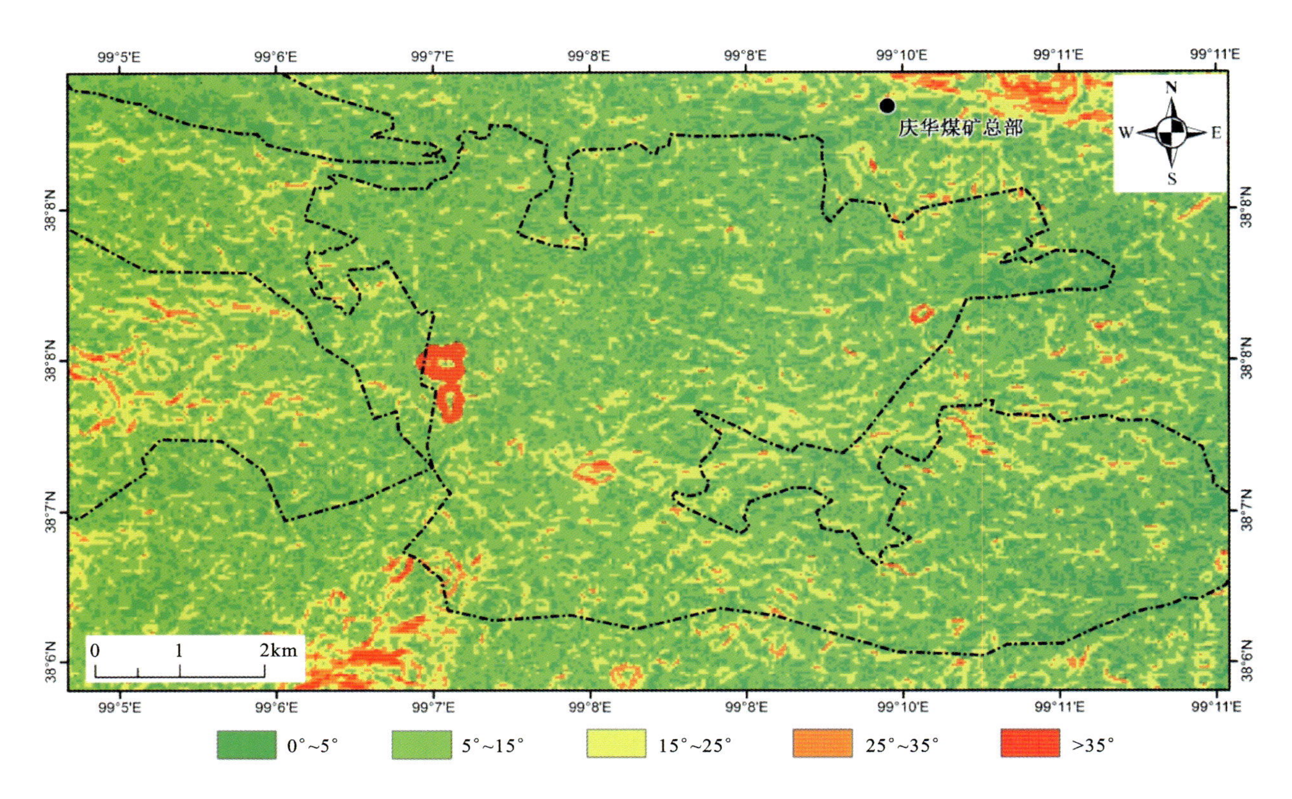

图 6-12　木里煤田聚乎更矿区地形坡度图

根据综合指数评价模型得出单元评价总分,利用 ArcGIS 软件对单元评价值进行统计分析,最后得到青海省天峻县木里煤田聚乎更矿区矿产资源开发地质环境承载力结果,如图 6-16 所示。

木里煤矿位于青海省祁连县与刚察县交界的大通河流域上游,多年平均气温－4.2℃,多年平均降雨约 477.1mm。本次评价主要针对聚乎更矿区展开,该矿区主要的土壤类型为泥炭沼泽土、高山草甸土,矿区出露的地层由老到新主要为三叠系上统(煤层下垫层)—侏罗系中下统(主要煤层)—第三系、第四系沉积物,以黏土为主。

评价区大面积分布露天采坑,区内主要的地质环境问题为土地压占、水土污染、生态环境的破坏,承载力较弱区占评价图总面积的 19%,主要分布在露天采坑区、废渣堆积区。废矿石的堆积会造成沼泽草甸的压占,含污染物废水随水淋滤到表层土壤后造成周围的土壤污染。

木里煤矿位于青海湖地质环境类型区,其生态环境问题最为关键。受矿区开采影响,植被覆盖度降低,沼泽草甸土减少,生态环境脆弱,加剧土地资源退化,地质环境承载力较弱。地质环境承载力较强的区域主要分布在周围的沼泽草甸区,受人为活动影响小。矿产资源露天开发主要的问题是对植被和土壤的破坏,以及矿山废石对土地的压占。作为青海省北部重要的产水区和主要补给区,还要注意矿业活动对水资源的污染问题。

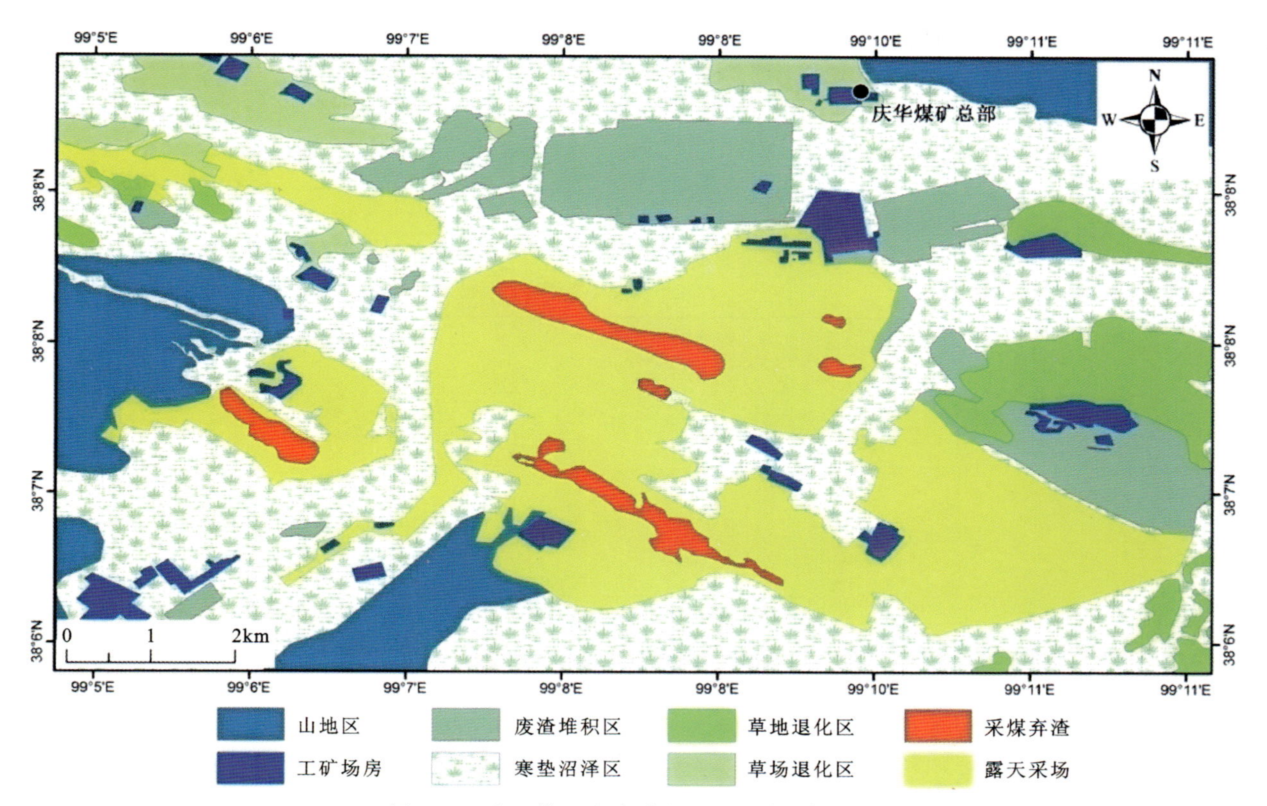

图 6-13　木里煤田聚乎更矿区土地利用类型图

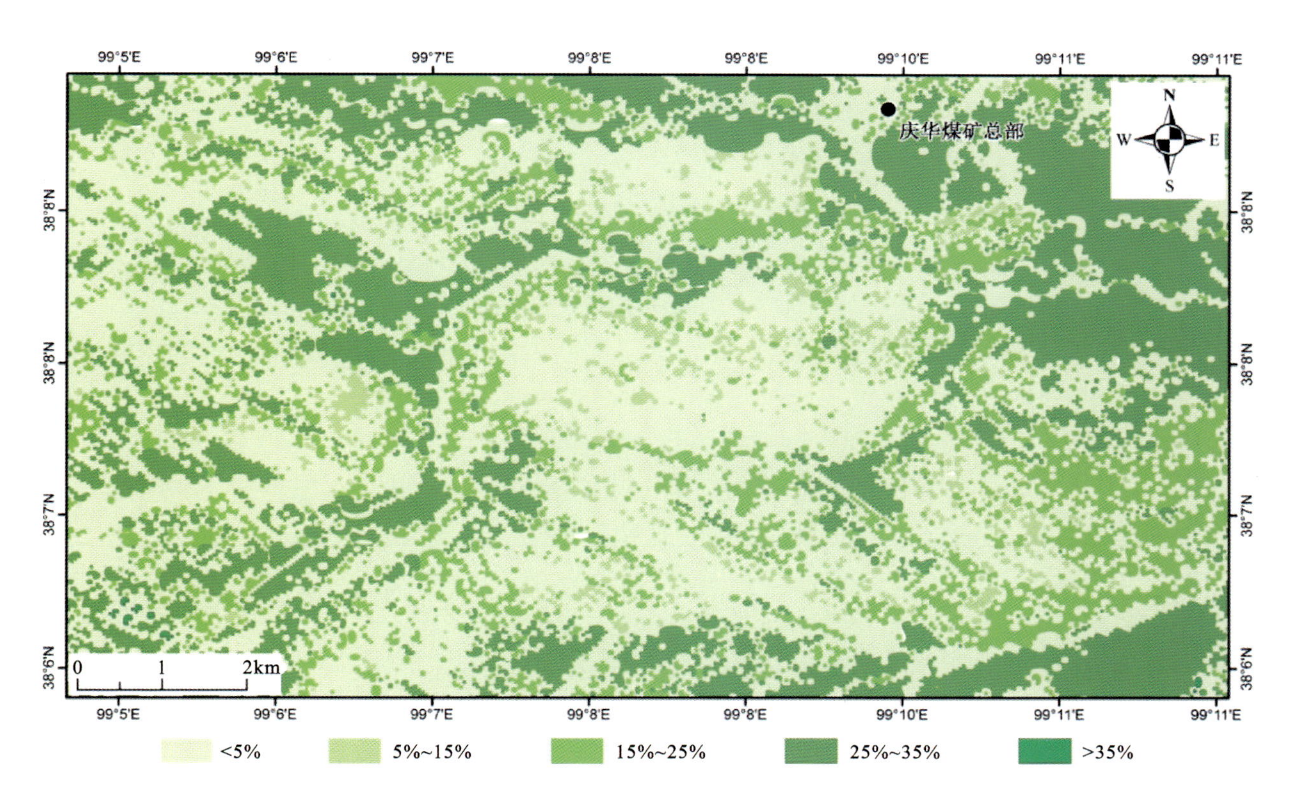

图 6-14　木里煤田聚乎更矿区植被覆盖度图

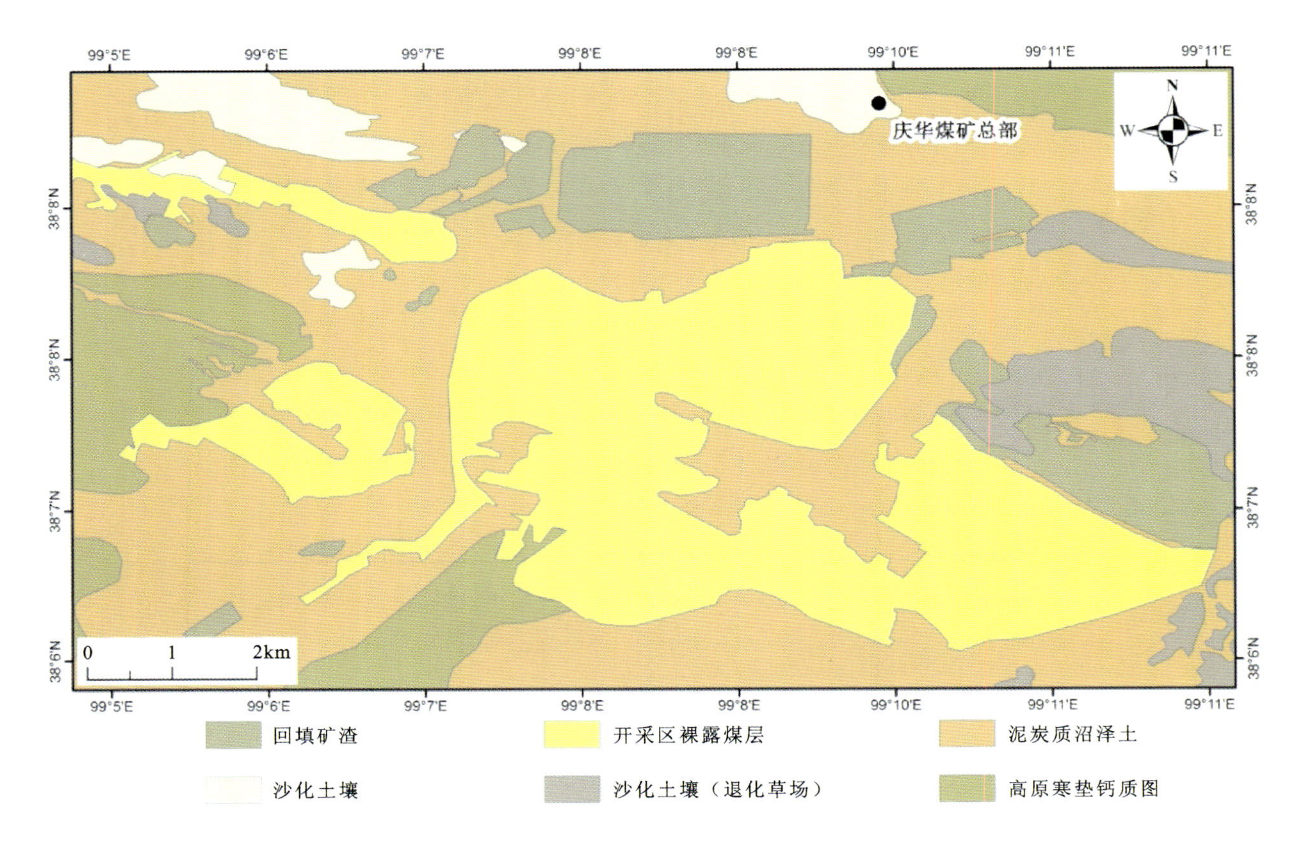

图 6-15　木里煤田聚乎更矿区土壤类型分布图

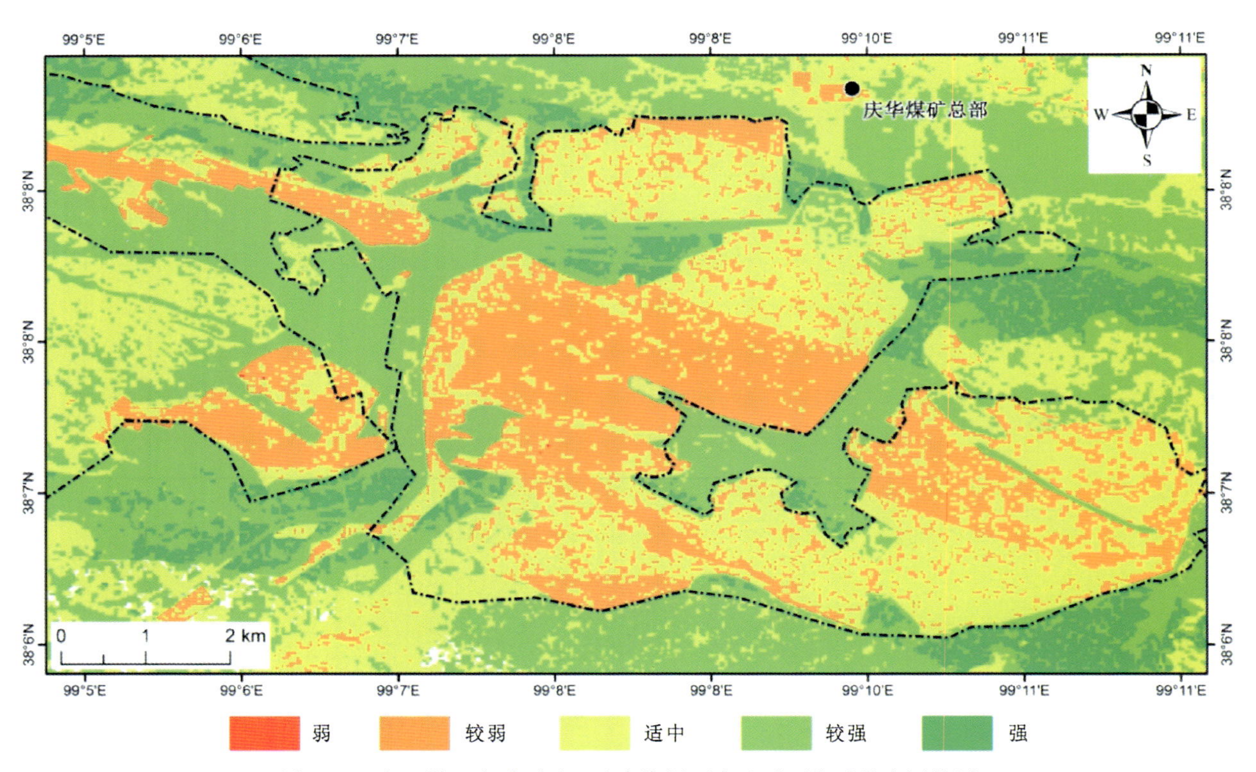

图 6-16　木里煤田聚乎更矿区矿产资源开发地质环境承载力评价图

第六节　大场金矿区评价结果及分析

一、评价区概况

（一）交通区位

大场金(铺)矿区位于玉树州曲麻莱县麻多乡大场一带，矿田的中东部，地理坐标为东经 96°15′28″，北讳 35°17′40″。由格尔木市、玛多县城和曲麻莱县城均有便道通至矿区(图 6-17)。

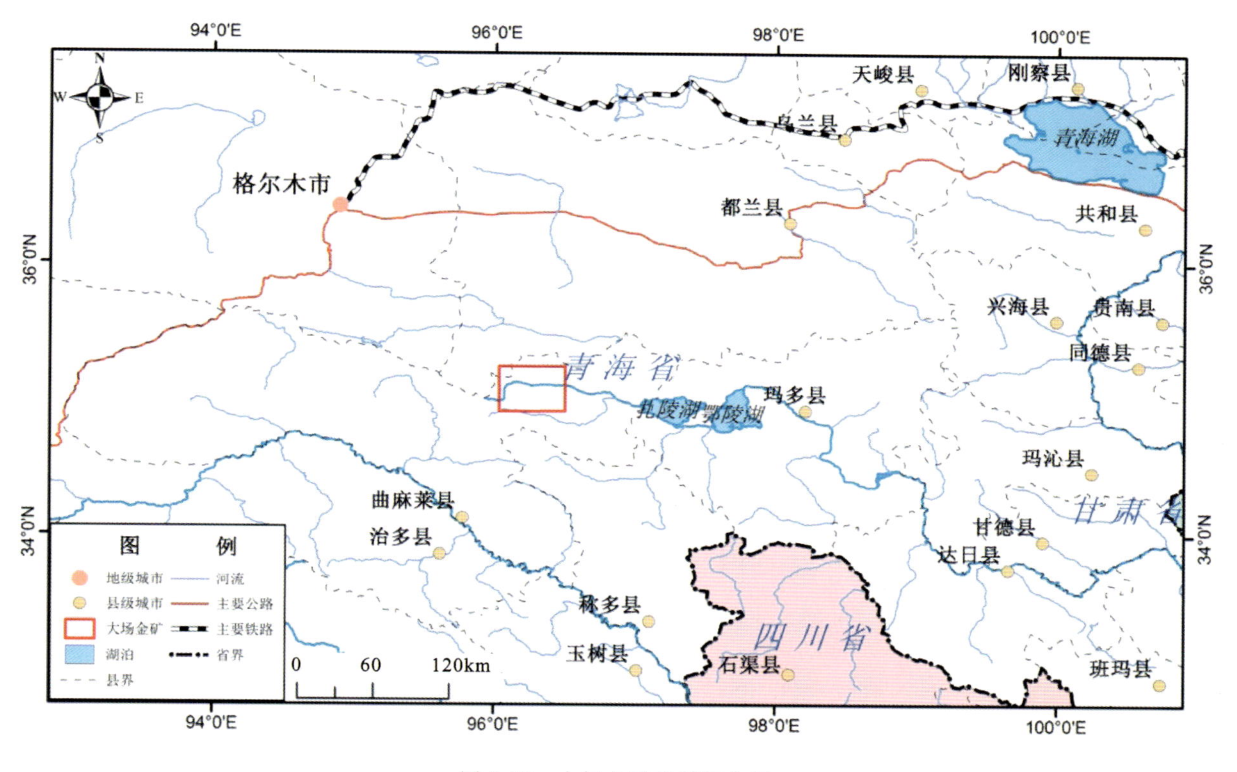

图 6-17　大场金矿交通区位图

（二）地形地貌

矿区处于黄河源区，整体属于高海拔河源平原、丘陵区，区内地势呈西高东低、北高南低的势态，切割起伏不大，谷地海拔高程 4400～4600m，丘陵山体海拔 4700～5000m，相对高差为 300～500m。基岩露头较差，一般风成黄土覆盖 1～2m，最厚达 5m 左右，在黄土层下为残坡积物，厚 2～4m。

（三）地层岩性

矿区出露地层主要是三叠纪巴颜喀拉山群砂岩板岩组，其次为石炭纪—中二叠世布青山群(CP_2B)。

1. 石炭纪—中二叠世布青山群(CP_2B)

本区石炭纪—中二叠世布青山群(CP_2B)分布于矿区北东部，断续沿玛多-甘德区域性断裂呈断块状分布。岩性主要为中基性火山岩和碳酸盐岩。进一步划分为火山岩段和碳酸盐岩段，火山岩与灰岩、大理岩呈断块出现，与周围三叠纪地层呈断层接触。火山岩段主要为灰绿色全青磐岩化安山岩、灰绿色全青磐岩化玄武岩等，局部变质为灰绿色石英泥石片岩，次为灰紫色凝灰岩，碳酸盐岩段以灰色—深灰色、玫瑰色大理岩、灰白色条带状大理岩、碎屑灰岩为主，火山岩与大理岩、灰岩呈相互消长的关系，彼此构造界面接触。

2. 三叠纪巴颜卡拉群

三叠纪地层为矿区内主体地层，分布广泛，主要为早、中三叠世地层，为砂泥质复理石-类复理石沉积，岩性简单，颜色单调的浅变质岩系，普遍发生低绿片岩相变质作用，为半深海-深海池流沉积环境。根据岩性组合、接触关系、岩性、岩相特点、生物化石特征及岩石建造，将区内三叠纪地层划分为早三叠世昌马河组上段(T_1c^2)及中三叠世甘叠组(T_2g)。三叠纪地层主要为早三叠世昌马河组上段(T_1C^2)，分布面积大，也是区内主要赋矿地层，在其两侧尚分布有少量中三叠世甘德组(T_2g)砂岩夹板岩。

3. 第四纪地层

矿区内第四系较为发育，主要分布于各河谷及山间沟谷地带，其时代为晚更新世及全新世，成因类型有冲洪积、冲积、风积、沼泽堆积等。其中分布于现代河床、河漫滩及沟谷山前沟口等地带的冲积层(Qh^{al})堆积物中砂金资源丰富。

(四)地质构造

矿区主体构造为北西-南东向，玛多-甘德深大断裂在矿区北东部通过，受其影响，两侧地层中次级羽毛状断裂构造及槽皱构造比较发育。主断裂以及由其衍生的次级断裂走向为北西-南东向，为脆韧性逆断裂，走向110°～290°，多倾向南西，倾角40°～60°，是矿区主要的控矿构造。含矿破碎蚀变带宽1～20m，长多大于1km，在走向和倾向上表现为舒缓波状，构造带内碎裂岩化粉砂质板岩、碎裂岩化泥质板岩、碎裂岩、糜棱岩、糜棱岩化碎裂岩、断层泥等发育，并分布有透镜状、细脉状、网脉状石英脉。破碎程度从断裂中心向两侧逐渐减弱，依次为糜棱岩→糜棱岩化碎裂岩→断层泥→碎裂岩→碎裂岩化、砂岩、板岩→围岩；金矿化出现在具较强硅化、黄铁矿化、毒砂矿化部位。矿区内的北东-南西向平移断层，属成矿后断裂，对矿体起破坏作用。褶皱构造以复式褶皱为主，一般规模不大，轴向与区域性构造线方向一致，沿背斜轴部及两翼常形成断裂-裂隙系统。

(五)气候水文

矿区位于中纬度高海拔区，属高山冰缘型大陆严寒气候，故全年没有无霜期，冰冻期长，无四季之分，只有寒暖两季。因地势较坦阔致使狂风肆虐，沙暴时袭，并有雹雪雷雨天气，年平均气温－3.3℃，最高气温22℃，最低气温－22℃，温差较大。每年6～9月为多雨季节，年平均降雨在380～470mm之间，最大降雨量可达514mm。每年10月至次年5月为冰冻期，最大降雪量为220mm。每年1～3月为风季，最大风力超过9级。高寒缺氧、空气稀薄；研究区东部属高原大陆性气候，冰冻期长达8个月。冰冻期平均气温在－6℃，暖季平均气温10～20 ℃。

矿区地处黄河流域，沿黄河主河道两侧水系较发育，区内西部分布众多淡水湖泊，河流多为季节河流；东部河流发育，水量充沛，雨季常有洪水泛滥。

（六）植被覆盖

矿区植被稀疏，4700m 海拔以上基本为基岩裸露区或基岩风化残积物分布区，植被少见；4700m 以下属高原草甸区，有低矮草本植物生长，是区内的主要牧场。4500m 以下的湖缘地带及沼泽区生长着以蒿草、钟茅、路蛇草等为主的茂盛草丛。东部 4800m 以上为山岳地带，基本为岩石裸露区，碎石流发育；4000～4800m 属于高原草甸区，是主要的夏季牧场地。

（七）矿产资源

曲麻莱是青藏高原上产金地区，采金历史悠久。其他矿藏也较丰富，如天然碱和岩盐。截至目前，该县已勘探的矿产地（包括矿床、矿点及矿化点）261 处。初步探明的矿种有：金、银、铁、铜、钼、铝、锌、锑、锂、盐、铍、铌、钽、镉、煤、泥炭、硫铁、食盐、芒硝、石膏 20 种。

矿区内沟谷一带砂金资源丰富，但在 20 世纪八九十年代大规模民采后，地表多已采空破坏。大场大型岩金矿床自青海省原地质四队发现后，经青海省地质调查院 2001 年至今的勘查，获得了重大进展，成为北巴颜喀拉地区金矿的重要富集区，现在由青海省第五地质矿产勘查院和加拿大 INTER－CITIC 公司联合进行勘查工作。

二、评价结果

大场金矿所在区域属高山冰缘型大陆严寒气候，年平均气温和年平均降雨这两个指标在区域内无空间差异性，无细分必要。年平均气温（－3.3℃）和年平均降雨（380～470mm）按照评价指标量化分级的一般标准（表 6-10），分别列为四级（2 分）和三级（3 分）。矿区主要出露的地层是三叠纪巴颜暗拉山群的砂岩板岩，其次为石炭纪－中二叠世布青山群的中基性火山岩和碳酸盐岩，另外区内第四系较为发育，综合判定为“岩石破碎，软弱结构面发育，岩土体不完整”，列四级（2 分）。

地形坡度、土地利用类型、植被覆盖度和土壤类型按照前文介绍的数据获取和指标量化分级方法，分别绘制出单要素图件（图 6-18～图 6-21）。

根据综合指数评价模型得出单元评价总分，利用 ArcGIS 软件对单元评价值进行统计分析，最后得到青海省曲麻莱县大场金矿区矿产资源开发地质环境承载力结果，如图 6-22 所示。

大场金矿区位于青海省曲麻莱县，地处三江源腹地，年平均气温－3.3℃，多年平均降雨 380～470mm，生态环境极其脆弱，水土荒漠化、水土流失严重，槽探主要是通过破坏地表植被的方式影响该区的生态环境。承载力较低的区域主要分布在槽探施工区，尤其河道附近，主要是受两方面影响，探矿作业对地表的破坏及探槽破坏。河道附近人类活动比较频繁，地质环境受损的程度更严重。

人类活动较少的河道沼泽区承载力相对较强，这里水源丰富，有富含腐殖质泥炭土，与周围的动植物构成大的生态系统，调节能力也更强一些。

大场金矿区位于三江源地质环境类型区，由于该区域物种多样性的特点，其生态系统调控能力强，评价区域地质环境承载力较强。矿区主要受开采引起的生态环境和地质环境问题影响，开采时应注意对土地资源的破坏和物种多样性的保护。

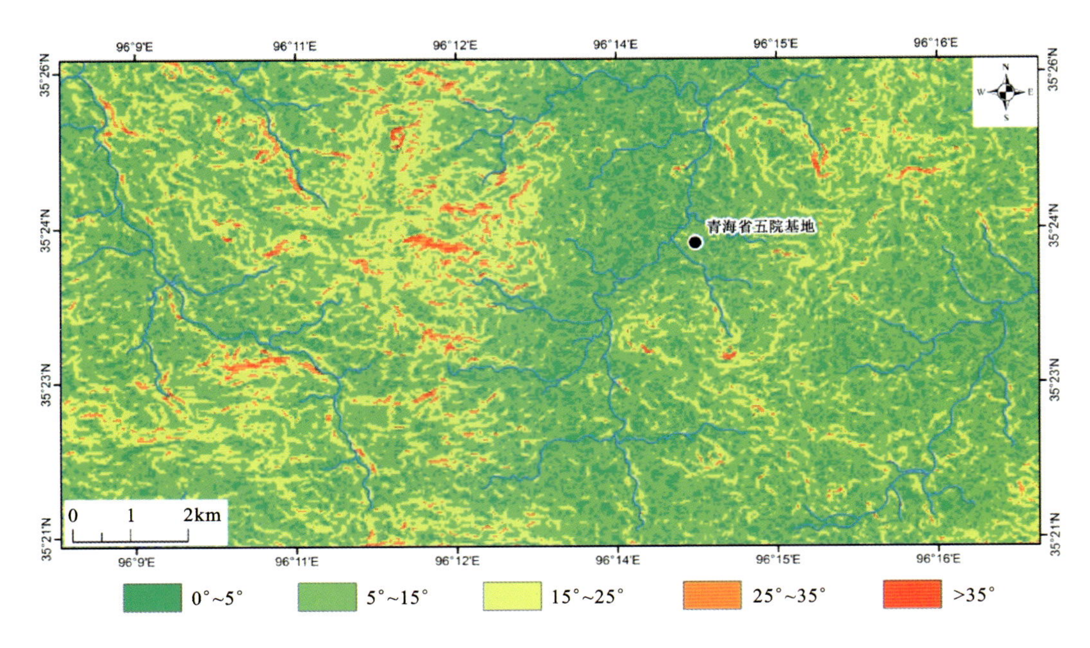

图 6-18　大场金矿区地形坡度图

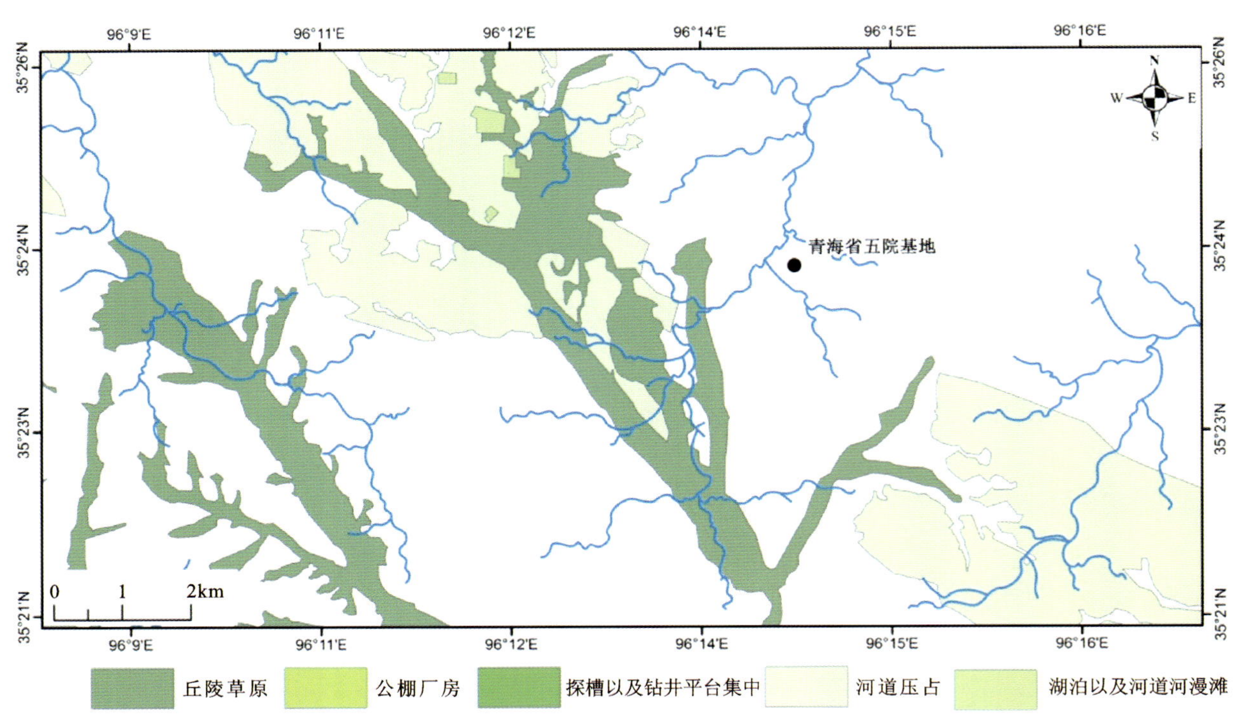

图 6-19　大场金矿区土地利用类型图

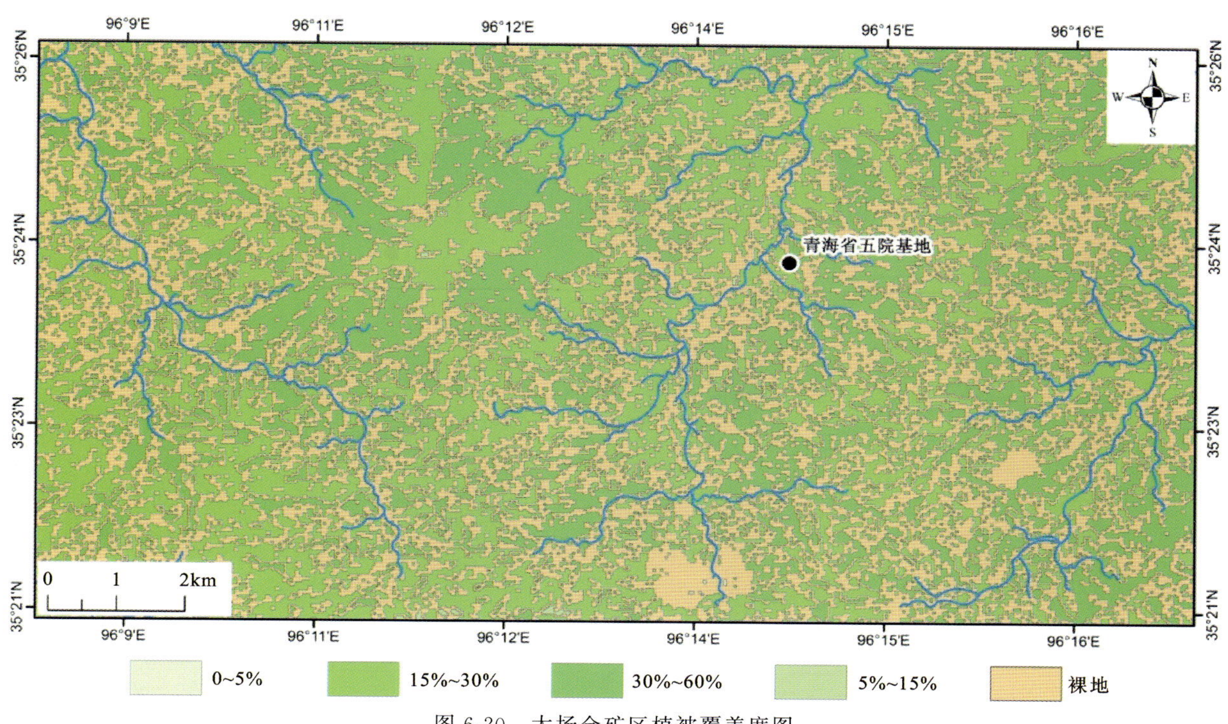

图 6-20　大场金矿区植被覆盖度图

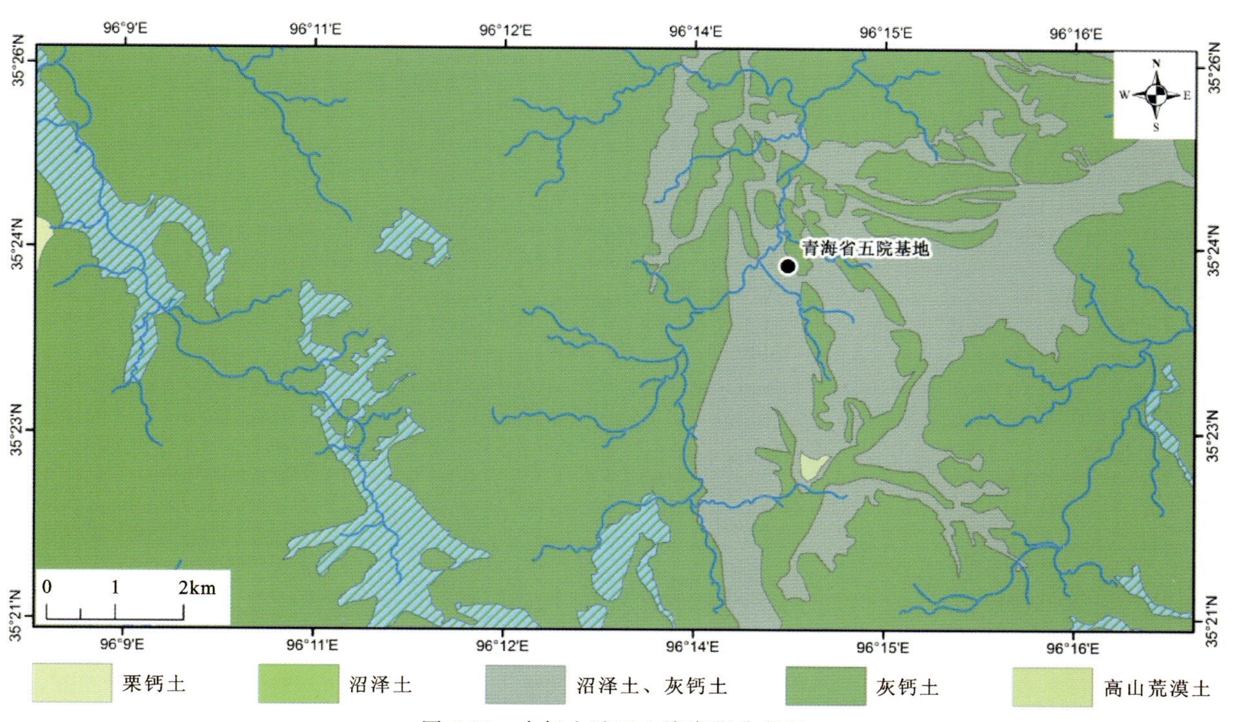

图 6-21　大场金矿区土壤类型分布图

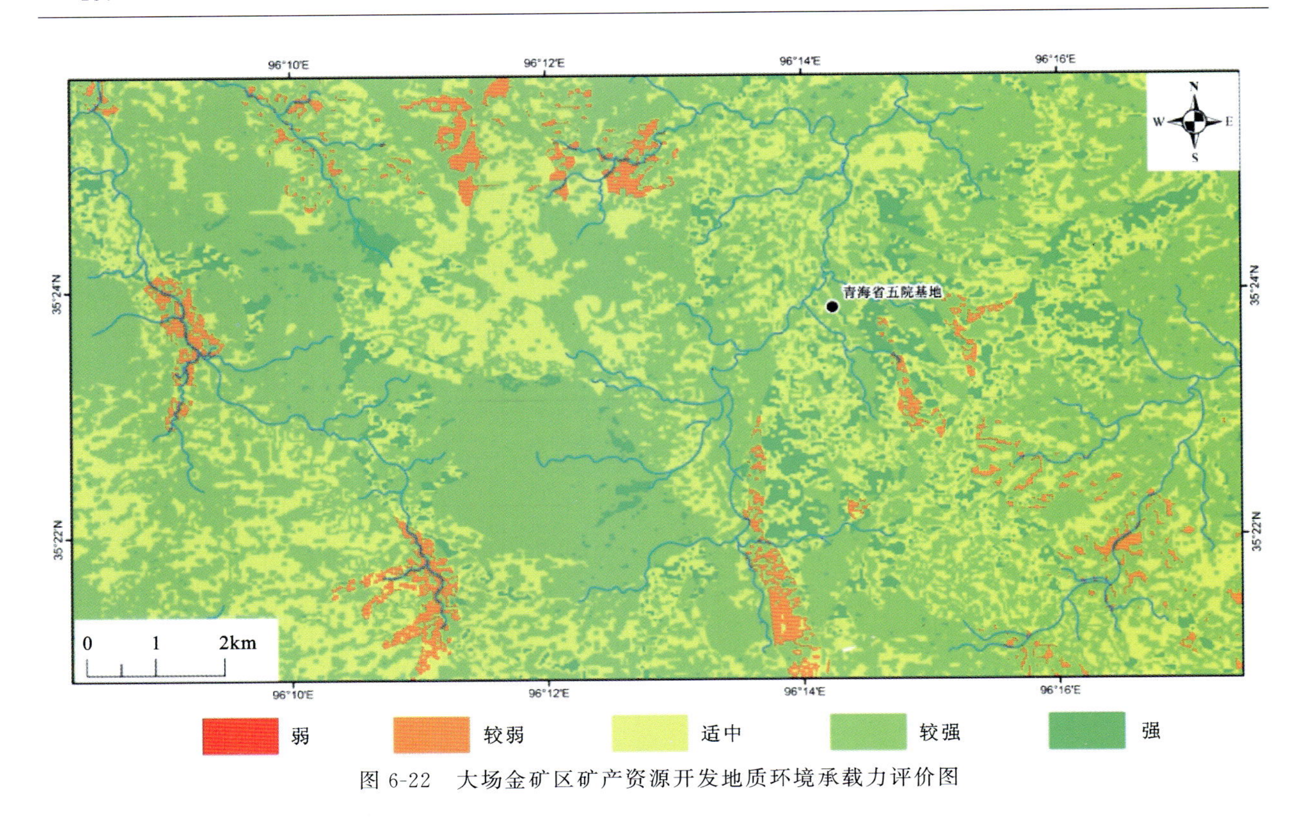

图 6-22　大场金矿区矿产资源开发地质环境承载力评价图

第七节　甲玛铜矿区评价结果及分析

一、评价区概况

（一）交通区位

甲玛铜多金属矿区位于青藏高原南部“一江两河”开发区中部，行政区划属拉萨市墨竹工卡县甲玛乡和斯布乡。

从甲玛矿区东段沿简易公路北行 21km 到川藏公路，西行 23km 至墨竹工卡县城，西行 68km 到拉萨市；从矿区中西段沿简易公路北行 15km 到川藏公路，西行 61km 至拉萨市区，东行 7km 至墨竹工卡县(图 6-23)。

（二）地形地貌

评价区位于青藏高原冈底斯山脉东段，海拔高、坡度大、相对高差大是工作区地形的三大特征。工作区内，地势总体为中间高两侧低，中部的吉才峰、加冬、红头山、铜铅山构成工作区内的分水岭，最高点位于甲玛沟上游的古拜果吉才峰，海拔为 5735.0m，两侧的沟谷沿分水岭呈梳状排列，最低点位于甲玛沟与塔龙普交口一带，海拔为 3900m 左右，相对高差约 1800m。区内山体地形坡度一般 30°～40°，最陡达 50°左右，局部沟谷受断裂构造影响形成高大陡崖。

评价区位于藏南高原区，地貌类型以高山构造剥蚀地貌为主，冰缘地貌、构造侵蚀-溶蚀地貌、侵蚀

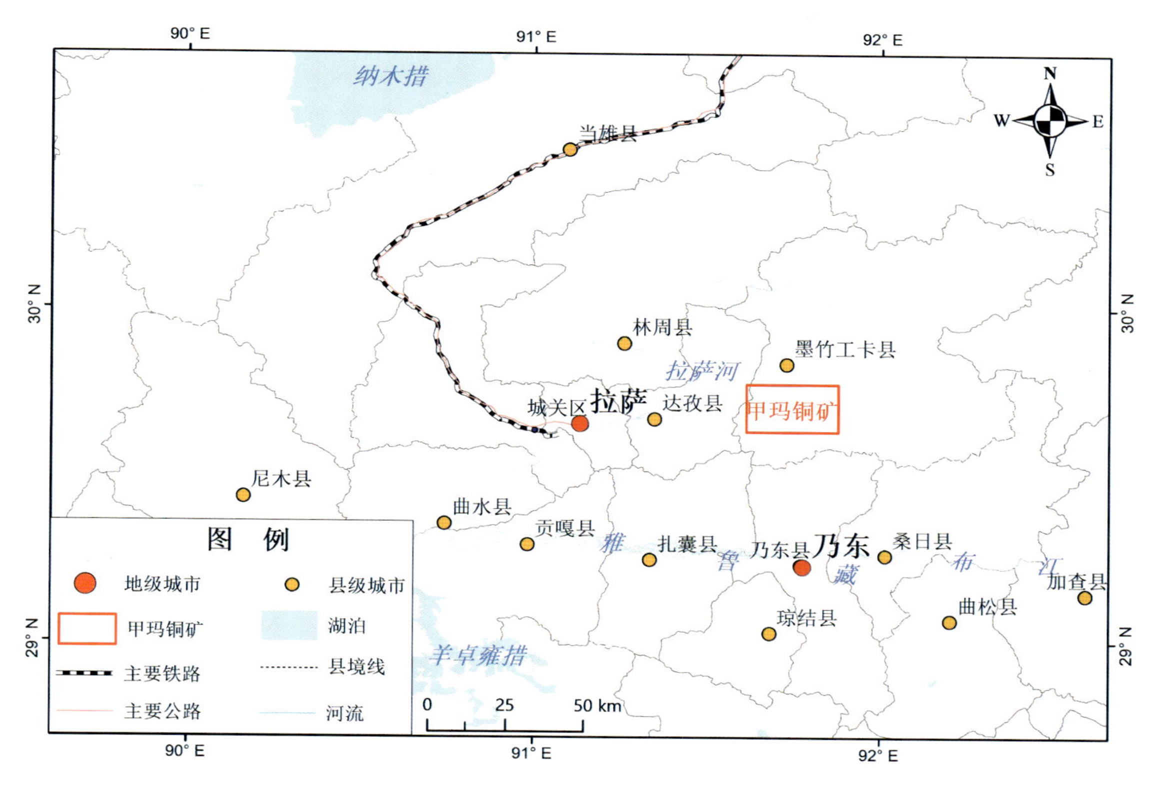

图 6-23　甲玛铜多金属矿交通区位图

堆积地貌次之。

高山构造剥蚀地貌分布于山地内，以高山为主，山高坡陡，山峦连绵起伏，地形切割强烈；冰缘地貌分布在各大支沟中，以不同时期的冰斗、角峰、悬谷、寒冻石流、冰围谷、冰蚀洼地等冰川地貌为主；构造侵蚀-溶蚀地貌主要分布于斯米沟、科朗、盘羊沟及灰普等沟谷内，因灰岩分布广，早期岩溶比较发育，溶洞、溶沟、溶槽、溶蚀裂隙等常见于山顶或山坡构造发育处；侵蚀堆积地貌主要分布于甲玛河和斯布普河河床及其两侧支沟沟口开阔地带，主要地貌类型有坡洪积扇、洪积扇、冲洪积阶地等。

（三）地层岩性

矿区地层出露有中侏罗统叶巴组(J_2y)和第四系松散堆积物(Q_4)。现在由老到新分述如下。

1. 叶巴组(J_2y)

叶巴组为地层主体，在评估区内沉积较为连续，其主体为一套以火山岩沉积为主的岩性组合，共划分为 4 段：

一段(J_2y^1)主要分布于矿区南侧的拉姆错堆和仓日拉一带，为一套火山碎屑岩沉积，以安山质晶屑凝灰岩、熔结晶屑凝灰岩为特征，厚度>796.54m。

二段(J_2y^2)在测区出露范围大，主要为一套喷溢相熔岩组合，以英安岩为主，与第一段呈断层接触，厚度>648.71m。

三段(J_2y^3)分布于测区北侧，基本为一套滨浅海泥砂质碎屑岩沉积，以泥砂质碎屑沉积岩为主，局部夹有少量的火山沉积碎屑岩（沉凝灰岩），与第二段呈断层接触，厚度>635.1m。

四段(J_2y^4)在测区内发育好，以安山质火山岩为主，下部为火山碎屑岩，上部则以熔岩为主，所见为安山岩，与第三段呈断层接触，厚度＞963.95m。

2. 第四系(Q)

测区内为高山地貌，第四系沉积在测区内分布较为局限，见于山沟河谷及两侧，呈条带状分布，仅发育有全新世沉积，分布面积 9.00km^2，占矿区面积的 21.4%。其成因类型主要为残坡积、冲洪积及冰碛。

残坡积(Q^{edl})：残积物广泛分布在山坡基岩风化层表面，岩性以碎石土为主，厚度一般 1～2m；坡积物主要分布在斜坡中下部，呈不规则条带状，岩性以碎、块石及砾砂为主，厚度一般在 5～20m 之间，地貌上形成坡积堆和坡积裙。

冲洪积(Q^{apl})：由流水作用形成，主要分布在沟谷中，呈条带状，冲沟沟口处多呈扇形、锥形等，规模一般较小；岩性主要为砂、砾、碎石土及漂石，一般无分选性，呈棱角状和次圆状，磨圆度较差，厚度一般小于 30m，地貌上形成山间河谷的河床及阶地，以及沟口冲积扇、冲积锥等。

冰碛(Q^{gl})：主要分布在高程 5000m 以上的沟谷中，由冰川作用形成，呈条带状、椭圆状和不规则环带状，岩性主要为大小悬殊的岩块与黏性土、砂砾混合组成，厚度可达 30m 以上，地貌上形成"U"形谷、湖泊、冰碛垅、冰积扇，以及现代沼泽和湿地。

(四)地质构造

甲玛斑岩铜钼矿床位于世界主要斑岩铜矿成矿域之一的特提斯-喜马拉雅成矿域的冈底斯 Cu、Mo、Pb、Zn、Au、Fe 成矿带，大地构造位于冈底斯-念青唐古拉板片次级构造单元冈底斯陆缘火山-岩浆弧之东段。

据 1∶25 万拉萨幅区域地质调查报告，冈底斯板片由北向南划分为措勤-纳木错初始弧间盆地、念青唐古拉弧背断隆、冈底斯陆缘火山-岩浆弧、雅鲁藏布江结合带等次级构造单元。这些构造单元总体均呈近东西向展布，不同时期形成的弧-弧(陆)碰撞结合带与不同时期形成的火山-岩浆弧呈条块状，构成了区域内复杂的大地构造基本格局。

(五)气象

区内气候属温带高原半干旱季风型气候，昼夜温差悬殊，空气稀薄，日照充足，干湿季节明显，夏季温和湿润，冬季寒冷干燥，气候多变，全年无绝对的无霜、雪月份。

墨竹工卡县气象站距矿区约 10km，根据县气象站观测资料：多年(1978—2011 年)平均气温 6.1℃，极端最高气温为 28.3℃，极端最低气温为－23.1℃；6—8 月月平均气温较高；11 月至次年 4 月，月平均温度较低，1 月份最低。多年(2001—2011 年)平均湿度 50%；最高湿度月份 7—8 月，平均湿度 86%；最低湿度月份 1—3 月，平均湿度 2%。多年(1978—2011 年)年平均降雨量 553.3mm，年最大降雨量 784.4mm(1990 年)，年最小降雨量 284.5mm(1983 年)，日最大降雨量 47.3mm(2002 年 8 月 19 日)。多年平均蒸发量 2132.0mm(1978—2011 年)。

(六)水文

调查区为拉萨河流域，主要水系为甲玛河及斯布普河。

甲玛河位于矿区西北部，流量 0.26～5.91m^3/s，河水主要来源于灰岩与凝灰岩接触带泉水排泄，东支流塔隆普汇水面积约 16km^2，在矿区北西 4219m 标高处汇集流入甲玛河，上游有塔隆普上游、夏工普、牛马塘 3 条支沟，均为季节性河流。根据以往勘探及本次调查资料，夏工普沟雨季流量 0.003～

0.83m³/s,枯水期沟谷干涸;牛马塘雨季流量0.003～0.581m³/s,枯水期沟谷干涸。

斯布普河位于矿区东南部,流量0.72～11.93m³/s,河水主要来源于灰岩与板岩接触带泉水排泄,北侧支流布朗沟汇水面积10km²,在4198.8m标高处汇入汇斯布普河,雨季最大流量0.245m³/s,枯水期干涸。南侧支流斯米沟雨季流量0.007～2.88m³/s(2012年5月至9月)。

各沟谷流量变化均与大气降水紧密相连,消涨极快,变化幅度较大,雨季流量成数倍、数十倍增大,无雨则流量骤减,甚至变成干沟,小支沟平时干涸,降雨时则形成暴流。矿区夏工普、布朗沟较高流量出现在6—9月,一般10月上旬开始出现冰岸,11月下旬至次年5月上旬因封冻大气降水减少而断流。

甲玛铜多金属矿区位于甲玛河、斯布普河和墨竹曲分水岭一带,三面散开的各沟谷平均纵坡降大于10%,这给地表水的径流创造了良好的条件。

(七)土壤植被

区内的土壤类型主要分布特征具有明显的垂直分带性,海拔5200m以上为高山寒漠土,海拔4500～5200m为高山草甸土,海拔4300～5200m为高山草原土,海拔4500～4050m为亚高山草甸土,海拔4000～4600m为亚高山草原土,海拔3800～4050m为山地灌丛草原土,海拔3800m以下分布有耕植土。

区内植被分布也具有垂直分带性,在海拔4000m以下,主要分布着以三刺草、喜马拉雅草沙蚕、白草为主的草原群落以及西藏狼牙刺、小角注花等组成的落叶灌丛;在山麓复沙地上分布有固沙草群落。海拔4000m以上,植被有小檗、绢毛蔷薇、锦鸡儿、绣线菊等亚高山灌丛和白草、丝颖针茅、长芒草、蒿属等草原群落,以及小嵩草草甸、香柏灌丛(阳坡)和杜鹃灌丛、鬼箭锦鸡儿灌丛等。

(八)矿产资源

甲玛铜矿为一隐伏—半隐伏斑岩型铜矿床。矿体主要分布于全岩矿化的(斑)岩体内及其接触带附近。全矿4600m标高以上计算的工业矿石为77 989.89万t,铜金属量370.25万t,另有低品位矿石109 930.87万t,铜金属量348.79万t,属于特大型斑岩铜矿床。矿石物质成分比较复杂,金属矿物以黄铁矿、黄铜矿为主,辉钼矿次之,再次是黝铜矿、自然铜、白铁矿、磁铁矿、赤铁矿、褐铁矿、孔雀石、蓝铜矿、铜蓝、斑铜矿、方铅矿、闪锌矿等;非金属矿物主要为石英、长石、黑云母、绢云母、绿泥石、方解石、硬石膏、石膏、高岭土等。估算推断的和预测的金属资源量(333+3341)铜705.13万t、伴生钼45.54万t、伴生银2318.45t,其中推断的金属资源量(333)铜317.61万t、伴生钼21.14万t、伴生银2318.45t,已达到超大型规模。

二、评价结果

甲玛铜矿所在区域属温带高原半干旱季风型气候,年平均气温和年平均降雨这两个指标在区域内无空间差异性,无细分必要。年平均气温(6.1℃)和年平均降雨(553.3mm)按照评价指标量化分级的一般标准(表6-10),分别列为三级(3分)和二级(4分)。矿区出露的地层主要是中侏罗统叶巴组一套以火山岩沉积为主的岩性组合,以及见于山沟河谷表层的第四系松散残坡积、冲洪积和冰碛物,总体来说“岩石较坚硬,结构较完整”,可列为二级(4分)。

地形坡度、土地利用类型、植被覆盖度和土壤类型按照前文介绍的数据获取和指标量化分级方法,分别绘制出单要素图件(图6-24～图6-27)。

根据综合指数评价模型得出单元评价总分,利用ArcGIS软件对单元评价值进行统计分析,最后得到青海省曲麻莱县大场金矿区矿产资源开发地质环境承载力结果,如图6-28所示。

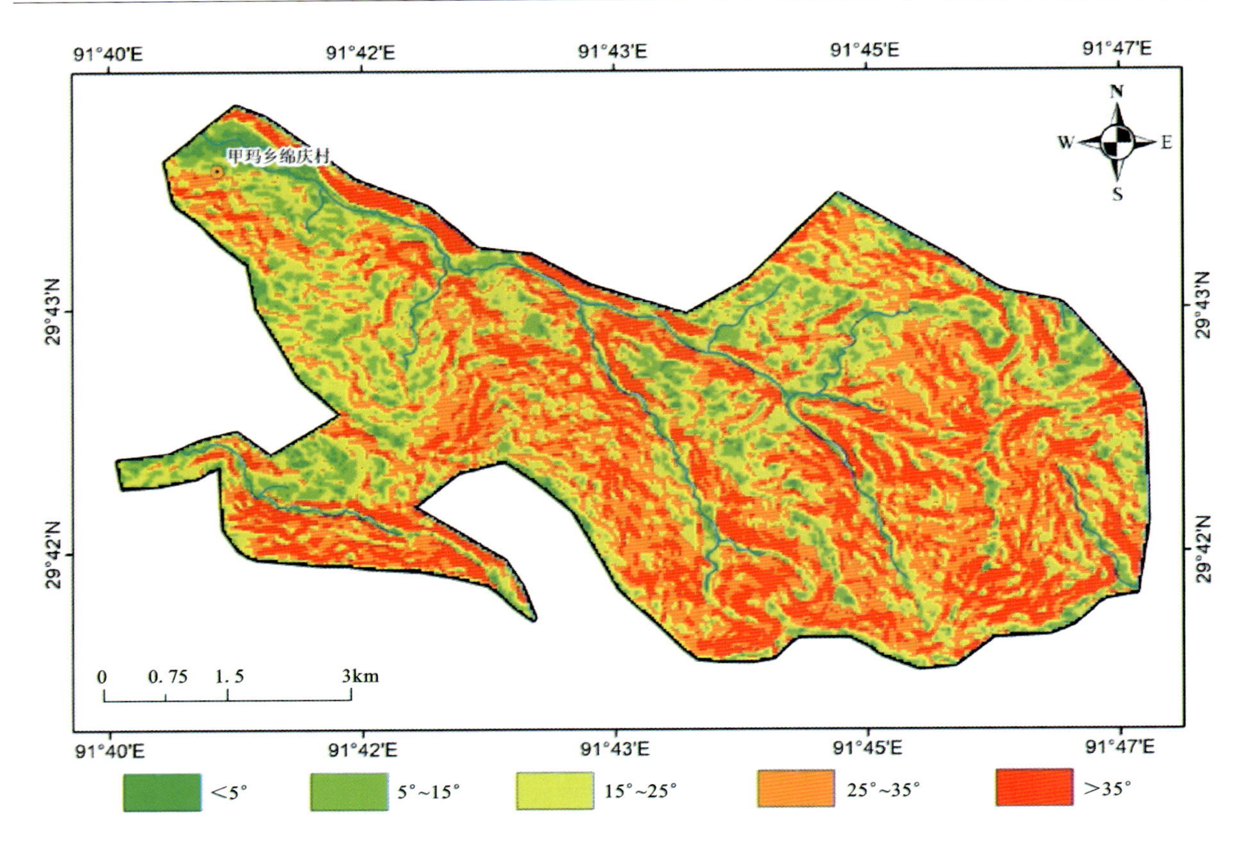

图 6-24　甲玛铜矿区地形坡度图

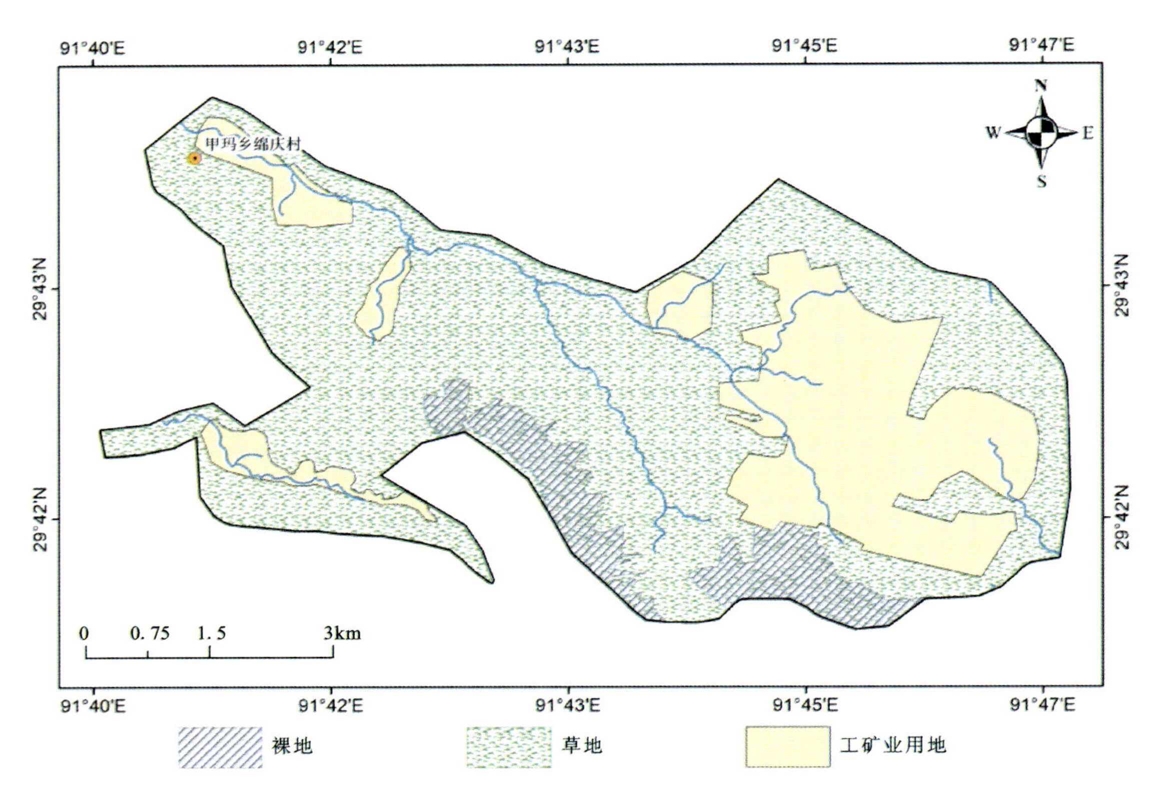

图 6-25　甲玛铜矿区土地利用类型图

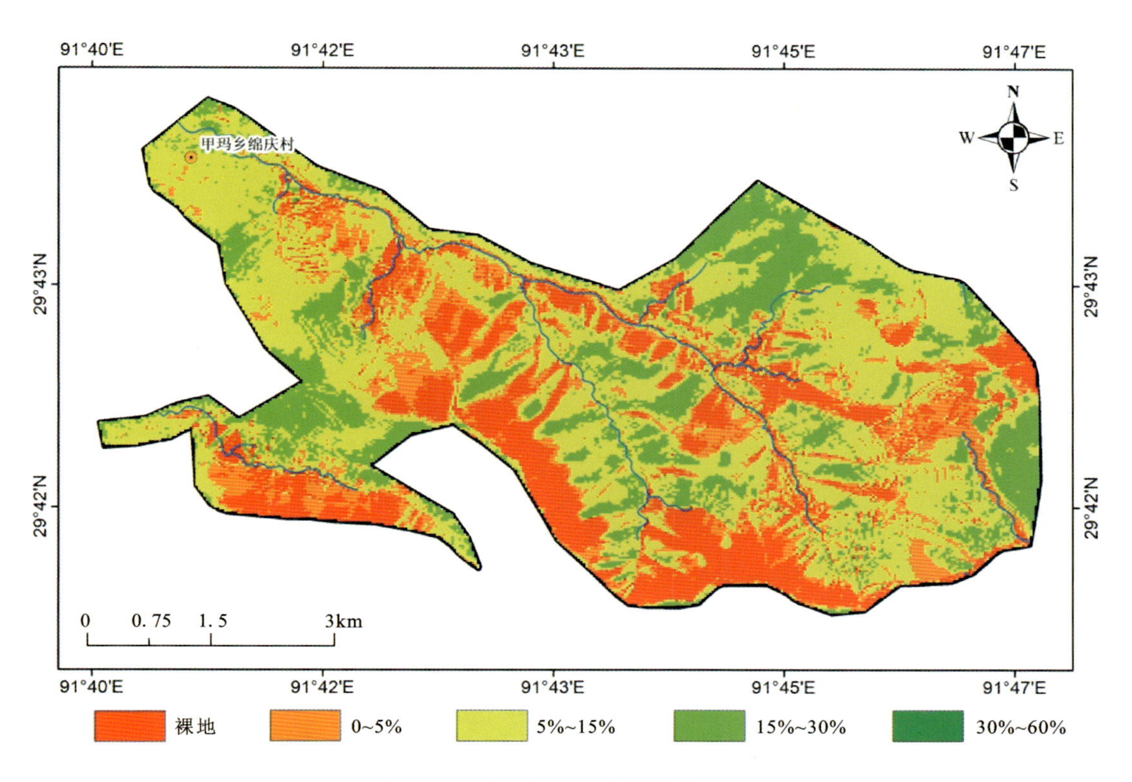

图 6-26 甲玛铜矿区植被覆盖度图

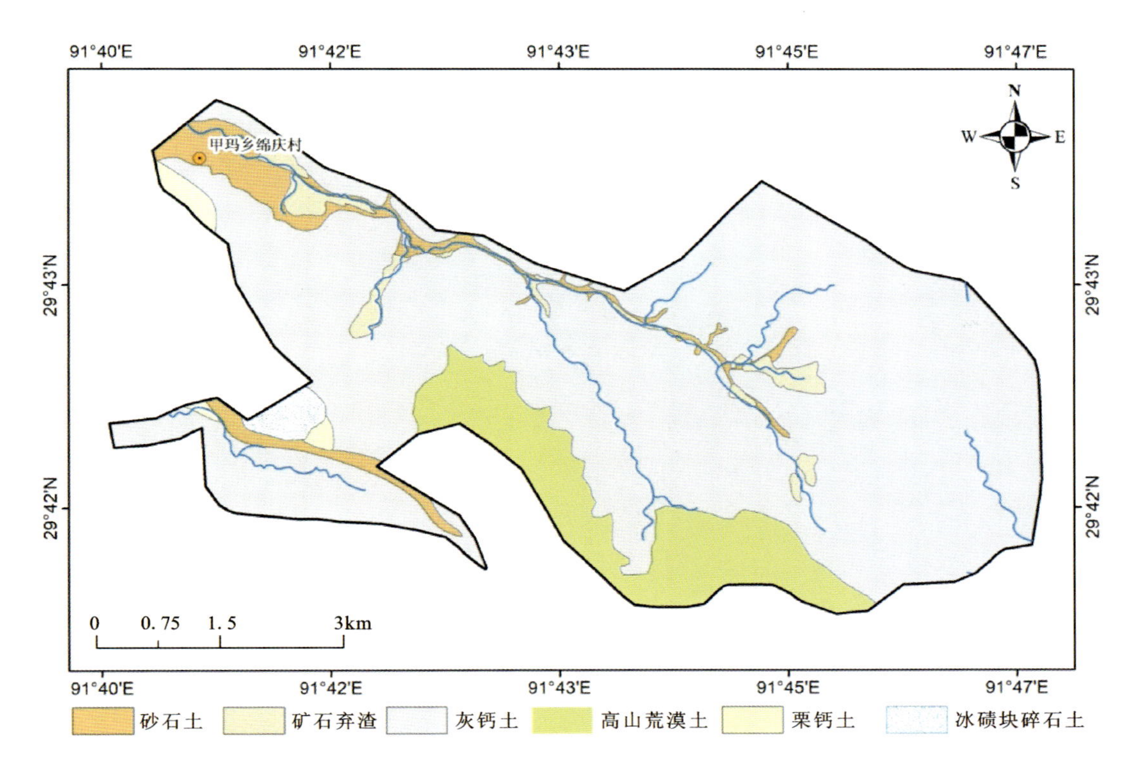

图 6-27 甲玛铜矿区土壤类型分布图

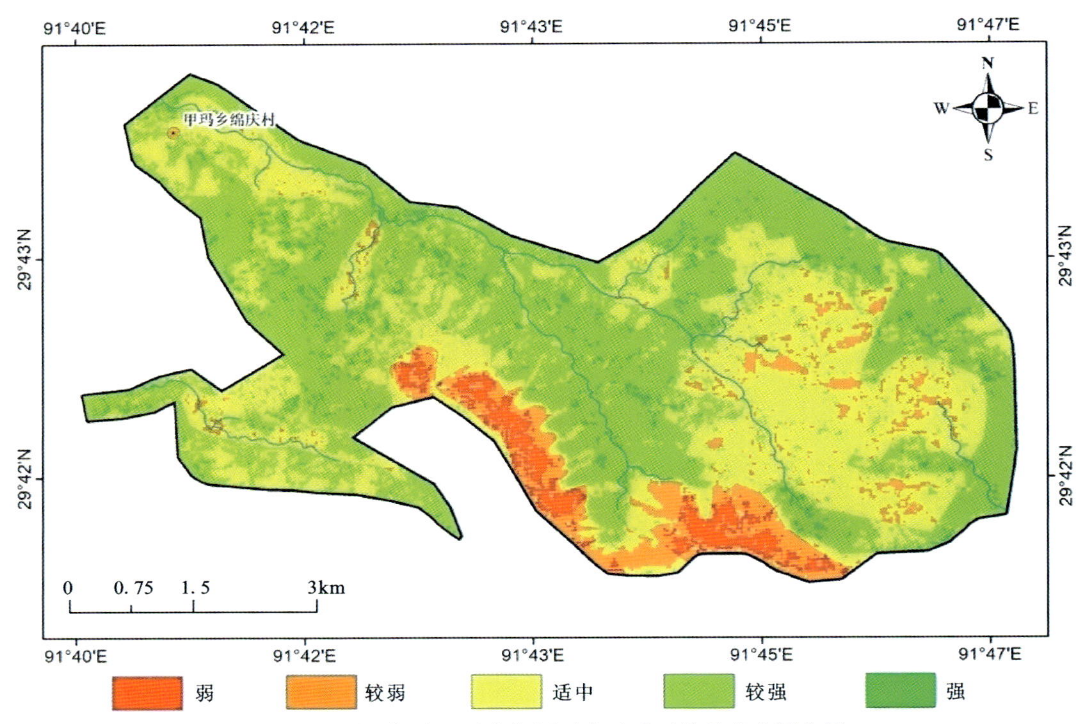

图 6-28　甲玛铜矿区矿产资源开发地质环境承载力评价图

甲玛矿区位于藏南河谷地质环境类型区的拉萨河上游，年平均降雨约 553.3mm，多年平均气温 6.1℃；矿区平均海拔在 4780m 左右，地形以高山峡谷为主，起伏较大，自然地质灾害频发。受地形坡度影响，在高山峡谷处，植被覆盖度较低，又因裸地的土壤类型质地松散，极易发生水土流失现象，生态环境脆弱，特别是在南侧的山坡，承载力弱。正是由于地形坡度较大，植被稀疏，矿山开采对岩体的破坏极易引发地质环境问题；多金属矿产就地采矿和选冶，引起的水土污染问题造成矿区附近地质环境承载力较低；另外，矿渣堆自身的稳定性较差，尾矿库对水土环境会造成一定的影响，这些在矿山开采过程中都应引起注意。

第七章　主要结论及建议

第一节　矿产资源开发地质环境承载力研究主要结论

一、矿产资源开发与地质环境相互作用机制研究

(1)将资源开发活动视为矿山地质环境系统的输入,将矿山地质环境系统的结构变化视为系统的响应,将矿山地质环境问题视为系统的输出,从而构建了矿产资源开发与矿山地质环境相互作用的“输入—响应—输出”模型。从矿产资源类型、开采方式、开采规模、开采阶段等角度考察了矿山地质环境系统的输入;从水、土、岩、生 4 个构成要素的角度考虑了矿山地质环境系统的响应;从地质灾害、地质环境问题、生态环境问题和资源损坏的角度考虑了矿山地质环境系统的输出。矿山地质环境的结构(即矿山地质环境构成要素的状态)是决定矿山地质环境功能的深层机制;矿山地质环境系统的输出(各类矿山地质环境问题)是矿山地质环境功能是否存在障碍的最为直观和综合的反映,可用于环境承载力评价指标选取的依据。

(2)青藏高原资源开发引起的环境问题主要体现在生态环境问题和地质灾害两个方面,与此同时,这两个方面也是制约资源开发的最主要方面。其中,地质灾害主要为崩塌、滑坡、泥石流,影响这 3 类地质灾害发生的主要因素为降雨、地形坡度、地层岩性、植被覆盖率以及土样类型。生态环境问题主要表现为水土流失和土地荒漠化,影响这两类生态环境问题发生的主要因素为气温、降雨、植被覆盖率和土壤质地。

二、青藏高原地质环境区划研究

根据青藏高原东南部的地质环境敏感区和西北部的生态环境脆弱区两大地质环境类型区,结合最新的资料和认识,通过查阅文献、国内外调研和实地的野外调研,同时考虑地质环境对矿产资源开发的响应方式的空间差异,对其进行全面细化:

(1)按功能,以问题为导向进行区划,即把青藏高原按不同的地质环境功能区进行拆分。

(2)分地区,以地域为导向进行区划,即把地质环境背景相似的一片区域连接起来对青藏高原进行切分。

根据地质环境分区的基本原则,考虑“地域为导向”同“问题导向”,把地质环境背景相似、矿山地质环境问题相近的一片区域连接起来对青藏高原进行切分,最终将青藏高原地质环境分为 8 个片区——

祁连山地区、三江源地区、羌塘高原、青海湖、可可西里、河湟谷地、藏南河谷、雅鲁藏布江地区。

区划结果的特点分别为：

青藏高原地区以生态环境问题最为显着，伴随矿产资源开发而生的地质环境以及水土环境问题也非常突出。除三江源地区以及可可西里为重要的物种多样性保护区外，其他地区土地荒漠化以及水土流失问题为最主要的生态环境问题。

三、矿产资源开发的地质环境承载力评价方法体系研究

(1)在回顾、总结承载力概念及其演化过程的基础上，分析了承载力概念的核心要素，提出了青藏高原资源开发的环境承载力评价内容与思路，定义青藏高原资源开发的环境承载力评价中的“环境”主要指“地质环境”。

(2)不同空间尺度所对应的环境承载力评价研究重点应有所区别，为了有效指导资源的开发规划和资源开发活动，将评价工作分为不同空间层次进行。

单体矿山矿产资源开发地质环境承载力评价(点)：对于已经开发的矿山而言，关心的是某一矿山的矿业开发活动强度是否已经超出了地质环境可承载的阈值，或者是矿山地质环境系统还有多少承载的潜力，同时也想了解矿业开发活动与地质环境系统之间的适应和协调程度如何。如果可能，还可以与周边或区域范围内的矿山进行综合对比以判断区域的矿山地质环境承载力如何。这就需要对单体矿山矿产资源开发的地质环境承载力作评价。

区域矿产资源开发地质环境承载力评价(面)：相对于幅员辽阔的青藏高原而言，已经开发的矿山毕竟是少数，造成地质灾害、生态问题以及环境污染的矿山并不能很好地代表区域的矿山地质环境承载力。因此，除了对已经开采的矿山点进行控制以外，更重要的是对区域和宏观的把握，这就需要对区域矿产资源开发的地质环境承载力做面上的综合评价。评价的主要目的是从系统科学的角度，评价相关区域对矿产资源开发活动的适应能力和开发潜力。

(3)对“评价单元划分、评价指标信息获取、定权方法、评价数学模型”等内容进行了系统研究，并列出了多种方法供选择使用。进而，针对青藏高原的实际情况，构建了两个不同层次的评价指标体系，以及各评价因子的性状数据划分标准，可为相关的评价提供方法支撑。

四、典型矿区/矿山示范评价研究

选择青藏高原极具代表性的“青海省祁连县黑河源多金属矿区”“青海省天峻县木里煤田聚乎更矿区”“青海省曲麻莱县大场金矿区”和“西藏自治区墨竹工卡县甲玛铜矿区”为示范评价区，充分收集相关资料，结合野外实地调查，利用建立的评价方法体系，分别进行了两个层次(点＋面)的示范评价研究。

在开展资源开发与环境相互作用机制研究的基础上，选择年平均气温、年平均降雨、地形坡度、土地利用类型、植被覆盖度、地层岩性和土壤类型作为评价因子，根据国家法规和行业相关规定，对各评价指标进行量化，逐一绘制单要素图件，最后，应用ArcGIS软件对这些单要素图件进行叠加，完成了矿产资源开发地质环境承载力示范的评价。

(一)青海省祁连县黑河源多金属矿区示范评价

单体(点)矿山地质环境承载力评价结果表明：黑河源区内23处矿权有9个处于可承载状态，占

39%；处于临界状态的有3处矿权，是正在或已经开采的矿山，占13%；其余的11处矿权处于超载状态，占48%，均是有开采历史的矿山。

区域（面）矿山地质环境承载力评价结果表明：黑河源区内没有出现弱以及强这两个级别，承载力相对较弱的区域主要分布于高海拔的高山冰川，尤其是区域性分水岭附近，随着海拔的降低，地势逐渐趋于平坦，承载力随之升高。另外，在河道、沟谷深处承载力也相对较弱。大部分区域原生地质承载力较强，主要分布于海拔相对较低、坡度较缓的山地和丘陵区。

黑河源多金属矿区位于祁连山地质环境类型区，受坡度和温度的影响，高海拔地区植被覆盖度低，多为裸土地和永久积雪地，生态环境脆弱，区域河流发育，分水岭及沟谷地区受水流影响加剧水土流失，矿区松散岩性区域以及构造断裂带发育位置也对矿山开发构成潜在风险。

矿产开发破坏了珍贵的草地资源，加剧了水土流失和土地沙漠化，引发了地面塌陷、地裂缝、泥石流、滑坡等次生地质灾害，对大气、水资源等环境破坏亦严重。在矿山开发的过程中应关注对矿山开采和闭坑的管理，严格遵守规范，投入资金和技术，并对开采结束的矿山进行严格监管，防止弃坑对地质环境造成破坏。

（二）青海省天峻县木里煤田聚乎更矿区示范评价

评价结果表明：木里煤矿多年平均气温－4.2℃，多年平均降雨约477.1mm。本次评价主要针对聚乎更矿区展开，该矿区主要的土壤类型为高原沼泽土、高山草甸土，矿区出露的地层由老到新主要为三叠系上统（煤层下垫层）—侏罗系中下统（主要煤层）—第三系、第四系沉积物，以黏土为主。评价区大面积分布露天采坑，区内主要的地质环境问题为土地压占、水土污染、生态环境的破坏，承载力较弱区占评价图总面积的19%，主要分布在露天采坑区、废渣堆积区。废矿石的堆积会造成沼泽草甸的压占，含污染物废水随水淋滤到表层土壤后造成周围的土壤污染。地质环境承载力较强的区域主要分布在周围的沼泽草甸区，受人为活动影响小。

木里煤矿位于青海湖地质环境类型区，承载力较弱，其生态环境问题最为关键。受矿区开采影响，植被覆盖度降低，沼泽草甸土减少，生态环境脆弱，加剧土地资源退化，地质环境承载力较弱。地质环境承载力较强的区域主要分布在周围的沼泽草甸区，受人为活动影响小。因而，在矿产资源开发时应注意露天开采对植被土壤的破坏，矿山废石对土地的压占。作为青海省北部重要的产水区和主要补给区，还要注意矿业活动对水资源的污染问题。

（三）青海省曲麻莱县大场金矿区示范评价

评价结果表明：大场金矿区地处三江源腹地，年平均气温－3.3℃，多年平均降雨380～470mm，生态环境极其脆弱，水土荒漠化、水土流失严重，槽探主要是通过破坏地表植被的方式影响该区的生态环境。承载力较低的区域主要分布在槽探施工区，尤其河道附近，主要应该是受两方面影响，探矿作业对地表的破坏及探槽破坏。河道附近人类活动比较频繁，地质环境受损的程度更重。人类活动相对较弱的河道沼泽区承载力相对强，这里水资源丰富，有富含腐殖质泥炭土，与周围的动植物构成大的生态系统，调节能力也更强一些。

大场金矿区位于三江源地质环境类型区，由于该区域物种多样性的特点，其生态系统调控能力强，评价区域地质环境承载力较强。矿区主要受到开采引起的生态环境和地质环境问题影响，开采时应注意对土地资源的破坏和物种多样性的保护。

(四)西藏自治区墨竹工卡县甲玛铜矿区示范评价

评价结果表明:甲玛矿区年平均降雨量约553.3mm,多年平均气温6.1℃,矿区平均海拔在4780m左右,高山峡谷,地形起伏较大,植被稀疏,土壤主要以灰钙土、栗钙土以及寒漠土为主,水土流失严重,地质环境恶劣。因此,自然地质灾害频发。研究区承载力脆弱区主要分布在南侧的山坡,这里主要为裸地,植被覆盖稀疏;另外,在尾矿库以及主要矿区,承载力较周围也比较低,说明甲玛矿区矿山的开挖一定程度上影响到了岩土体稳定性;尾矿主要存在水土污染风险。甲玛矿区主要以铜多金属矿为主,就地采矿、加工和选冶等活动对水土环境会造成一定的影响。

甲玛铜矿位于藏南河谷地质环境类型区,地质环境承载力较低,受地形坡度影响,高山峡谷处,植被覆盖度较低,又因其土壤类型质地松散,极易发生水土流失现象,生态环境脆弱。地形坡度较大,植被稀疏,矿山开采对岩体的破坏引发地质环境问题,地质环境承载力降低。同时,多金属矿产就地加工引起的水土污染问题造成矿区附近地质环境承载力下降,在矿山开采过程中应引起注意。

第二节　矿产资源开发的合理规划对策

青藏高原矿产资源大部分分布在高寒高海拔地区,地质环境十分脆弱,资源的开发不可避免地伴随着环境的破坏和污染,地质环境一旦破坏则难以恢复。因此,在青藏高原矿产资源开发过程中协调好资源开发与环境保护的关系显得尤为重要。

青藏高原地质环境遥感调查与监测研究结果表明,近30年来青藏高原冰川雪线退缩、湿地萎缩、荒漠化加重、高原湖泊面积萎缩、水量急剧减少,高原生态环境整体趋向恶化。这种趋向对我国及周边地区乃至全球的经济、社会发展影响深远,保护青藏高原的地质环境和生态环境刻不容缓。而我国正处于经济飞速发展期,工业原料需要大量的矿产资源。我国的现实国情和青藏高原地质环境特点决定不能走"先污染,后治理"的路子,但是同样不能脱离现实走"先保护,后发展"的道路。

因此,资源开发与地质环境保护不可偏废,使地质环境问题在发展过程中得到控制是最基本也是最现实的选择。这就需要避开以前先开发后治理的开矿老路,不仅要做好"在开发中保护,在保护中开发"的工作,而且从预防的角度来说,在开发前就要做好矿产资源开发对生态环境和地质环境的影响机制研究和矿产资源开发的环境承载力研究,这样才能做到对大自然有节制的索取,采取合理开发和有效利用,做到人与自然和谐相处。

矿产资源开发与地质环境保护应在科学发展观的指导下,统筹生态保护、资源开发与区域经济发展的关系,统筹人与自然和谐发展关系,做到合理布局、突出重点。青藏高原矿产资源的开发,首先要摸清家底,在查清矿产种类、分布和储量的基础上,制定出青藏高原矿产资源开发的近、中、远期规划,将先后开发的顺序、重点与一般开发的位次、开发与资源保护的关系统筹规划、合理部署。而且考虑到高原地质环境的脆弱性,又需要对矿产资源分布区域进行资源开发的环境承载力评价,明晰开发规模和开发强度,合理规划出可开发的区域、品种及开发方式,确保目标明确、方式科学,并且要充分研究资源开发的环境影响机理、范围、程度,以及相应对策措施,坚决防止对生态功能造成不必要的负面影响,逐步形成具有青藏高原区域特色的矿产资源开发利用与保护。

总之,在矿产资源开发过程的每个阶段,要做好矿产资源开发的可行性研究、矿山基础设施的布局规划、矿山恢复治理各个阶段中的地质环境评估、矿产资源开发中对地质环境的最合理保护措施以及开采后对矿山环境的恢复治理工作,通过采取一系列必要措施使青藏高原脆弱的地质环境在矿产资源开发中能得到最大限度的保护和恢复。对于所有重点建设的大型矿山都要按照国家规定实行环境影响评价制度，严格按照批准的环境影响报告书执行，对矿山开发的各个阶段严格执行“三同时”，确保矿山开发和生态环境保护都达标。

一、重视矿产资源开发的规划论证

（一）重点勘查规划区资源开发的环境敏感性评价

加大矿产资源勘查工作，制定科学的开发规划摸清资源储量、布局、开发利用价值等情况，并结合青藏高原的主体功能区规划和生态功能区划，对重点勘查规划区中的所有矿产资源开发规划进行资源开发的环境敏感性评价，根据评价结果划分为重度敏感区、一般敏感区和不敏感区。新登记矿山原则上都应建在不敏感区和一般敏感区内。在采矿山应按照“重度敏感区关停，一般敏感区收缩”的要求，加快调整步伐，以确保矿产资源开发在青藏高原的资源开发的环境承载力范围之内。

（二）重要资源接续基地资源开发的环境适宜性评价

在重要资源接续基地的矿产资源开发应进行资源开发的环境适宜性评价，通过多时相的遥感数据、野外调查，结合资源开发的开采历史、开采方式与强度以及所产生的地质环境问题等资料深入分析，在查清楚资源类型和地质环境背景情况下，对地质环境进行分类与区划。然后在资源开发的环境敏感性评价基础上，进行资源开发的环境适宜性评价，评价结果划定为适宜区、较适宜区、较不适宜区和不适宜区，为重要的资源接续基地的选取提供依据。

（三）大型矿山产业布局的场地地质环境适宜性评价

资源开发的场地地质环境适宜性评价，评价结果划定为适宜区、较适宜区、较不适宜区和不适宜区，可作为大型矿山进行产业布局的地质环境依据。

（四）制定矿产资源开发利用方向及规模

针对青藏高原资源特点及地方实际情况，优先开采资源丰富、国家或地方紧缺、市场前景好、经济效益高且开发过程中能够较好地控制对环境、社会造成影响的矿产，主要有铜、岩金、地热、盐湖矿产（硼、锂）、石油、煤炭、矿泉水和宝玉石；限制开采市场供过于求、扩大开采规模将影响经济效益，资源不足，开采过程中将造成较为严重的环境、社会问题的矿产，主要有钨、锡、锑、铬铁矿；禁止开采市场严重供过于求，继续开采的经济效益很差，资源严重不足，开采过程中造成严重的生态、环境、社会问题的矿产，主要有砷、汞、泥炭和砂金。

二、加强矿产资源开发过程中的环境保护措施

在矿产资源开发过程中，对矿山自身的治理主要包括两大问题：一是矿山开发过程中对“三废”（废水、废气和废渣）的处理问题；二是在开矿过程中引发的地质灾害（采空区塌陷、泥石流、崩塌等）的防治问题。

(一)科学制定开发利用方案

所有开采矿山不仅要编制科学的开发利用方案,开采方案要科学,要实行台阶式开采,中深孔爆破,而且要有详细合理的开采计划以及土地的功能定位,尽全力做到与周边的环境相协调发展。另外,开发利用方案必须经过专家的评审,并征求社会公众的意见,做到尽可能完善。对于没有开发利用方案和环境影响评价报告的矿山,一律禁止开采。

(二)协调基础设施与矿产资源开发

要着力搞好矿产资源接续基地和大型矿山相配套的基础设施建设,按照科学合理的区域布局,完善区域内的交通、能源、通讯建设,特别是交通的建设,最大程度地减小对环境的破坏。如在运输过程中要严禁超载,并且作好遮拦;矿区公路路面用洒水车喷水湿润,尽量减少运输扬尘排放。爆破方式采用控制爆破,减少扬尘量。尾矿库应采取加盖防护,并进行边坡防护,防止大风引起扬尘和造成水土流失隐患。

(三)加强矿山开发过程的环境监督

严格《矿产资源开发利用方案》和《矿山环境影响评价报告》的审查,加强矿山开发过程的环境监督,妥善处理矿山开采和选矿生产过程产生的固体废弃物,加强选矿废水的循环利用,做到达标排放。推行清洁生产,建设绿色矿山,在勘查开采过程中尽最大努力保护生态环境,把在勘查和采矿过程中给环境带来的影响降到最低,实现人与自然的和谐。

(四)加强矿产资源开发过程中的地质灾害防治

对于矿区崩塌的防治措施主要有清除危岩,利用预应力锚杆(索)加固危岩,利用支撑墩支撑危岩以及在工程施工中对不稳定的边坡,及时作好水泥沙浆护壁、衬砌等护坡措施。在塌陷区形成之前,就采取“超前”防治措施。即在制定开采设计时就考虑预防措施,并在开采进行中认真实施,包括在采矿过程中所使用的各种“减塌技术和措施”等,如充填采矿法、条带采矿法以及井下支护和岩层加固措施等。采取这些措施能够大大减少矿山塌陷的范围、塌陷幅度,减缓塌陷的时间进程,减轻塌陷的危害程度。

(五)分期做好局部土地复垦

在开采过程中分期做好局部土地复垦规划计划,改善矿山的生态环境。并且相关部门要督促采矿权人按照责任书的要求,在开采过程中分期进行局部土地的整治复垦和复绿工作,认真恢复矿山的自然生态环境。

(六)完善并实施相关法律法规

在国家出台的矿山环境保护法律法规体系和技术标准体系下,针对实际情况,完善并制定相关实施办法,努力使矿山环境保护工作走上法制化、制度化、规范化和科学化的轨道,大力查处破坏生态和污染环境的矿山企业,突出解决群众反映强烈的区域性生态破坏问题,遏制矿产资源开发过程中生态破坏和环境污染严重的趋势,改变矿山乱挖滥采、浪费资源的现状,协调好矿产资源开发与环境保护的关系,如“矿山地质环境恢复保证金制度”就很好地遏制了矿山业主的破坏行为。

利用遥感技术对高原腹地进行周期性的矿山环境监测,及时发现滥采滥挖、无证偷采、越界开采等现象，高效、经济地实现宏观保护性监测，为矿产资源开发的良性发展提供有力的支撑。

三、执行矿山环境恢复治理政策

（一）切实进行矿山环境治理

政府相关部门要依法建立和执行“谁开发、谁保护，谁受益、谁补偿，谁污染、谁治理，谁破坏、谁修复”的细则，明确采矿权人是资源补偿、生态环境保护与修复的责任主体。采矿权人在领取采矿许可证的同时，要依法与国土资源管理部门签订治理责任书，交纳治理备用金，落实治理责任，待开采后期及闭坑后专门用于地质环境治理恢复。并且相关部门要督促采矿权人按照责任书的要求，加强矿山地质环境保护法规建设，加快开展矿山地质环境保护立法。同时，对于老矿山、已关闭的小型矿山等历史遗留问题，可由各级政府财政拿出一定资金逐步治理。

（二）国家和地方出资，联合科研力量，恢复治理无主矿山

青藏高原主要存在3种无主矿山：计划经济时期遗留下来的矿山，它们为国家建设作出了巨大贡献，国家当时没有提出环保治理要求，也没有给企业留下治理矿山环境的资金，无力进行恢复工作；还有一些是解放前地方政府和外国人开挖的矿山；另外还有一些矿主利用管理漏洞，越界开采、无证偷采、一证多采、乱采滥挖形成的无主矿山。针对这些矿山，由国家和地方筹资，联合地方院校和科研单位，进行地质环境治理。

（三）对废弃土地进行生态恢复

开采后被废弃的矿山废地是矿业开发过程中存在的主要问题之一，我国的矿山废弃地的复垦率与发达国家相比，还存在着相当大的差距。由于矿山废弃土地的土壤条件相对恶劣，在复垦过程中，必须尽力改善土壤的环境，主要措施有：填土造田、植物修复、灌溉与施肥、施加有机质、改良废弃土地基质以及微生物修复等。

（四）采空区及废渣场土地复垦建议

土地复垦是地面沉陷、排土场、尾矿堆和闭坑后露天采场治理的最佳途径，不仅改善了矿山的环境，消除了隐患，还复垦了土地，矿区土地复垦具有良好的社会效益、环境效益和经济效益。治理的主要方法为露天采坑回填、废石堆整形、采空平硐封硐、边坡治理、排水沟渠修建、恢复性试种等。

第三节　矿产资源开发与地质环境保护协调发展的建议

一、制订矿山地质环境保护规划

除了对矿产资源的开发制定规划以外，还要组织有关地勘单位、环境保护和水土保持方面的专家，全面开展矿山地质环境和地质灾害的综合调查、综合评价和综合防治工作。在查明矿山地质环境和地

质灾害基本特征的基础上,综合全自治区社会经济及人口分布状况等,科学地制定青藏高原矿山地质环境保护规划。

二、建立矿山监督检查制度

矿山地质环境监督制度也是政府加强矿山地质环境管理的重要环节,其目的在于查明矿山企业遵守各项环境保护规定的情况,并在必要时采取强制执行措施。加强环境保护监督,确保各项环保措施的有效落实,依法严格执行"三同时"制度、环境影响评价制度、建设用地地质灾害评估制度、申请办理采矿证的环境影响报告书制度,严格生产矿山年检的环境保护与治理审查制度,对污染和破坏环境严重的矿山,要依法取缔关闭、不予换发或暂停发放许可证。

三、提高矿山废弃物综合利用能力

开展固体废物综合利用科技攻关研究,拓宽利用领域,提高综合利用的科技水平和经济效益。政府出台优惠政策,加大固体废物综合利用的力度。依靠科技进步,走科学管理之路,生态矿业工程技术的目的是建立具有高效、低耗、无污染的良性循环系统的生态经济体系。依靠科技进步,搞好综合防治,加大科技投资力度,通过科技进步和技术改造,提高矿产资源开发利用的技术水平,提高"三率"指标,减少"三废"排放量。鼓励各类科研和开发机构从事矿山环境综合治理的科研工作,建立矿山环境保护、生态与地质环境治理、土地复垦专家咨询和技术支撑体系,推广先进实用技术和经验。开展不同矿种、不同地区的环境综合治理研究,树立典型示范工程,积极推进矿山生态环境治理工作。要积极开展生态矿业工程技术的研究和推广应用,不断开发、实施和扩大应用新技术与现有技术。根据青藏高原矿产资源开发的实际情况,可主要发展以下生态矿业工程技术:矿产资源的综合利用技术,矿山地质灾害治理工程技术,矿山复垦和矿区地形地貌的修复技术。鼓励矿山企业和相关科研部门合作,研究适合青藏高原特点的矿产资源采、选、冶工艺技术的科技攻关,推广有利于资源保护性开发的新技术、新工艺的应用。在政府宏观监督和指导管理下,制定有利于促进矿产资源综合利用和发展矿业循环经济的优惠政策,鼓励矿山企业控制高能耗、提高资源利用率、避免资源过度浪费、保护矿山生态环境的技术攻关。

四、加强矿山地质环境的监测及预测预报

矿山地质环境的监测及预测预报是搞好矿山环境保护的重要措施。矿产资源开发引起的诸如水土流失、地面沉陷、崩塌、滑坡、泥石流等地质环境问题对环境危害很大。因此,必须加强矿山环境的调查、监测及预测预报,掌握矿山环境的动态,及时采取有效防治措施,若有必要可在重点矿山建立环境监测站。

五、提高民众矿山环保意识

通过加大宣传力度来提高民众的矿山环保意识,对矿山地质环境保护的重要性进行多方位、多层次、多形式的宣传,公开披露污染环境、破坏生态的违法行为,使广大干部群众真正认识到矿山生态环境保护对促进区域经济与社会可持续发展的重要意义,增强各级政府、部门、企业和人民群众的矿山环保

意识，构筑好矿山地质环境保护和地质灾害防治工作的群众基础和社会基础。从政府层面强化资源和环境忧患意识，在全区范围内形成保护资源、节约能源、保护环境的价值观。

六、探索矿山地质环境商业保险机制

政府积极与商业保险公司寻求合作，依法设立一种专门针对矿产开发可能对环境造成影响的保险赔偿机制，在矿产开发前强制矿山企业购买环境保护责任保险。在矿产开发对生态环境造成了破坏而企业又无力负担巨额治理费用的情况下，政府就可以利用矿山恢复保证金或保险公司的赔偿金对被破坏的生态环境进行恢复治理。

主要参考文献

补建伟,孙自永,周爱国,等.矿山地质环境承载力评价的若干问题[J].金属矿山,2015(6):158-163.

补建伟,孙自永,周爱国,等.我国矿山地质环境承载力研究现状[J].中国矿业,2016,25(1):61-68.

陈文雄.黑河流域水文特性[J].水文,2002,22(6):57-60.

程国栋.承载力概念的演变及西北水资源承载力的应用框架[J].冰川冻土,2002,24(4):361-367.

程国栋.黑河流域可持续发展的生态经济学研究[J].冰川冻土,2002,24(4):335-343.

崔凤军.城市水环境承载力及其实证研究[J].自然资源学报,1998,(1):58-62.

《地球科学大辞典》编辑委员会.地球科学大辞典:应用学科卷[M].北京:地质出版社,2005.

杜玉龙.东川因民铜矿区矿坑水水化学特征及资源化利用[D].昆明:昆明理工大学,2010.

费特.应用水文地质学[M].北京:高等教育出版社,2011.

古琴.基于地面建筑的上海市地质环境承载力研究[D].武汉:中国地质大学(武汉),2007.

关英斌,许道军,郭婵妤.邯郸矿区矿山地质环境承载力评价[J].辽宁工程技术大学学报:自然科学版,2012,31(4):474-478.

郭洪利.《矿山地质环境保护规定贯彻实施与矿山地质环境调查、监测、评估及治理恢复新技术推广应用手册》[M].北京:矿业出版社,2009.

郭秀锐,毛显强.中国土地承载力计算方法研究综述[J].地球科学进展,2000,15(6):705-711.

侯景儒,黄竞先.地质统计学的理论与方法[M].北京:地质出版社,1990.

蒋晓辉,黄强,惠泱河,等.陕西关中地区水环境承载力研究[J].环境科学学报,2001,21(3):312-317.

克拉克.水文地质学中的环境同位素[M].郑州:黄河水利出版社,2006.

康彩霞.GIS与地统计学支持下的哈尔滨市土壤重金属污染评价与空间分布特征研究[D].长春:吉林大学,2009.

吕贻峰,李江风,周伟,等.阳新县矿产资源现状优势评价及资源承载力分析[J].长江流域资源与环境,1999(4):386-390.

吕敦玉.矿山地质环境承载力研究——以宜昌磷矿区为例[D].武汉:中国地质大学(武汉),2011.

刘兆德,虞孝感.长江流域相对资源承载力与可持续发展研究[J].长江流域资源与环境,2002,11(1):10-15.

刘彦广.基于水化学和同位素的高寒山区雨季径流过程示踪[D].武汉:中国地质大学(武汉),2013.

刘晓云,陈勇,吕垒.金属矿山地质环境抗扰动能力评价——以鄂西高磷铁矿试验采场为例[J].金属矿山,2011(11):142-145.

刘晓云.金属矿山地质环境抗扰动能力评价研究[D].武汉:武汉科技大学,2012.

刘殿生.资源与环境综合承载力分析[J].环境科学研究,1995(5):7-12.

李丽娟,郭怀成,陈冰,等.柴达木盆地水资源承载力研究[J].环境科学,2000(2):20-23.

李焕同.王庄煤矿地质环境综合评价研究[D].邯郸:河北工程大学,2011.
林艳.基于地统计学与GIS的土壤重金属污染评价与预测[D].长沙:中南大学,2009.
马世骏,王如松.社会-经济-自然复合生态系统[J].生态学报,1984,4(1):1-7.
马传明,马义华.可持续发展理念下的地质环境承载力初步探讨[J].环境科学与技术,2007,30(8):64-65.
毛汉英,余丹林.环渤海地区区域承载力研究[J].地理学报,2001,56(3):363-371.
牛文元.可持续发展:21世纪中国发展战略的必然选择[J].天津行政学院学报,2000,4(1):1-3.
彭再德,杨凯.区域环境承载力研究方法初探[J].中国环境科学,1996(1):6-10.
青海省第二地质队五分队.中华人民共和国区域地质调查报告达郎农饲队幅、祁连县幅(1:50万)[R].海北:青海省第二地质队五分队,1989.
石平.辽宁省典型有色金属矿区土壤重金属污染评价及植物修复研究[D].沈阳:东北大学,2010.
沈照理.水文地球化学基础[M].北京:地质出版社,1993.
唐利君.煤矿区地质环境承载能力量化评价初步研究[D].西安:西安科技大学,2009.
王石英.贫困地区资源承载力等级与资源配置——以四川省凉山州为例[J].地域研究与开发,1999,18(3):29-32.
王民良,曹健.上海市大气环境承载能力研究[J].上海环境科学,1996(4):16-20.
王华东.环境容量[M].长春:东北师范大学出版社,1988.
王学军.地理环境人口承载潜力及其区际差异[J].地理科学,1992(4):322-328.
王学军,李本纲,陶澎.土壤微量元素含量的空间分析[M].北京:科学出版社,2005.
王政权.地统计学及在生态学中的用[M].北京:科学出版社,1999.
王根绪,程国栋.近50a来黑河流域水文及生态环境的变化[J].中国沙漠,1998(3):233-238.
王建,白世彪,陈晔.Surfer8地理信息制图[M].北京:中国地图出版社,2004.
吴见,曹代勇,张继坤,等.煤炭开采的生态环境承载力评价——以山西省为例[J].安全与环境工程,2009,16(3):18-20.
武小波,李全莲,贺建桥,等.黑河上游夏半年河水化学组成及年内过程[J].中国沙漠,2008(6):1190-1196.
武强.矿山环境研究理论与实践[M].北京:地质出版社,2005.
许金朵.基于GIS的金华市区土壤重金属含量空间分布与污染评价研究[D].南京:南京师范大学,2008.
肖洪浪,程国栋.黑河流域水问题与水管理的初步研究[J].中国沙漠,2006,26(1):1-5.
徐大富,渠丽萍,张均.贵州省矿产资源承载力分析[J].科技进步与对策,2004,21(5):56-58.
徐友宁,武征,赵志长.西北地区不同类型矿产开发环境地质问题及其产生的主要原因[J].西北地质,2002,35(1):45-51.
徐恒力.环境地质学[M].北京:地质出版社,2009.
夏玉成.煤矿区地质环境承载能力及其评价指标体系研究[J].煤田地质与勘探,2003,31(1):7-10.
夏玉成,唐利君,张海龙.地质环境抗扰动能力的可拓学评价[J].煤田地质与勘探,2009,37(1):48-51.
闫旭骞.矿区生态承载力定量评价方法研究[J].矿业研究与开发,2006,26(3):82-85.
阳洁.环境承载力评价及预测模型研究[J].技术经济与管理研究,2000(1):38-40.
岳晓燕,宋伶英.土地资源承载力研究方法的回顾与展望[J].水土保持研究,2008,15(1):254-257.
姚锐.木里煤田聚乎更二矿地质环境质量评价[D].西安:西安科技大学,2010.
张人权,靳孟贵.略论地质环境系统[J].地球科学:中国地质大学学报,1995,20(4):373-377.
张仁铎.空间变异理论及用[M].北京:科学出版社,2005.

张立钊，关英斌，许道军，等. 矿山地质环境承载力与压力定量评价[J]. 河北工程大学学报：自然科学版，2012，29(3)：68-72.

张艾. 广西相对资源承载力与可持续发展[J]. 学术论坛，2000(4)：53-56.

张进德，张作辰，刘建伟，等. 我国矿山地质环境调查研究[M]. 北京：地质出版社，2009.

周兆德，谭垂谓. 海南岛土地资源人口承载力研究[J]. 应用生态学报，1996，7(S1)：67-72.

周爱国，周建伟，梁合诚，等. 地质环境评价[M]. 武汉：中国地质大学出版社，2008.

周爱国，蔡鹤生. 地质环境质量评价理论及其实践[M]. 武汉：中国地质大学出版社，1998.

周建伟. 现代城市中人-地相互作用机制及地质环境承载力研究——以上海市为例[D]. 武汉：中国地质大学(武汉)，2006.

周倩羽. 邯郸矿区矿山地质环境综合评价研究[D]. 邯郸：河北工程大学，2013.

郑海龙，陈杰，邓文靖，等. 城市边缘带土壤重金属空间变异及其污染评价[J]. 土壤学报，2006，43(1)：39-45.

Armid A, Shinjo R, Zaeni A, et al. The distribution of heavy metals including Pb, Cd and Cr in Kendari Bay surficial sediments[J]. Marine pollution bulletin, 2014, 84(1): 373-378.

Arp C D, Jones B M, Urban F E, et al. Hydrogeomorphic processes of thermokarst lakes with grounded-ice and floating-ice regimes on the Arctic coastal plain, Alaska[J]. Hydrological Processes, 2011, 25(15): 2422-2438.

Bisset. Social impact assessment and its future[J]. Mining Environmental Management, 1996, 3(9-11).

Bowen H J M. Environmental chemistry of the elements[M]. New York: Academic Press, 1979.

Butler R W. The concept of carrying capacity for tourism destinations: Dead or merely buried? [J]. Progress in Tourism & Hospitality Research, 1996, 2(3-4): 283-293.

Bu J, Zhou J, Zhou A, et al. The comparison of different methods in hydrochemical classification using hierarchical clustering analysis [C]. Remote Sensing, Environment and Transportation Engineering (RSETE), 2011 International Conference on, 2011: 1783-1787.

Bu J, Sun Z, Zhou A, et al. Heavy metals in surface soils in the upper reaches of the Heihe River, Northeastern Tibetan Plateau, China[J]. International Journal of Environmental Research & Public Health, 2016,13(3):247.

Chen T B, Wong J W C, Zhou H Y, et al. Assessment of trace metal distribution and contamination in surface soils of Hong Kong[J]. Environmental Pollution, 1997, 96(1): 61-68.

Chen H Y, Teng Y G, Lu S J, et al. Contamination features and health risk of soil heavy metals in China[J]. Science of the Total Environment, 2015, 512-513: 143-153.

Chen Y L. Geochemistry of granitoids from the Eastern Tianshan Mountains and Northern Qinling Belt[M]. Beijing: Geological Publishing House, 1999.

Chakraborty P, Babu P V R, Acharyya T, et al. Stress and toxicity of biologically important transition metals (Co, Ni, Cu and Zn) on phytoplankton in a tropical freshwater system: an investigation with pigment analysis by HPLC[J]. Chemosphere, 2010, 80(5): 548-553.

Cheng Y A, Tian J L. Background values of elements in Tibetan soil and their distribution[M]. Beijing: Science Press, 1993.

Cnemc. Background values of elements in soils of China[M]. Beijing: China Environmental Science Press, 1990.

Cohen J E. How many people can the earth support ? [J]. New York Review, 1998, 35(6): 18-23.

Culbard E B, Thornton I, Watt J, et al. Metal Contamination in British Urban Dusts and Soils

[J]. Journal of Environmental Quality, 1988, 17(2): 226-234.

Daily G C, Ehrlich P R. Population, Sustainability, and Earth's Carrying Capacity[J]. Ecological Applications, 1992, 42(10): 435-450.

G M. Principles of geostatistics[J]. Economic Geology, 1963(58): 1246-1266.

Guevara J C, Estevez O R, Torres E R. Utilization of the rain-use efficiency factor for determining potential cattle production in the Mendoza plain, Argentina[J]. Journal of Arid Environments, 1996, 33(3): 347-353.

Hakanson L. Ecological risk index for aquatic pollution control. a sedimentological approach[J]. Water Research, 1980, 14(8): 975-1001.

Hakanson L. Aquatic contamination and ecological risk. An attempt to a conceptual framework [J]. Water Research, 1984, 18(9): 1107-1118.

Han Y M, Du P X, Cao J J, et al. Multivariate analysis of heavy metal contamination in urban dusts of Xi'an, Central China[J]. Science of the Total Environment, 2006, 355(1-3): 176-186.

Islam M S, Ahmed M K, Habibullahalmamun M, et al. Preliminary assessment of heavy metal contamination in surface sediments from a river in Bangladesh[J]. Environmental Earth Sciences, 2015, 73(4): 1837-1848.

Jenkins D A, Jones R G W. Trace elements in rocks, soils, plants, and animals: introduction [M]. New York: Wiley, 1979.

Ji Y Q, Feng Y C, Wu J H, et al. Using geoaccumulation index to study source profiles of soil dust in China[J]. Journal of Environmental Sciences, 2008, 20(5): 571-578.

Lesser D R, Kurpiewski M R, Jen-Jacobson L. The energetic basis of specificity in the Eco RI endonuclease——DNA interaction[J]. Science, 1990, 250(4982): 776-786.

Li C L, Kang S C, Wang X P, et al. Heavy metals and rare earth elements (REEs) in soil from the Nam Co Basin, Tibetan Plateau[J]. Environmental Geology, 2008, 53(7): 1433-1440.

Liu Y J, Cao L M, Li Z L, et al. Geochemistry of element[M]. Beijing: Science Press, 1984.

Lozato-Giotart J P. Geographical rating in tourism development[J]. Tourism Management, 1992, 13: 141-144.

Loska K, Wiechua D, Barska B, et al. Assessment of arsenic enrichment of cultivated soils in Southern Poland[J]. Polish Journal of Environmental Studies, 2003, 12(2): 187-192.

Loska K, Wiechua D, Korus I. Metal contamination of farming soils affected by industry[J]. Environment International, 2004, 30(2): 159-165.

Luo J, Niu F J, Lin Z J, et al. Thermokarst lake changes between 1969 and 2010 in the Beilu River Basin, Qinghai-Tibet Plateau, China[J]. Science Bulletin, 2015, 60(5): 556-564.

Ma S L. The ecological change of Tibetan Plateau[M]. Beijing: Social Science Literature Press, 2011.

Manta D S, Angelone M, Bellanca A, et al. Heavy metals in urban soils: a case study from the city of Palermo (Sicily), Italy[J]. Science of the Total Environment, 2003, 300(1-3): 229-243.

Marsh P, Russell M, Pohl S, et al. Changes in thaw lake drainage in the Western Canadian Arctic from 1950 to 2000[J]. Hydrological Processes, 2009, 23(1): 145-158.

Meadows D H, Meadows D L, Randers J. Limites do crescimento: um relatório para o projeto Clube de Roma sobre o dilema da humanidade[J]. 1972.

Micó C, Recatalá L, Peris M, et al. Assessing heavy metal sources in agricultural soils of an European Mediterranean area by multivariate analysis[J]. Chemosphere, 2006, 65(5): 863-872.

Muller G. Index of geoaccumulation in sediments of the Rhine River[J]. Geojournal, 1969, 2(108): 108-118.

Obrist D, Johnson D, Lindberg S, et al. Mercury distribution across 14 US forests. Part I: spatial patterns of concentrations in biomass, litter, and soils[J]. Environmental science & technology, 2011, 45(9): 3974-3981.

Pouyat R V, Nnell M J. Heavy metal accumulations in forest soils along an urban- rural gradient in Southeastern New York, USA[J]. Water Air & Soil Pollution, 1991, 57-58(1): 797-807.

Qiu J. China: the third pole[J]. Nature News, 2008, 454(7203): 393-396.

Raghunath R, Tripathi R M, Kumar A V, et al. Assessment of Pb, Cd, Cu, and Zn exposures of 6-to 10-year-old children in Mumbai[J]. Environmental Research, 1999, 80(3): 215-221.

Rijsberman M A, Ven F H M V D. Different approaches to assessment of design and management of sustainable urban water systems[J]. Environmental Impact Assessment Review, 2000, 20(3): 333-345.

Sheng J, Wang X. Heavy metals of the Tibetan top soils[J]. Environmental Science & Pollution Research, 2012, 19(8): 3362-3370.

Sheng J J, Wang X P, Gong P, et al. Heavy metals of the Tibetan top soils[J]. Environmental Science & Pollution Research, 2012, 19(8): 3362-3370.

Steiger B V, Webster R, Schulin R, et al. Mapping heavy metals in polluted soil by disjunctive kriging[J]. Environmental Pollution, 1996, 94(2): 205-215.

Sun Y B, Zhou Q X, Xie X K, et al. Spatial, sources and risk assessment of heavy metal contamination of urban soils in typical regions of Shenyang, China[J]. Journal of Hazardous Materials, 2010, 174(1-3): 455-462.

Sun Z, Long X, Ma R. Water uptake by saltcedar (Tamarix ramosissima) in a desert riparian forest: responses to intra - annual water table fluctuation[J]. Hydrological Processes, 2016,30(9): 1388-1402.

Sun Z, Ma R, Wang Y X, et al. Hydrogeological and hydrogeochemical control of groundwater salinity in an arid inland basin: Dunhuang Basin, northwestern China[J]. Hydrological Processes, 2016,30(12):1884-1902.

Taylor S R, Mclennan S M. The continental crust: its composition and evolution[M]. Oxford: Blackwell, 1985.

Tiller K G. Heavy metals in soils and their environmental significance[M]. New York: Springer, 1989.

Vinogradov A P. Geochemistry of rare and dispersed chemical elements in soils[M]. New York: Consultants Bureau, 1959.

Vine J D, Tourtelot E B. Geochemistry of black shale deposits; a summary report[J]. Economic Geology, 1970, 65(3): 253-272.

Wedepohl K H. The composition of the continental crust[J]. Geochimica et cosmochimica Acta, 1995, 59(7): 1217-1232.

Yin A, Harrison T M. Geologic evolution of the Himalayan-Tibetan orogen[J]. Annual Review of Earth and Planetary Sciences, 2000, 28(1): 211-280.

Yu R, Yuan X, Zhao Y H, et al. Heavy metal pollution in intertidal sediments from Quanzhou Bay, China[J]. Journal of Environmental Sciences, 2008, 20(6): 664-669.

Zhang B R, Fu J M. Advances in Geochemistry[M]. Beijing: Chemical Industry Press, 2005.

Zhang J L. Barriers to water markets in the Heihe River basin in northwest China[J]. Agricultural Water Management An International Journal，2007，87(1)：32-40.

Zhang S，Sun J X，Tu S D，et al. Content and distribution of ree in the soils from Mt. Qomolangma Region[J]. Geographical Research，1990，9(2)：58-66.

Zhang X P，Deng W，Yang X M. The background concentrations of 13 soil trace elements and their relationships to parent materials and vegetation in Xizang (Tibet)，China[J]. Journal of Asian Earth Sciences，2002，21(2)：167-174.